Herbert Brandl

Trickkiste Chemie

2. gründlich überarbeitete Auflage

Aulis Verlag Deubner

Vorwort

Die „Trickkiste Chemie“ stellt ein Experimentierbuch mit einem reichhaltigen Fundus an faszinierenden „chemischen Evergreens“ und neuen, meist wenig bekannten chemischen Schauversuchen dar. Alle Experimente wurden in Schülerübungen, Arbeitsgemeinschaften, Praktika, Projektwochen und Lehrerfortbildungsveranstaltungen erfolgreich erprobt.
Zu Versuchen, bei denen potentielle „Gefahrenquellen“ auftreten könnten, finden sich Gefahrenhinweise, deren strikte Einhaltung ein gefahrloses Experimentieren gewährleistet. Wo nötig, werden auch geeignete Entsorgungsempfehlungen für die anfallenden Reaktionsrückstände gegeben.
Im Anschluss an die Versuche erfolgen im „Chemischen Hintergrund“ ausführliche theoretische Betrachtungen der chemischen Vorgänge.
Mithilfe der zitierten Literatur ist jederzeit ein vertiefender Einstieg in die jeweilige Problematik möglich.

Doch nun zu den Experimenten selbst: Setzen Sie chemische Uhren in Gang. Servieren Sie Ihren Gästen im Dunkeln blutrot leuchtenden „Dracula-Tee“. Erleben Sie das tragische Ende eines Gummibärchens im flammenden Inferno, oder werden Sie Zeuge, wie Riesenschlangen aus einem feuerspeienden Vulkan kriechen. Sie wollen sich schöpferisch betätigen? Bringen Sie doch ein chemisches Mühlenrad „ohne Wasserbewegung“ zum Laufen. Lassen Sie Herzen aus Metall rhythmisch pulsieren und erzeugen Sie in einer Petrischale „Amöben“, die spontan Bewegung und Vermehrung durch Teilung zeigen. Stellen Sie „schweres Eis“ her, das in Wasser versinkt, oder erzeugen Sie blaues oder rotes Gold. Falls diese Versuche Ihr Interesse geweckt haben sollten, dann lesen, experimentieren und staunen Sie!

Meinem Freund und Kollegen Herrn StR Hans Winger gebührt mein aufrichtiger Dank für die viele Zeit und die Mühen, die er für das Fotografieren der Versuche aufgebracht hat sowie für die vielen wertvollen Hinweise hinsichtlich der künstlerischen Gestaltung.

Kaltenkirchen, im Frühjahr 1998 Herbert Brandl

Vorwort zur gründlich überarbeiteten Neuauflage 2006

Das erfolgreiche Experimentalbuch „Trickkiste Chemie“ in der Erstauflage 1998 im bsv-Verlag liegt nun als sorgfältig überarbeitete Neuauflage im Aulis Verlag Deubner vor. Es wurde vor allem darauf geachtet, einige Versuchvorschriften textlich noch klarer zu formulieren, Schreibweisen und Konzentrationsangaben abzugleichen und die Zahl der Entsorgungshinweise wesentlich zu erhöhen. Bei Gefahrenhinweisen wurden die Sicherheitsmaßnahmen durch „Fettdruck“ deutlicher hervorgehoben. Daneben wurden einige Photos ausgetauscht. Für Hinweise und Verbesserungsvorschläge ist der Autor seinen geneigten Lesern sehr dankbar.

Kaltenkirchen, im Sommer 2006 Herbert Brandl

Die 1. Auflage erschien im Jahre 1998 im Bayerischen Schulbuch-Verlag, München, unter dem Titel „bsv Trickkiste Chemie“

Best.-Nr. 6103

Titelbildgestaltung: *Sybille Hübener* · Titelfoto: © *Viktor Obendrauf* [M]
Printed in the European Community
ISBN 10: 3-7614-2641-0 · ISBN 13: 978-3-7614-2641-8

Inhalt

1 Kaltes Leuchten – Experimente zur Lumineszenz

Sie alle kennen die Geschichten über die einfältigen Bürger der fiktiven Stadt Schilda. Einer ihrer Schildbürgerstreiche bestand darin, ein neues Rathaus ohne Fenster zu bauen. Um Licht in das neu erbaute Gebäude zu bringen, versuchten die Schildbürger das Mondlicht, das sich in einer Wassertonne spiegelte, zur Illumination in Rathaus zu tragen.
Mit den hier beschriebenen Chemolumineszenzreaktionen könntenSie den Bürgern von Schilda tatsächlich helfen, ihr Rathaus zu erleuchten, nämlich mit kaltem Licht.
Dieses kalte Licht wird Sie beim Experimentieren sicherlich nicht kalt lassen.

Leuchtende Gasblasen im Gärröhrchen

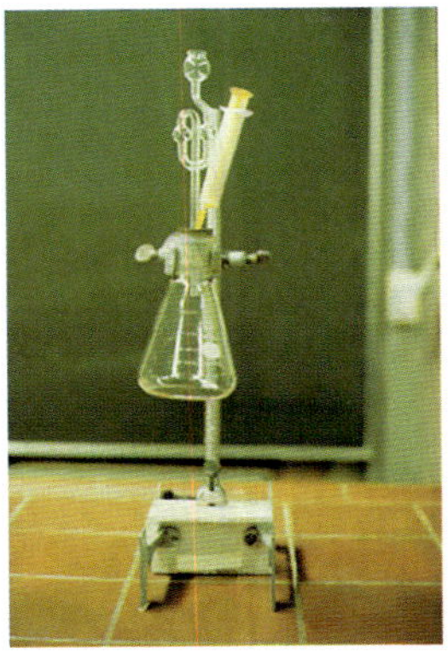

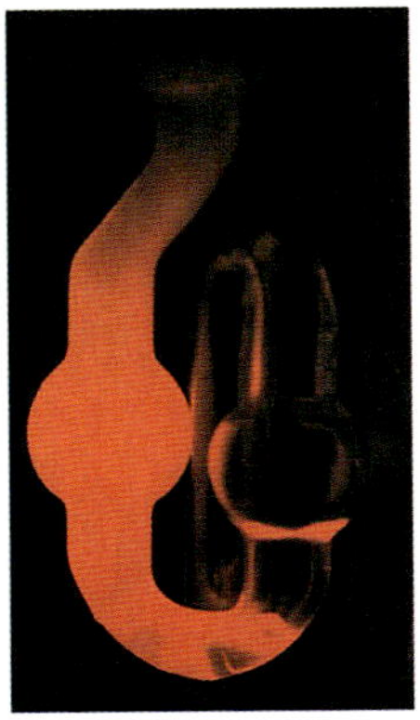

Abb. 1: Versuchsaufbau

Abb. 2: Singulettsauerstoff-Chemolumineszenz im Gärröhrchen

Wie schon Heinrich Spoerl in seinem berühmten Pennäler-Roman „Die Feuerzangenbowle“ ausführte, vermag speziell die experimentelle Behandlung der „alkoholischen Gärung“ den Beliebtheitsgrad des Chemieunterrichts bei den Schülern ganz enorm zu steigern. Während jedoch die betreffende Chemiestunde für die Romanfigur Professor Schnauz alias Crey mit einem Fiasko endete, kann ein Chemielehrer im realen Schulalltag in der Tat seine Schüler stark motivieren, wenn er mit diesen gemeinsam einen Wein der Güteklasse „Hausmarke“ ansetzt.
Das als Nebenprodukt der alkoholischen Gärung gebildete, gasförmige Kohlenstoffdioxid entweicht aus dem Gärgefäß über ein mit Wasser gefülltes Gärröhrchen. Je intensiver der Gärprozess ist, desto mehr Kohlenstoffdioxidgas wird freigesetzt und desto stärker ist das „glucksende Geräusch“ beim Durchtritt der Gasblasen durch das wassergefüllte Gärröhrchen.
Die Faszination der Zuschauer wird aber noch um ein Vielfaches gesteigert, wenn man in der Gärapparatur einen Versuch durchführt, bei dem man im Dunkeln leuchtende Gasblasen im Gärröhrchen aufsteigen sieht.

Was wir brauchen

250-ml-Erlenmeyerkolben mit Glasschliff, passender durchbohrter Gummistopfen, Gärröhrchen, Plastikspritze mit Nadel (10 ml), Stativ mit geeigneter Stativklammer. Versuchsaufbau siehe Abbildung.
Natronlauge, c = 3 mol/l (C = ätzend), Wasserstoffperoxid-Lösung (Perhydrol, w = 30 % (C = ätzend), konz. Salzsäure, w > 25 % (C = ätzend), Kaliumpermanganat (Xn = mindergiftig; O = brandfördernd), Dichlormethan (Xn = mindergiftig), Violanthron

Gefahrenhinweis

Natronlauge und Wasserstoffperoxid wirken stark ätzend, daher muss jeglicher Hautkontakt vermieden werden. Das Tragen von Schutzhandschuhen und Schutzbrille sind erforderlich. Chlorgas ist zwar sehr toxisch, wird aber in dieser Versuchsanordnung von der alkalischen Wasserstoffperoxid-Lösung im Gärröhrchen in ungiftige Produkte überführt.

So wird's gemacht

Wir bringen 2 g Kaliumpermanganat auf den Boden des Erlenmeyerkolbens und verschließen den Kolben mit dem Stopfen mitsamt dem aufgesetzten Gärröhrchen. Anschließend durchstechen wir mit der Nadel der Plastikspritze den Gummistopfen so, dass diese etwas in den Kolben hineinragt. Dann ziehen wir den Plastikteil der Spritze von der Nadel ab.
Einige Stunden vor Versuchsbeginn bringt man getrennt in je einem 100 ml Erlenmeyerkölbchen 50 ml Natronlauge (c = 3 mol/l) und 10 ml Wasserstoffperoxid-Lösung (w = 30%) in das Eisfach eines Gefrierschrankes. In das Gärröhrchen füllen wir nun eine eisgekühlte Mischung von Natronlauge und Wasserstoffperoxid im Volumenverhältuis 5 : 1.
Mit der Plastikspritze ziehen wir 4–5 ml konz. Salzsäure auf und stecken sie dann wieder auf den Nadelteil. Dann sichern wir den Erlenmeyerkolben mit Stativ und Stativklammer. Im abgedunkelten Raum spritzt man 1 ml Salzsäure in den Erlenmeyerkolben.
Das sich durch Reaktion mit Kaliumpermanganat entwickelnde Chlorgas steigt im Kolben auf und reagiert im Gärröhrchen mit der alkalischen Wasserstoffperoxid-Lösung. Schon nach kurzer Induktionszeit leuchtet jede im Gärröhrchen aufsteigende Gasblase (unter glucksendem Geräusch) mit hellem, rotem Licht.
Es handelt sich dabei um die Emission von so genanntem kalten Licht oder Chemolumineszenz. Die rote Chemolumineszenz des gebildeten Singulett-Sauerstoffs ist auch in einem größeren Raum gut sichtbar.
Klingt das Leuchten ab, spritzt man wiederum 1 ml Salzsäure in das Reaktionsgefäß, um weiteres Chlorgas zu erzeugen und die Reaktion erneut in Gang zu setzen. Bei geschickter Reaktionsführung (manchmal ist ein geringes Nachfüllen der alkalischen Wasserstoffperoxid-Lösung oder einfach ein Zugeben eines festen

Natriumhydroxid-Plätzchens in das Gärröhrchen notwendig), lässt sich das Aufsteigen rot leuchtender Gasblasen bis zu 30 Minuten und länger verfolgen.
Die rote Licht-Emission lässt sich noch erheblich verstärken, wenn man in das Gärröhrchen zusätzlich zur alkalischen Wasserstoffperoxid-Lösung noch einige Milliliter einer ebenfalls eisgekühlten violetten Lösung des Farbstoffes Violanthron in Methylenchlorid (=Dichlormethan) hinzufügt.
Eine simultan auftretende rote und blaue Lichtemission erhalten wir, wenn wir dem obigen Reaktionsansatz im Gärröhrchen noch eine Spur Luminol (3-Aminophthalsäurehydrazid) zusetzen. Die alkalische Luminol-Lösung leuchtet mit Peroxid alleine nicht. Spritzt man aber Salzsäure in den Reaktionskolben, um Chlorgas zu erzeugen, so lässt sich zunächst nur eine helle blaue Chemolumineszenz (= CL; λ_{max} = 424 nm) beobachten. Sie beruht auf einer Kooxidation von Luminol durch Hypochlorit und Wasserstoffperoxid. Nach kurzer Zeit tritt aber auch die charakteristische rote Chemolumineszenz des Singulett-Sauerstoffs auf, sodass bei jeder durch das Gärröhrchen aufsteigenden Gasblase ein blaues Leuchten (Luminol-CL) und darin eingeschlossen ein rotes Leuchten (Singulett-Sauerstoff-CL) zu beobachten ist.

Entsorgung

Sie muss im Abzug erfolgen! Der im Entwicklungsgefäß (Erlenmeyerkolben) verbliebene Rückstand aus nicht umgesetzter Salzsäure und Kaliumpermanganat (noch sehr chlorhaltig) wird mit alkalischer Wasserstoffperoxid-Lösung versetzt. Dadurch wird überschüssige Salzsäure neutralisiert und Kaliumpermanganat und noch vorhandenes Chlorgas in unschädliche Produkte überführt. Die Lösung wird dann mit viel Wasser verdünnt und in den Abguss entsorgt. Die Reaktionslösung im Gärröhrchen wird in einen Sammelbehälter für halogenhaltige organische Lösungsmittel gefüllt.

Chemischer Hintergrund

Gemäß der Molekülorbital(MO)-Theorie liegt das Sauerstoffmolekül im Grundzustand als so genannter Triplett-Sauerstoff vor (vgl. Tab. auf S. 12). Da das Sauerstoffmolekül zwei ungepaarte Elektronen (Elektronen mit paralleler Spinanordnung) besitzt, ist

es paramagnetisch und stellt ein Diradikal dar. Radikale sind Atome oder Moleküle mit ungepaarten Elektronen.
Die überwiegende Anzahl aller bekannten, stabilen Substanzen liegt hingegen in einem Singulett-Grundzustand vor, in dem alle Valenzelektronen gepaart sind, d. h. antiparallele Spinanordnung aufweisen.
Normaler Triplett-Sauerstoff lässt sich sowohl durch Zufuhr von Wärme oder chemischer Energie als auch durch Lichtenergie aktivieren, d. h. elektronisch anregen. Dabei geht das Sauerstoffmolekül in einen von zwei energetisch höher als der Triplettzustand liegenden Singulettzustände über (siehe Tab. 1).

anti-
bindende
Π*-MO

Die Pfeile deuten die Besetzung mit Elektronen an; die Pfeilspitzen geben die Spinanordnung an.

Triplett-Sauerstoff $^3\Sigma\ g^-$-Zustand	angeregter Singulett-Sauerstoff $^1\Delta g$-Zustand	angeregter Singulett-Sauerstoff $^1\Sigma\ g^+$-Zustand
parallele Spinanordnung	Eine der beiden Π*-MO ist mit zwei Elektronen mit antiparallelem Spin besetzt.	Die beiden Π*-MO sind mit je einem Elektron mit antiparallelem Spin besetzt.
paramagnetisch bei Raumtemperatur stabil	diamagnetisch zwischen 10^{-4} s und 45 Min. Lebensdauer	diamagnetisch 10^{-9} s Lebensdauer

Tab. 1. Konfiguration der drei spinisomeren Sauerstoffmoleküle und ihre Eigenschaften

Da der Übergang vom Triplett- in einen Singulett-Zustand mit einer Spinumkehr verbunden ist (ein quantenchemisch nicht erlaubter Übergang), muss dafür ein bestimmter Energiebetrag, die sog. elektronische Anregungsenergie aufgewendet werden.
Kehren zwei angeregte Singulett-Sauerstoffmoleküle, die sich zu einem so genannten Sauerstoffexcimeren $2(O_2\ ^1\Delta g)$ assoziiert haben, in den Grundzustand zurück, so wird ihre kombinierte Anregungsenergie in Form eines gemeinsamen (roten) Photons emit-

tiert. Dabei tritt eine im Dunkeln mit bloßem Auge sichtbare rote Chemolumineszenz auf, gemäß der spektroskopischen Gleichung:

$$2\ O_2\ (^1\Delta g) \rightarrow 2\ O_2\ (^3\Sigma\ g^-) + h \cdot \nu_{(634\ nm)}$$

Die rote Chemolumineszenz des Singulett-Sauerstoffs wird im Allgemeinen durch Zusammengeben einer Lösung von Natriumhypochlorit (bzw. Natriumhypobromit) und Perhydrol (Wasserstoffperoxid, w = 30%) oder durch Einleiten von Chlorgas oder Bromdampf in eine alkalische Wasserstoffperoxid-Lösung (w = 30%), erzeugt. Diese Reaktion wurde erstmals 1927 vom französischen Chemiker L. Mallet beschrieben und nach ihm benannt.
Ein brillantes rotes Leuchten, das selbst am hellen Tageslicht noch deutlich wahrnehmbar ist, tritt auf, wenn man die Chemolumineszenz des Singulett-Sauerstoffs durch Zusatz des rot fluoreszierenden Farbstoffs (Fluorophor) Violanthron in einem geeigneten Lösungsmittel (Pyridin, Chloroform, Butylphthalat, Dichlormethan) sensibilisiert (Kurtz-Reaktion).
Violanthron ist wegen seiner geringen Anregungsenergie von etwa 188 kJ/mol dafür besonders prädestiniert. Bei der nach ihrem Entdecker als Kurtz-Reaktion bezeichneten Variante der Mallet-Reaktion wird die elektronische Anregungsenergie des Singulett-Sauerstoffs auf den Fluorophor übertragen, und da die Fluoreszenzquantenausbeute von Violanthron weit größer ist als die der emittierenden Sauerstoffspezies, ist die Intensität der Lichtemission bei der Kurtz-Reaktion um den Faktor 10^2–10^3 höher als bei der Mallet-Reaktion.

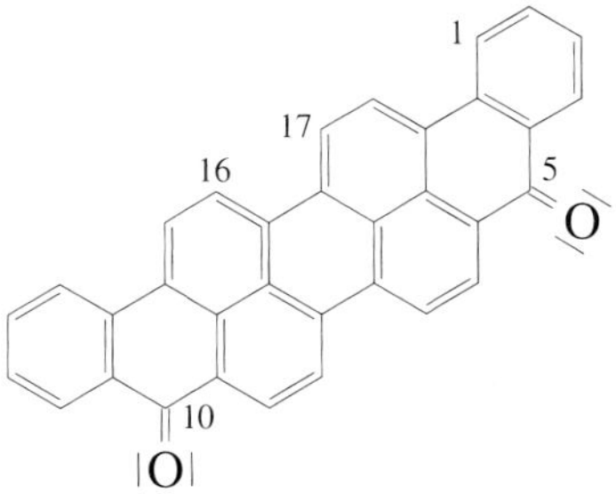

Konstitutionsformel des Violanthrons

Literatur:

(1) H. Brandl: MNU 46,4, S. 212ff., (1993)
(2) H. Brandl: PdN-Ch 42,5, S. 35ff., (1993)

Wetterleuchten von Zuckerkristallen

Abb. 1: Triboluminescenz von Zuckerkristallen

Der große englische Naturforscher Francis Bacon beschrieb 1605 das Phänomen, dass beim Aneinanderreiben von Zuckerstücken im Dunkeln ein bläuliches Leuchten auftritt. E. N. Harvey, der Vater der modernen Lumineszenzforschung, beobachtete 1939 ein analoges Leuchten beim Abziehen von Klebestreifen, Klebebändern oder von Tapeten von ihrer jeweiligen Unterlage.
Bei diesen kalten Leuchterscheinungen handelt es sich um das Phänomen der Tribolumineszenz. Unter Tribolumineszenz (griech.: tribein = reiben) versteht man das Auftreten einer „kalten" Lichtemission beim Zerbrechen oder Zerreiben bestimmter kristalliner Stoffe. Auch durch thermischen Schock, beim Abkühlen in flüssiger Luft, kann Tribolumineszenz zuweilen ausgelöst werden.

Was wir brauchen

Mörser, Pistill, Glasstab, Schere, Hammer, Zange

Gefahrenhinweis

Da beim Zerreiben von harten Zuckerstücken scharfkantige Splitter abgeschlagen werden können, die leicht zu Augenverletzungen führen, ist das Tragen einer **Schutzbrille** unbedingt erforderlich!

So wird's gemacht

In einem völlig abgedunkelten Raum reiben wir mit einem Glasstab an den Wänden eines Reagenzglases, das etwa zur Hälfte mit Haushaltszucker (= Saccharose, auch Rohr- bzw. Rübenzucker genannt) gefüllt ist. Während des Reibens können wir deutliche, weiße Lichtblitze wahrnehmen.
Kandiszucker, harte Drops und Zuckerlollies zerkleinert man hingegen auf einer passenden Unterlage mit einem Hammer oder zerdrückt sie mit einer Zange.

1 Zuckerleuchten mithilfe einer elektrischen Kaffeemühle

Da die zuvor geschilderte Tribolumineszenz der Zucker sehr lichtschwach ist, eignet sie sich im Allgemeinen nicht als Lehrerexperiment. Führen Schüler die Tribolumineszenz-Versuche selbst aus, ist eine mögliche Verletzungsgefahr im Dunkeln nicht auszuschließen.
Der Autor hat daher eine Variante entwickelt, die es gestattet, die Tribolumineszenz von Zucker auch einem größeren Auditorium (ohne jegliche Verletzungsgefahr durch etwaige abgesprengte Zuckerpartikel) zu demonstrieren.
Man füllt eine elektrische Kaffeemühle, die einen durchsichtigen Plexiglasverschlussdeckel enthält, etwa zur Hälfte mit Haushaltszucker. Nach Schließen des Deckels kann die Kaffeemühle in Betrieb genommen werden. Im Dunkeln zeigt sich ein helles, ca. 30 Sekunden anhaltendes, weißes Leuchten. Das Leuchten dauert so lange an, bis der kristalline Haushaltszucker zu feingepulvertem Puderzucker zermahlen ist.
Amerikanische Fruchtbonbons und Zuckerlollies enthalten häufig den Geschmacksstoff Wintergrünöl (Methylsalicylat). Junge Leute pflegen häufig solche Lollies im Dunkeln vor dem Spiegel zu zerbeißen, wobei bei jedem Biss ihre Zähne blaugrün aufleuchten. Mit Rücksicht auf die Unversehrtheit der Zähne sollte man jedoch auf diese Art der Tribolumineszenz-Demonstration verzichten. Man kann solche Lollies auch mit dem Hammer oder einer Zange zerkleinern, wobei ein ziemlich heller blaugrüner Lichtblitz zu beobachten ist. Obwohl solche wintergrünölhaltigen Bonbons bei uns schlecht zu bekommen sind, braucht man auf diese durch Methylsalicylat sensibilisierte und deutlich verstärkte Tribolumineszenz von Zucker nicht zu verzichten.

2 Zubereitung von wintergrünölhaltigen Zuckerwürfeln

Das für die sensibilisierte Triboluminineszenz von Zucker verwendete Methylsalicylat kann entweder käuflich erworben oder wie unten angegeben synthetisiert werden.

So wird's gemacht

Man träufelt mit einer Pipette selbst synthetisiertes oder käuflich erworbenes Methylsalicylat auf einen Zuckerwürfel, ohne dass der Zucker zu feucht wird. Beim Zerdrücken mit einem Spatel oder Glasstab zeigt sich im Dunkeln eine deutlich blaugrüne Triboluminineszenz (Schutzbrille!).

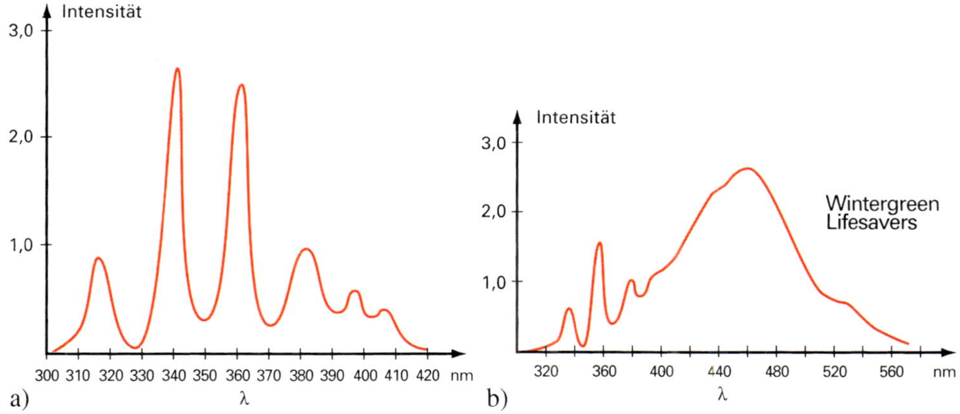

Abb. 2: *Triboluminineszenzspektrum*
a) von Saccharose
b) von Wintergreen Lifesavers (Bonbonart)

3 Synthese von Wintergrünöl (Salicylsäuremethylester)

Was wir brauchen

Salicylsäure, Methanol (F = leichtentzündlich; T = giftig),
konz. Schwefelsäure (C = ätzend)
Pipette, Reagenzglas, Becherglas, Dreifuß mit Drahtnetz,
Gasbrenner

So wird's gemacht

Wir bringen in ein Reagenzglas 1 ml Methanol, setzen ein kleine Spatelspitze fester Salicylsäure zu und schütteln gut durch. Mit einer Pipette fügen wir nun zwei Tropfen konz. Schwefelsäure hinzu (**Schutzbrille** und **Schutzhandschuhe** verwenden!). Man stellt danach das Reagenzglas in ein Becherglas mit Wasser und erhitzt bis zum Sieden. Schon nach kurzer Zeit tritt der charakteristische, durchdringende Geruch nach Wintergrünöl auf.

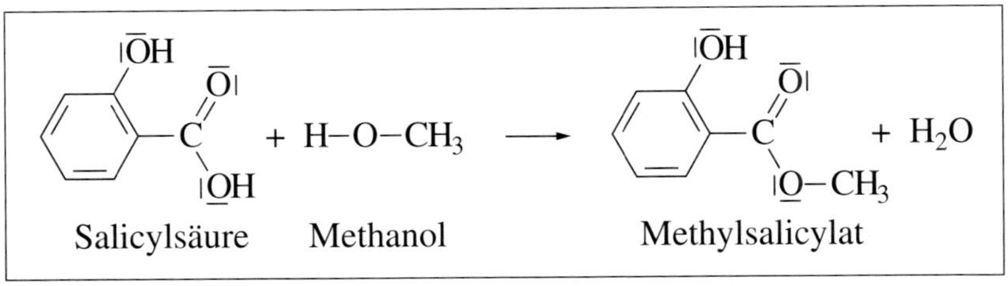

4 Triboluminseszenz-Demonstration mit einer elektrischen Kaffeemühle

Um die durch Methylsalicylat sensibilisierte Triboluminseszenz von Saccharose auch einem großen Auditorium effektvoll demonstrieren zu können, füllen wir eine elektrische Kaffeemühle zur Hälfte mit dem durch Zutropfen von Methylsalicylat präparierten Haushaltszucker. Nach Einschalten kann man im Dunkeln eine lang anhaltende, sehr helle, blaugrüne Triboluminseszenz-Emission beobachten (s. S. 13, Abb. 1).

Entsorgung

Präparierten Haushaltszucker in den Hausmüll entsorgen!

Chemischer Hintergrund

Beim Zerbrechen von Kristallen treten an den entstehenden Bruchflächen freie, einander entgegengesetzte, elektrische Ladungen auf, die zuvor in molekularer Nähe gebunden waren. Diesseits und jenseits der Bruchspalte, in der zunächst ein Vakuum herrscht, tritt also eine Ladungstrennung auf. Dies führt zum Aufbau eines elektrischen Feldes, das für die Lichterzeugung eine ausreichend hohe Feldstärke aufweisen muss, was meist nur bei kristallinen Stoffen und Isolatoren der Fall ist. Beim Zerbrechen der Kristalle kommt es zu einem Einstrom von Luftteilchen in den Bruchspalt, wobei die Stickstoff-

Moleküle an die positiv geladenen Bruchflächen adsorbiert werden. Herrscht in der Bruchspalte ein totales Vakuum, werden frei Elektronen von der negativ geladenen Seite gewissermaßen als „Kathodenstrahlen" auf die positiv geladenen Bruchstellen hin beschleunigt. Die auf die adsorbierten Stickstoff-Moleküle auftreffenden freien Elektronen regen die Stickstoff-Moleküle elektronisch an. Kehren diese in in den Grundzustand zurück, wird das charakteristische Triboluminieszenz-Spektrum emittiert. Die Tribolumineszenz bei Zuckern dauert nur 10^{-4} s. Die blaue Leuchterscheinung ist also eine Folge kurzer Lichtblitze, deren Intensität von der Größe der jeweiligen Bruchfläche abhängt.
Die beim Zerbrechen von Zuckerstücken auftretende Tribolumineszenz-Emission liegt nur zu einem geringen Anteil im sichtbaren Bereich des Spektrums. Die Hauptemission erfolgt im langwelligen UV-Bereich. Beim Zerreiben wintergrünhaltiger Zuckerlollies bzw. von mit Methylsalicylat präparierten Zuckerstückchen werden durch Adsorption dieser UV-Emission Methylsalicylatmoleküle zu blaugrüner Fluoreszenz angeregt.
Bei der hier vorliegenden Tribolumineszenz kommt es also zu einer Überlagerung der Tribolumineszenzemission des Zuckers mit der Fluoreszenz des Methylsalicylates (siehe dazu Abb. 2a + 2 b, S. 15).

Hinweis

Methylsalicylat fluoresziert im UV-Licht (λ = 366 nm) prächtig blaugrün.
Dass die Tribolumineszenz-Emission bei den Zuckern von angeregten Stickstoff-Molekülen ausgeht, lässt sich auch aus der Tatsache ersehen, dass Zucker beim Verreiben im Vakuum eine viel schwächere Leuchterscheinung zeigen, weil im Vakuum weit weniger Stickstoff-Moleküle an Zucker adsorbiert sind.
Wissenschaftliche Untersuchungen haben gezeigt, dass beim Zerreiben von Zucker in einer Neongasatmosphäre (bei vermindertem Gasdruck) ein helles, rotes Leuchten auftritt, das charakteristisch für die Emission angeregter Neonatome (wie sie auch in leuchtenden Neonröhren auftritt) ist.

Literatur:

(1) H. Brandl: PdN-Ch 44,5, S. 23ff., (1995)

Tribolumineszenz von Klebebändern

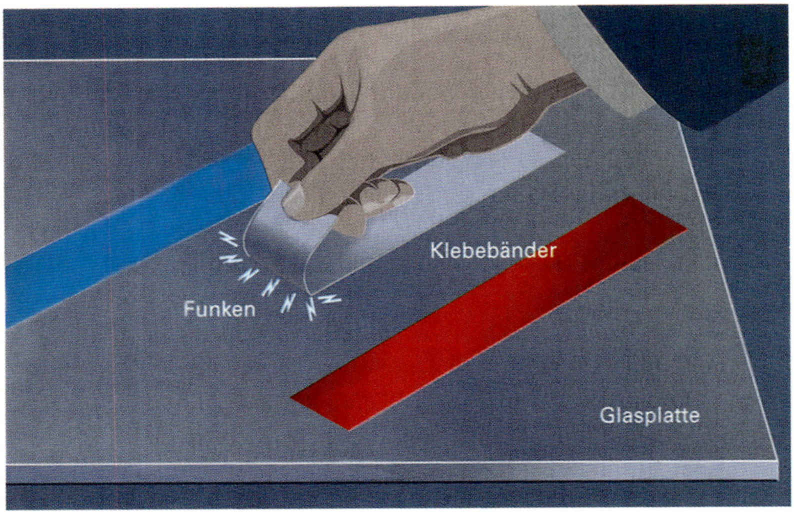

Abb. 1: Versuchsdurchführung

Was wir brauchen

Verschiedene transparente und nicht transparente Klebebänder und Isolierband aus PVC.

So wird's gemacht

Verschiedene transparente und nicht transparente Klebebänder bzw. Klebestreifen werden auf eine Glasplatte oder eine gummierte Schreibtischauflageplatte geklebt. Wir verdunkeln den Raum und warten, bis die Augen an die Dunkelheit adaptiert sind. Beim Abziehen der Klebematerialien von der Unterlage treten dann mehr oder weniger helle, bläuliche Leuchterscheinungen auf.
Bei Verwendung von kristallklaren Klebestreifen gelingt es schon bei bloßem Darüberstreifen mit dem Fingernagel über die nicht klebende Seite eines gerade abgezogenen Klebestreifens oder durch ruckartiges Ziehen entlang des gestrafften Bandes, helles Aufleuchten bzw. funkenartige Leuchterscheinungen hervorzurufen. Man kann nach dem Abziehen des Klebestreifens diesen wieder auf die Unterlage kleben und erneut abziehen. Auf diese Weise lassen sich die Leuchterscheinungen viele Male reproduzieren. Sehr helles Leuchten entsteht auch, wenn man nicht transparentes Klebeband kräftig von der Rolle abzieht. Auch Cellophan soll hierbei stark leuchten.

Chemischer Hintergrund

Beim Abziehen eines Klebestreifens von einer Unterlage tritt entlang der Linie, an der er sich von der Unterlage trennt, ein bläulichweißes Leuchten auf. Es wird durch eine Vielzahl kleiner Funken hervorgerufen, die zwischen Unterlage und Klebestreifen oder auf diesen selbst überspringen.
Beim Aufkleben bewegen sich Elektronen von einer Oberfläche zur anderen. Sie folgen elektrischen Anziehungskräften, die entweder von der Unterlage oder vom Klebestreifen selbst ausgehen. Durch die Elektronenwanderung entstehen an der Grenzfläche Kontaktladungen, d. h. elektrisch unterschiedlich geladene Bezirke. Beim Abziehen des Klebestreifens von der Unterlage strömt Luft in den Riss, und es kommt, wie bei den Zuckern, zu einer Ladungstrennung. Erreicht der Abstand einen kritischen Wert, springen Funken über und sorgen somit für einen Ladungsausgleich. Obwohl die Einzelemissionen von sehr kurzer Dauer sind, scheint bei fortgesetztem Abziehen des Klebestreifens das Leuchten kontinuierlich, da immer neue, geladene Stellen gebildet werden und Entladungen folgen.
Der amerikanische Wissenschaftler J. Walker beschreibt in (2) eine Methode, wie dieses Leuchten auf einem Film festgehalten werden kann. Aufnahmen von solchen „Funken-Autographien“ ließen sich im Rahmen einer Fotografiearbeitsgemeinschaft herstellen.

Literatur:

(1) H. Brandl: MNU, 45, 4, S. 195ff., (1992)
(2) J. Walker: Spektrum der Wissenschaft S. 130ff., (1988)

Zubereitung von „Dracula-Tee“

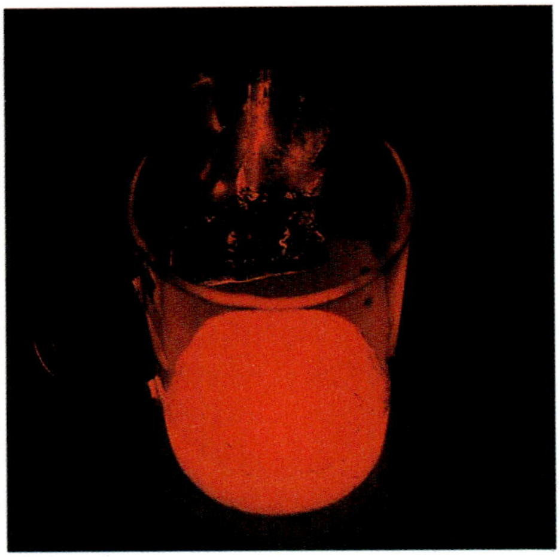

Abb. 1a Teezubereitung b Chemolumineszenz im Dunklen

Bram Stokers berühmte Romanfigur Graf Dracula, der Fürst der Finsternis und oberster Vampir, der sich vom Blut seiner Opfer ernährt, die er mit seinen Vampirzähnen in den Hals beißt und dann aussaugt, ist Schülern und Studenten von zahllosen Gruselgeschichten und Horrorfilmen bestens bekannt.
Nach seiner Übersiedlung vom finsteren Transsilvanien nach London hat sich der „Count“ (so sein englischer Titel) natürlich den englischen Sitten und Gebräuchen angepasst und so lässt er sich zur „teatime“, die bei ihm allerdings erst nach Einbruch der Dunkelheit stattfindet, seinem Status gemäß „Dracula-Tee“ servieren.
Im Gegensatz zu obigem Gebräu, das nur von Vampiren getrunken werden kann, stellt Tee, den normale Sterbliche zu sich nehmen, eines der am weitesten verbreiteten Getränke dar. Zusammen mit Kaffee und Kakao gilt schwarzer oder grüner Tee (Blätter des Teestrauches in fermentiertem oder unfermentiertem Zustand) als klassisches Genussmittel unter den Getränken. Daneben finden zahlreiche „Kräutertees“ aus verschiedenen pflanzlichen Teilen wie Früchten (Hagebutte, Holunder, Fenchel etc.), Blüten (Linde, Kamille, Hibiscus etc.) und Blättern (Brennnessel, Pfefferminze etc.) als Heil- und Arzneimittel oder einfach nur als gesunde, wohlschmeckende heiße oder kalte Getränke Verwendung.
Für die hier beschriebenen Versuche wählt man Teesorten, bei denen grüne Blätter als Teeaufguss dienen. Am besten bewährt hat

sich hierfür Pfefferminztee in Form von getrockneten Blättern oder in Teebeuteln verpackt.
Teeblätter enthalten wie alle grünen Pflanzen Chlorophyll, dessen charakteristische rote Fluoreszenz bei Bestrahlung mit UV-Licht (λ = 366 nm) den Schülern aus dem Biologie- oder Chemieunterricht hinlänglich bekannt ist. Diese Chlorophyllfluoreszenz lässt sich leicht auch auf chemischem Wege anregen. Versetzt man nämlich einen Chlorophyllextrakt (Lösungsmittel Essigsäureethylester) mit geeigneten Oxalsäureestern und Wasserstoffperoxid (sog. Peroxyoxalat-System), so tritt eine außerordentlich helle rote Lichtemission auf (sensibilisierte Chemolumineszenz).

Was wir brauchen

Hohes Teeglas, Teelöffel, Pfefferminztee im Teebeutel;
Essigsäureethylester (F = leichtentzündlich), Wasserstoffperoxid (30%ig, C = ätzend), Bis(2,4-dinitrophenyl)oxalat (= DNPO) oder Bis(2,4,6-trichlorphenyl)oxalat (= TCPO).
Hinweis: DNPO und TCPO können z. B. über die Firma Sigma-Aldrich GmbH, 89555 Steinheim, bezogen werden.

So wird's gemacht

Wir füllen in ein Teeglas unter dem Abzug 100 ml Ethylacetat (Essigsäureethylester). Nun fügen wir 10 ml Wasserstoffperoxid und eine Teelöffelspitze eines der obigen Oxalester (ca. 0,5 g) hinzu. Nach Umrühren mit dem Teelöffel taucht man einen Teebeutel (Pfefferminztee) in die Lösung. Sogleich erstrahlt im Dunkeln die ganze Lösung in einem wundervollen roten Licht. Das Leuchten ist dabei so stark, dass es selbst bei Tageslicht gut wahrnehmbar ist. Bei Verwendung von DNPO ist das Leuchten heller, aber von kürzerer Dauer als mit TCPO. Um den Schülern zu demonstrieren, dass es sich dabei um ein wirklich kaltes Leuchten handelt, kann man die Temperatur in der Lösung mithilfe eines eingetauchten Digitalthermometers messen.

Chemischer Hintergrund

Die Emission von kaltem Licht durch das sog. „Peroxyoxalat-System" beruht auf einer sensibilisierten Chemolumineszenz. Dabei reagiert ein Aryloxalsäureester z. B. DNPO oder TCPO (s. Abb. 2) mit 30%igem Wasserstoffperoxid in einem geeigneten Lösungsmittel (z. B. Ethylacetat). Im Verlauf dieser Perhydrolyse eines Aryloxalsäureesters entsteht ein elektronisch angeregtes Reaktionsprodukt, das seine elektronische Anregungsenergie auf einen der Reaktionslösung zugesetzten, aber an der eigentlichen chemischen Reaktion unbeteiligten fluoreszenzfähigen Farbstoff – in unserem Fall auf Chlorophyll – überträgt. Dadurch werden elektronisch angeregte Chlorophyllmoleküle (im ersten Singulett-Zustand) gebildet, die bei der Rückkehr in den Grundzustand ihre charakteristische rote Eigenfluoreszenz in Form von roter, sensibilisierter Chemolumineszenz emittieren.

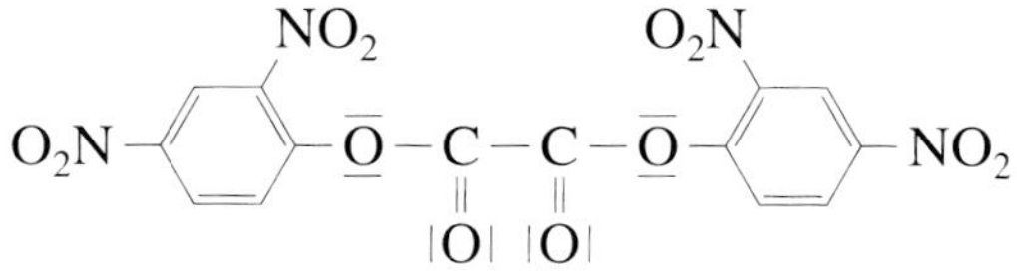

Bis(2,4-dinitrophenyl)oxalat (DNPO)

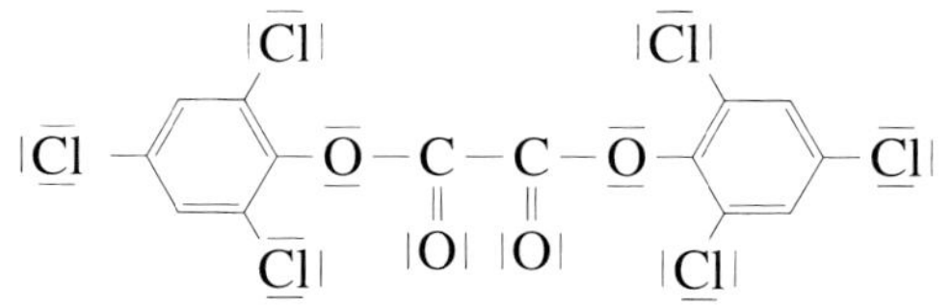

Bis(2,4,6-trichlorphenyl)oxalat (TCPO)

Strukturformeln von DNPO und TCPO

Sollten einem Experimentator die Kosten für obige Oxalsäureester zu hoch und deren Synthesen zu zeitaufwendig sein, muss er dennoch nicht auf die Demonstration leuchtenden Tees verzichten, wenn er nach folgender alternativer Versuchsvorschrift vorgeht:

Was wir brauchen

Großes Reagenzglas, Reagenzglasklammer, Bunsenbrenner, Schere, Teelöffel, Siedestein
Tetralin (1,2,3,4-Tetrahydronaphthalin (O = brandfördernd, C = ätzend), getrocknete Pfefferminzblätter oder ca. 1/4 Teemenge eines Teebeutels

Gefahrenhinweis

Tetralin ist leicht brennbar, daher sollte stets Löschsand bereit gehalten werden. Zum Schutz von Augen und Haut vor eventuellen Spritzern siedenden Tetralins (bei Siedeverzug) sind **Schutzbrille** und **Schutzhandschuhe** zu tragen. Es empfiehlt sich, Siedesteine zuzusetzen. Wegen der nicht unerheblichen Geruchsbelästigung durch Tetralin sollte der Versuch unter einem **Abzug** durchgeführt werden.

So wird's gemacht

Ein großes Reagenzglas wird mit 40 ml Tetralin gefüllt, einige Siedesteine zugesetzt und dann mithilfe einer Reagenzglasklammer unter dem Abzug in die entleuchtete Flamme eines Bunsenbrenners gehalten. Wir erhitzen bis zum Sieden (ca. 125 °C). Nun bringen wir im abgedunkelten Raum etwa einen Teelöffel voll getrockneter Pfefferminzblätter in die siedende Lösung. Das spontan auftretende schöne rote Leuchten wird besonders gut sichtbar, wenn wir das Reagenzglas kurz aus der Flamme nehmen. Nach dem raschen Abklingen des Leuchtens lässt sich dieses durch erneutes Erhitzen der Lösung reaktivieren.

Chemischer Hintergrund

Tetralinhydroperoxid (THP), das als Verunreinigung in käuflichem Tetralin stets vorhanden ist, zeichnet für obige Chemolumineszenz verantwortlich. Die Thermolyse von THP wird durch gewisse Metallporphyrine wie Chlorophyll katalysiert.

Hinweis

Der Chemismus der sensibilisierten Chlorophyll-Peroxyoxalatchemolumineszenz und der Chemismus der Chlorophyllchemolumineszenz bei der Thermolyse von THP sind in der genannten Literatur ausführlich beschrieben.

Literatur:

(1) H. Brandl: ChiuZ 20, 2, S. 63ff., (1986)
(2) H. Brandl: PdN-Ch. 37,3, S. 41ff., (1988)
(3) H. Brandl: MNU, 41,2, S. 94ff., (1988)

2 Pyrotechnische Experimente

Steckt nicht in fast jedem von uns ein kleiner Pyromane? Viele Hobbychemiker versuchen im häuslichen Keller oder Chemielabor pyrotechnische Mischungen für das Silversterfeuerwerk zu kreieren. Doch seid gewarnt! Die Gefahr ist groß und die Mixtur geht rasch nach hinten los!
Statt Silvesterfreude – Arzt oder gar Krankenhaus zahlt sich ganz bestimmt nicht aus! Befolgt sorgfältig ihr jedoch die Versuchsangaben, werdet ihr zu Silvester auch eure Freude an den Knallern haben!

Ein Gummibärchen im „flammenden Inferno“

Abb. 1: Gummibärchen

Farbige Gummibonbons, speziell die sog. Gummibärchen sind bei Jung und Alt als „Naschereien“ sehr beliebt. Diese enthalten große Mengen an Zuckern wie Saccharose, Glucose-Sirup, Invertzucker. Dazu kommen noch gelbildende Stoffe wie Agar-Agar, Pektin, Gelatine, Stärke und Gummi arabicum sowie Säuerungsmittel, Farb- und Aromastoffe. Der Wassergehalt variiert zwischen 10 und 18%. Infolge der hohen Zuckerkonzentration steckt eine große Energiemenge in einem solchen Gummibärchen. Was Wunder also, wenn ungezügelter Verzehr dazu führt, dass die vom Körper nicht verbrannten Zuckermengen in Depotfett umgewandelt werden, was nichts anderes bedeutet, als dass regelmäßiger Verzehr von Gummibärchen dick macht.
Wie viel Energie in einem einzigen Gummibärchen steckt, kann den Schülern mit nachstehendem Experiment drastisch vor Augen geführt werden.

Was wir brauchen

Großes Reagenzglas, Stativ mit Stativklammer, Blechbüchse mit Löschsand, Bunsenbrenner, Pinzette oder Tiegelzange; Kaliumchlorat (O = brandfördernd; X n = mindergiftig), 1 Gummibärchen (zuckerhaltig)

Gefahrenhinweis

Beim Experimentieren mit Kaliumchlorat sind die Sicherheitsvorschriften streng einzuhalten. Es müssen **Schutzbrille** und **Schutzhandschuhe** getragen werden. Der Versuch sollte im **Abzug** durchgeführt werden. Unter das Reagenzglas wird eine mit Löschsand halb gefüllte Blechbüchse als Auffanggefäß gestellt, für denFall, dass das Reagenzglas bei der Reaktion durchschmelzen sollte.

So wird's gemacht

Wir schmelzen 15 g Kaliumchlorat mit der Brennerflamme vorsichtig im Reagenzglas. Nun lassen wir in die Kaliumchloratschmelze ein Gummibärchen fallen. Sofort bricht ein wahrhaft „flammendes Inferno" los, das dem Dante'schen höllischen Inferno in nichts nachsteht. Das Gummibärchen entzündet sich und „tanzt" unter schrecklichem „Heulen" einem Derwisch gleich, in der Kaliumchloratschmelze umher, wobei durch die Kaliumdämpfe violett gefärbte Flammen aus dem Reagenzglas lodern. Die Temperatur des Kaliumchlorat-Zucker-Gemisches steigert sich schließlich bis zur Weißglut, wobei auch größere Mengen eines weißen Rauches (hauptsächlich Kaliumchlorid) freigesetzt werden.

Chemischer Hintergrund

Wie allgemein bekannt ist, lässt sich Zucker nicht ohne weiteres verbrennen. Ein Zuckerwürfel lässt sich z. B. nicht zum Brennen bringen, er schmilzt nur.
Betrachtet man die bei der Verbrennung von 1 mol Saccharose an Luft freiwerdende Reaktionsenthalpie gemäß:

$$C_{12}H_{22}O_{11} + 12\ O_2 \rightarrow 12\ CO_2 + 11\ H_2O \quad \Delta H = -5644\ \text{kJ/mol},$$

so müsste man fast eine explosionsartige Umsetzung des Zuckers mit Luftsauerstoff erwarten. Eine solche erfolgt aber lediglich, wenn fein verteilter Zuckerstaub in einer Explosionskammer durch einen elektrischen Zündfunken zur Reaktion gebracht wird.
Der Grund, warum Zucker selbst in der Bunsenflamme nicht verbrennt (also „stabil" bleibt), liegt an seiner extrem hohen Aktivierungsenergie.

Durch Verwendung eines Katalysators lässt sich jedoch diese hohe Energiebarriere umgehen. Streut man z. B. Zigarrenasche auf den Zuckerwürfel, so lässt sich dieser entzünden und verbrennt mit kleiner unscheinbarer Flamme. Spuren von Eisen, die in der Zigarrenasche vorhanden sind, wirken hier als Katalysator.
Warum aber verläuft die Verbrennung von Zucker in einer Kaliumchloratschmelze so heftig?
Eine mögliche Erklärung kann uns das Reaktionsprinzip des sog. Chancel-Tunkfeuerzeuges liefern. Das von dem Franzosen Chancel erfundene Feuerzeug bestand aus Hölzern, die an einem Ende elementaren Schwefel enthielten, der mit einem Köpfchen aus einem Kaliumchlorat-Saccharose-Gemisch überzogen war. Um den Entzündungsprozess einzuleiten, tauchte man den Kopf des Hölzchens in ein Gefäß, das mit konzentrierter Schwefelsäure getränktes Asbest enthielt.
Durch die Reaktion:

$2\,KClO_3$	+	H_2SO_4	$\rightarrow$	$2\,HClO_3$ +	K_2SO_4
Kaliumchlorat		konz. Schwefelsäure		Chlorsäure	Kaliumsulfat

wird Chlorsäure gebildet, die sukzessive Zucker, Schwefel und das Holz zur Entzündung bringt. Da es bei der Handhabung dieses Feuerzeuges des öfteren zu einem Verspritzen von konz. Schwefelsäure kam, was gehäuft Unfälle zur Folge hatte, fand dieses Feuerzeug keine große Verbreitung.
Es ist anzunehmen, dass beim Versuch mit dem Gummibärchen bei der Temperatur des geschmolzenen Kaliumchlorates Wasser aus der Gummibärchenmasse freigesetzt wird und mit dem Kaliumchlorat zu Chlorsäure reagiert. Diese leitet dann die zu beobachtende fulminante Verbrennung ein.
Mit nachfolgendem Versuch lässt sich sehr anschaulich demonstrieren, dass Chlorsäure Gemische leicht oxidierbare Stoffe – hier eine Saccharose-Kaliumchlorat-Mischung – spontan zur Entzündung und zu einer beeindruckenden exothermen Reaktion bringen.

Ein umgekehrtes Raketentriebwerk

Abb. 1: Versuchsdurchführung

Was wir brauchen

Ein großes Blatt Filterpapier, eine Gänsefeder, großes Reagenzglas, Stativ mit Stativklammer, Waage, Tropfpipette, Büchse mit Löschsand;
Kaliumchlorat $KClO_3$ (O, brandfördernd; Xn, mindergiftig), konz. Schwefelsäure (C, stark ätzend), Saccharose (Rohr- oder Rübenzucker).

Gefahrenhinweis

Es gelten die gleichen Vorschriften wie für den Gummibärchen-Versuch.

So wird's gemacht

Wir mischen auf einem großen Filterpapier vorsichtig mit einer Federfahne gleiche Mengen von Kaliumchlorat und Haushaltszucker (Saccharose). Von dem Gemisch wird vorsichtig soviel in ein großes Reagenzglas gefüllt, dass es zu etwa 2/3 mit der Mischung gefüllt ist. Unterm Abzug lassen wir mit einer Tropfpipette 2–3 Tropfen konzentrierte Schwefelsäure auf die Mischung fallen und treten dann schnell zurück (Schließen der Abzugshaube!).

Nach wenigen Sekunden entzündet sich die Mischung und es schlägt eine gewaltige, hellviolette Flamme (Kaliumflamme) aus der Mündung des Reagenzglases. Die Erscheinung erinnert unwillkürlich an den Ausstoß eines gezündeten Raketentriebwerkes. Als Verbrennungsrückstände hinterbleiben nach dem Abkühlen weißes Kaliumchlorid und schwarzer Kohlenstoff.

Literatur:

(1) D. M. Sullivan: J. Chem. Educ. 69,4, S. 326, (1992)
(2) H. Brandl: PdN-Ch. 44,5, S. 26, (1995)
(3) U. Hoffmann, W. Rüdorff: „Anorganische Chemie“ 21. Auflage, Friedrich Vieweg & Sohn, Braunschweig (1973) S. 234

Die höllische Schlangenbrut

Abb. 1: „Chemischer Vulkan“

Schlangen spielen in den Mythen, Legenden und Sagen vieler Völker eine unheilvolle Rolle als listige, gefährliche oder schreckliche, alles verzehrende Untiere. So tritt die Schlange als hinterhältige Verführerin von Adam und Eva im Garten Eden auf. In der nordischen Mythologie bewohnt die gewaltige Midgardschlange das große Weltmeer, das die Erde umgibt. In der griechischen Sage schickte die Göttermutter Hera zwei Riesenschlangen, die den acht Monate alten Herkules erwürgen sollten. Er selbst schlug später der neunköpfigen Hydra ihre Köpfe ab. Das Haupt der schrecklichen Gorgonen, allen voran Medusa, trug statt der Kopfhaare züngelnde Schlangen, bei deren Anblick jedermann zu Stein erstarrte. Aber auch heute noch fürchten sich viele Menschen vor Schlangen. Nicht immer zu Unrecht, wenn man an die vielen Giftschlangen (Kobras, Mambas, Klapperschlangen etc.) und die riesigen Würgeschlangen (Boa, Python, Anaconda) denkt. Es mag manchem Betrachter daher etwas gruselig werden, wenn in einem Experiment aus einem feuerspeienden Vulkan eine schwarze Riesenschlange kriecht oder ein unheimliches Schlangennest sichtbar wird.

Was wir brauchen

Feuerfeste Unterlage (z. B. Eisenblech), Streichhölzer, Pipette. Ammoniumdichromat (E = explosionsgefährlich; Xn = mindergiftig; N = umweltgefährlich), Quecksilber(II)thiocyanat $Hg(SCN)_2$ (T = giftig), Dextrin, destilliertes Wasser, Aceton (F = leicht entzündlich).

Gefahrenhinweis

Da zum einen Chromate eventuell carcinogen wirken könnten und zum anderen während des Versuches giftige Quecksilberdämpfe (wenn auch nur spurenweise) entstehen können, muss der Versuch unbedingt unterm **Abzug** durch geführt werden.
Schutzhandschuhe ud **Schutzbrille** tragen!

So wird's gemacht

Wir vermischen in einer Reibschale 10 g Quecksilber(II)thiocyanat und 1 g Dextrin sorgfältig und fügen tropfenweise etwa 5 Tropfen destilliertes Wasser hinzu. Wir formen die Mischung (mit den behandschuhten Händen!) zu einem eiförmigen Gebilde. Dieses lässt man ein bis zwei Tage auf einem Uhrglas trocknen. Zur Durchführung des eigentlichen Versuches schichten wir unter dem Abzug auf einer feuerfesten Unterlage über dem eiförmigen Gebilde einen Kegel aus ca. 30 g Ammoniumdichromat auf. Dann beträufeln wir mittels einer Pipette den „Ammoniumdichromatberg" mit Aceton und entzünden anschließend das Aceton. Wir beobachten den Versuch nun im abgedunkelten Raum. Einem Vulkanausbruch nicht unähnlich lodern zuckende Flammen und sprühen Funken aus dem orangefarbenen „Ammoniumdichromat-Vulkan" (Abb. 1). Gleichzeitig bildet sich sozusagen in Form eines „Ascheregens" grünes, äußerst voluminöses Chrom(III)oxid. Nachdem der Vulkan schon fast erloschen ist, kriecht plötzlich eine etwa fingerdicke „schwarze Schlange", die bis zu 1 m lang werden kann, aus dem Vulkankrater. Zuweilen bildet sich auch ein Schlangennest, in dem mehrere Schlangenleiber zu einem unentwirrbaren Knäuel verflochten sind (siehe Abb. 2).

Chemischer Hintergrund

Obiger Versuch ist ein Hybrid aus zwei lange bekannten Schauversuchen, dem „chemischen Vulkan" und der „Pharaoschlange".
Der chemische Vulkan beruht auf der Thermolyse von Ammoniumdichromat, wobei als Zersetzungsprodukt graugrünes, voluminöses Chrom(III)oxid gebildet wird („Vulkanasche"):

$$(NH_4)_2Cr_2O_7 \xrightarrow{\text{Erhitzen}} Cr_2O_3 + N_2\uparrow + 4\ H_2O\uparrow$$

Abb. 2: „Pharaoschlange" im erloschenen Vulkan

Die Entstehung der Pharaoschlange beruht darauf, dass Quecksilber(II)thiocyanat bei seiner Thermolyse (verbrennt nicht, glimmt nur) einen voluminösen, zähen Rückstand bildet, der aus Stickstoff, Kohlenstoff und Schwefel besteht. Da dieser Rückstand das etwa 25- bis 50-Fache des Volumens der ursprünglichen Substanzmenge ausmacht, kommt es durch diese Aufblähung zur Bildung der „Riesenschlange".

Entsorgung

Der grüne Chrom(III)oxid-Rückstand wird in ein Gefäß mit festen Schwermetallsalzen gegeben. Restliche Spuren werden mit Wasser befeuchtet und mit einem saugfähigen Tuch aufgewischt und dieses dann ebenfalls in obiges Gefäß entsorgt.
Gleiches gilt für die „Pharaoschlange", da sie noch giftiges Quecksilber gebunden enthält, wird sie ebenfalls in ein Aufbewahrungsgefäß für hochgiftige Schwermetallsalze gegeben. Dort werden die Stoffe aufbewahrt, bis sie als Sondermüll entsorgt werden.

Literatur:

(1) J. F. Elsworth: J. Chem. Educ. 12/72, S. 1128, (1995)
(2) H. Römpp: „Chemische Experimente die gelingen", Franck'sche Verlagsbuchhandlung, Stuttgart, S. 98–99, (1955)

Glühender Eisenregen

Abb. 1: Eisenregen aus dem Reagenzglas

Gewöhnliches Eisen wird an feuchter, kohlenstoffdioxidhaltiger Luft verhältnismäßig leicht oxidiert. Dabei entsteht Eisen(III)-oxid-Hydrat FeO(OH), besser bekannt als Rost. Beim Erhitzen an Luft bildet Eisen eine farbige, sehr dünne Schicht von Eisenhammerschlag Fe_3O_4. Eine Verbrennung des Eisens unter Glühen tritt bei diesen Prozessen jedoch nicht auf. Erhitzt man einen lockeren Bausch Stahlwolle (große Oberfläche) bis zum Glühen und bringt diese in ein Gefäß, das mit reinem Sauerstoff gefüllt ist, so verbrennt Eisen unter lebhaftem Funkensprühen zu Eisenoxid. Ein solches Funkensprühen beim Verbrennen von Eisen ist auch beim Abbrennen von Wunderkerzen, bzw. beim autogenen Schweißen und beim Schleifen beobachtbar. Durch verschiedene chemische Reduktionsprozesse lässt sich aus bestimmten Eisenverbindungen fein verteiltes elementares Eisen, dessen Metallgitter Störungen aufweist, herstellen. Solches, ungewöhnlich reaktives Eisenpulver, das schon bei Raumtemperatur mit dem Luftsauerstoff unter Funkenbildung und starker Wärmefreisetzung heftig reagiert, bezeichnet man als pyrophores Eisen (pyr = gr. Feuer, phorein = gr. tragen). Pyrophores Eisen lässt sich sehr leicht aus Eisen(II)oxalat $Fe_2C_2O_4 \cdot 2\,H_2O$ herstellen. Es ist zwar käuflich erwerbbar, wir wollen es aber aufgrund seiner einfachen Darstellungsmöglichkeit selbst synthetisieren.

1 Herstellung von Eisen(II)oxalat

Was wir brauchen

Erlenmeyer-Weithalskolben (300 ml), Filternutsche, Filterpapier, Vakuum-Saugflasche, Wasserstrahlpumpe, Waage, Brenner; Ammoniumeisen(II)sulfat-Hexahydrat (Mohr'sches Salz) $(NH_4)_2Fe(SO_4)_2 \cdot 6\ H_2O$, Ammoniumoxalat $(NH_4)_2C_2O_4$, Xn = mindergiftig), Aqua dest.

So wird's gemacht

Wir lösen 12 g Mohr'sches Salz in 180 ml Aqua dest. und fügen danach 6 g Ammoniumoxalat hinzu. Nun erhitzen wir die Lösung bis zum Sieden. Man lässt die Lösung mit dem entstandenen gelben Niederschlag abkühlen und nutscht dann mit einer Filternutsche, die an eine Wasserstrahlpumpe angeschlossen ist, ab. Der gelbe Niederschlag kann aber auch einfach abfiltriert werden. Diese Prozedur erfordert natürlich wesentlich mehr Zeit.
Wir waschen den gelben Niederschlag mit destilliertem Wasser nach und lassen ihn auf dem Filterpapier an der Luft trocknen.
Bei obiger Reaktion entsteht gemäß nachfolgender Reaktionsgleichung gelbes Eisen(II)oxalat, das gut getrocknet, zur Herstellung von pyrophorem Eisen vorzüglich geeignet ist.

$$(NH_4)_2Fe(SO_4)_2 + (NH_4)_2C_2O_4 \rightarrow Fe(COO)_2 + 2\ (NH_4)_2SO_4$$

Ammonium-eisen(II)sulfat	Ammonium-oxalat	Eisen(II)-oxalat	Ammonium-sulfat

2 Herstellung von pyrophorem Eisen durch Thermolyse von Eisen(II)oxalat

Was wir brauchen

Reagenzglas mit passendem Gummistopfen, Glaswolle, Reagenzglasklammer, Brenner, feuerfeste Unterlage (z. B. Eisenblech), selbst hergestelltes (siehe Versuch oben) oder käuflich erworbenes Eisen(II)oxalat.

So wird's gemacht

Wir füllen ein Reagenzglas etwa 3 cm hoch mit Eisen(II)oxalat und verschließen es lose mit einem Glaswollebausch. Dann wird das Reagenzglas (Reagenzglasklammer verwenden!) mit dem Brenner so lange erhitzt, bis die einsetzende starke Gasentwicklung (Kohlenstoffmonoxid, T = giftig, F^+ = feuergefährlich) beendet ist und sich das gelbe Eisen(II)oxalat in ein schwarzes Pulver umgewandelt hat. Nun entfernen wir die Glaswolle, verschließen das Reagenzglas mit einem Gummistopfen und lassen es danach abkühlen.

3 Demonstration des pyrophoren Eisens

Gefahrenhinweis

Wegen der Gefahr des Funkenflugs ist eine **Schutzbrille** zu tragen!

So wird's gemacht

Nachdem das Reagenzglas samt Inhalt auf Raumtemperatur abgekühlt ist, entfernen wir den Stopfen und leeren den Reagenzglasinhalt im abgedunkelten Raum in ca. 1 m Höhe über einer feuerfesten Unterlage aus. Man kann einen herrlichen roten Funkenregen beobachten (Abb. 1).

Entsorgung

Der Rückstand (Eisenoxid) kann in einer leeren Chemikalienflasche gesammelt und für zukünftige Schülerversuche mit Eisenoxid aufbewahrt oder in den Sondermüll entsorgt werden.

Chemischer Hintergrund

Bei der Thermolyse von Eisen(II)oxalat entstehen die Gase Kohlenstoffmonooxid und Kohlenstoffdioxid gemäß:

$Fe(COO)_2$	$\rightarrow$	FeO	+	$CO\uparrow$	+	$CO_2\uparrow$
Eisen(II)oxalat		Eisen(II)oxid		Kohlenstoff-monooxid		Kohlenstoff-dioxid

Bei Abkühlung wandelt sich Eisen(II)oxid in Hammerschlag und elementares Eisen um gemäß:

$$4\ FeO \rightarrow Fe_3O_4 + Fe$$

Das dabei entstehende pulverförmige Eisen ist nicht nur sehr fein verteilt, besitzt also eine große Oberfläche, sondern weist auch beträchtliche Störungen seines Metallgitters auf. In diesem pyrophoren Eisen weichen die Gitterschwerpunkte der Eisenatome im Mittel von 0,0076 nm von dem Normalabstand im ungestörten Gitter ab. Um diese Gitterstörung durch thermische Schwingungen zu erzeugen, bedürfte es einer Erhitzung des normalen Eisenpulvers auf etwa 300 °C.
Dabei verhält sich das durch obige Thermolyse gewonnene Eisenpulver bereits bei Raumtemperatur wie ein auf 300 °C erhitztes normales Eisenpulver. Solches pyrophores Eisen entzündet sich bei Berührung mit Luftsauerstoff spontan und reagiert in einer stark exothermen Reaktion unter lebhaftem Aufglühen der Eisenpartikel. Beim Entleeren des Reagenzglases aus einiger Höhe im Dunkeln bietet sich daher dem Betrachter das phantastische Schauspiel eines Regens von rot glühenden Eisenteilchen. Das Eisen wird dabei zu rotem Eisen(III)oxid oxidiert.

$$4\ Fe + 3\ O_2 \rightarrow 2\ Fe_2O_3$$

Literatur:

(1) A. F. Holleman, E. Wiberg: „Lehrbuch der Anorganischen Chemie" (Hrsg.: N. Wiberg), 91.–100. Auflage, S. 888, Walter de Gruyter Berlin New York, (1985)
(2) H. Keune, W. Filby: „Chemische Schulversuche", Bd. 2, Verlag Volk und Wissen, Berlin, S. 378, (1985)
(3) NiU-Chem 1,2, S. 56, (1990)

Blinkendes Silvesterfeuerwerk

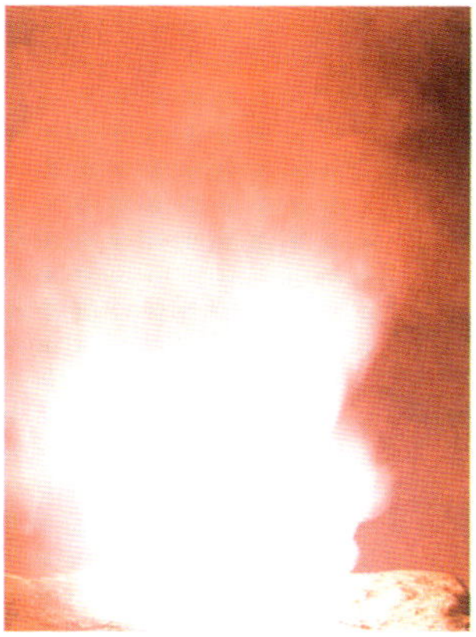

Abb. 1: Zündung
eines pyrotechnischen Blinksatzes

Alle Jahre wieder begrüßen Menschen in allen Erdteilen das neue Jahr mit einem bombastischen Silvesterfeuerwerk.
Solche Feuerwerke stellen akustische und optische Orgien von Knall, Rauch und farbigen Lichtblitzen dar. Gelder in Milliardenhöhe werden alljährlich in Form von Knallfröschen, Krachern, Böllern, Pfeifraketen, bengalischen Lichtern, „Gold- und Silber-Regen", farbigen Leuchtraketen etc. im wahrsten Sinne des Wortes verpulvert. So wurden allein in der Bundesrepublik (ohne die neuen Länder) laut Statistischem Bundesamt 1996 14000 t pyrotechnischer Artikel im Wert von ca. 160 Millionen DM produziert. Besonders beeindruckend unter den pyrotechnischen Leuchtsätzen sind solche, die ein rhythmisches Aufblinken zeigen.

Was wir brauchen

Kleine pyrotechnische Blinksätze: ab ca. 50 Stück beziehbar von der Firma Nico-Pyrotechnik Hanns-Jürgen Diedrichs KG, 22946 Trittau.

Gefahrenhinweise

Das Zünden eines pyrotechnischen Blinksatzes sollte im Freien oder in einem gut funktionierenden **Abzug** (feuerfeste Unterlage erforderlich) erfolgen. Nach erfolgter Zündung sofort ein bis zwei Meter zurücktreten bzw. Abzugshaube schließen. Das Tragen von **Schutzbrille** und **Schutzkleidung** ist unbedingt erforderlich. Wegen der extrem hellen Lichtemission sollten die Betrachter nicht direkt in die Lichtblitze schauen.

So wird's gemacht

Wir stellen einen kleinen, zylindrischen Blinksatzpressling auf eine feuerfeste Unterlage (im Freien oder unterm Abzug) und entzünden ihn am besten mit einem langen Kaminzündholz. Der Versuch ist besonders effektvoll, wenn er im Dunkeln durchgeführt wird. Je nach der Zusammensetzung des jeweiligen pyrotechnischen Blinksatzes treten in Intervallen von wenigen Sekunden 20–25-mal hintereinander äußerst helle farbige Lichtblitze auf. Es existieren Blinksätze, die je nach ihrer Zusammensetzung rotes, gelbes, grünes oder weißes Licht emittieren.

Entsorgung

Nach Beendigung Rückstände in den Hausmüll entsorgen!

Chemischer Hintergrund

Bei pyrotechnischen Blinksätzen erfolgt der Abbrand des Leuchtsatzes nicht wie gewöhnlich unter kontinuierlicher Strahlungsemission, sondern intermittierend (oszillierend). Diese oszillierende, „heiße" Strahlungsemission wird durch zwei miteinander konkurrierende Oxidationsvorgänge verursacht. Dies wird dadurch erreicht, dass die Reaktionsmischung eine Zweikomponenten-Metall-Legierung aus Magnesium und Aluminium enthält. Die starken Reduktionsmittel Magnesium und Aluminium konkurrieren im Verlauf der Reaktion um den Sauerstoff der beigemischten Oxidationsmittel (Nitrate der Erdalkalimetalle sowie einige Perchlorate). In einer Dunkelreaktion wird dabei zuerst die Hauptmenge des Magnesiums verbraucht, während die andere Legierungskomponente in hochreaktiver (pyrophorer) Form in der heißen „Halbschlacke" zurückbleibt. Sie reagiert in einer Sekundärreaktion (Hell-Reaktion) mit dem Luftsauerstoff unter Emission eines grellen Lichtblitzes.
In der Dunkel-Reaktion reagiert in der Hauptsache Magnesium mit dem Sauerstoff der Oxidationsmittel zu Magnesiumoxid, während das Aluminium nur eine Teiloxidation erfährt. Nach Beendigung der Dunkel-Reaktion liegt die Temperatur der „Halbschlacke" bei 400–500 °C. Bei dieser Temperatur reagiert das pyrophore Aluminium sehr leicht mit den bei der Reaktion gebildeten nitrosen Gasen, den Resten der Oxidationsmittel und dem Luftsauerstoff unter Emission von „heißem" Licht.

Die Frequenzen der oszillierenden Lichtemission liegen zwischen 0,5 und 50 Hz.
Mithilfe des Zusatzes geeigneter Katalysatoren (gut bewährt hat sich der Hydrierkatalysator Kupfer-Chromoxid $CuO \cdot CrO_2$) und bestimmten Beimengungen wie Nitrocellulosepulver, Guanidinnitrat, Harnstoffnitrat, Nitroguanidin etc. lässt sich die Blinkfrequenz bequem variieren (z. B. von einem Blitz pro Sekunde auf fünf und mehr Blitze pro Sekunde). Die Charakteristik des Blitzlichtes kann man durch Beimischung eines Moderiermittels z. B. Natriumoxalat auch dann noch aufrecht erhalten, wenn die maximale Blitzfrequenz von 5 und mehr Blitzen pro Sekunde erreicht ist.
Anstelle der Magnesium-Aluminium-Legierung (Magnalium) ist auch eine Magnesium-Titan-Legierrung geeignet. Alle Bestandteile des pyrotechnischen Satzes müssen als Pulver in einer Korngröße von 100 μm vorliegen.
Bei der Blinksatzherstellung werden Satzkomponenten innig vermischt und dann mit einem Druck von 5 t/cm^2 zu Presslingen verdichtet. Presslinge mit einem Durchmesser von 10 mm besitzen eine Abbrandgeschwindigkeit von 0,04 g/s und eine Blitzfrequenz von 1,5 Blitzen pro Sekunde.
Der große Vorteil von pyrotechnischen Blinksätzen gegenüber kontinuierlich abbrennenden Sätzen liegt darin, dass pulsierende (rhythmische) Lichtblitze die Aufmerksamkeit viel stärker auf sich ziehen als dies bei einem kontinuierlichen Abbrand eines pyrotechnischen Leucht- oder Signalsatzes der Fall ist.
Ein Leuchtblinksatz, z. B. bei einem Unfall im Gebirge oder auf hoher See abgefeuert, der an einem Fallschirm langsam zu Boden gleitet, wird auch noch auf weite Entfernung hin gut wahrgenommen.

Beispiele für die Zusammensetzung verschiedenfarbiger pyrotechnischer Blinksätze:

1) Satz mit weißen Lichtblitzen
   65% Bariumnitrat
   20% Magnesium-Aluminium-Legierung (50 : 50)
   7% Nitrocellulose
   5% Ammoniumperchlorat
   3% Natriumoxalat

2) Satz mit roten Lichtblitzen
   65% Strontiumnitrat
   6% Ammoniumperchlorat
   3% Kaliumperchlorat
   18% Magnesium-Aluminium-Legierung (50 : 50)
   8% Dicyandiamid als Moderiermittel

3) Satz mit grünen Lichtblitzen
   60% Bariumnitrat
   20% Magnesium-Aluminium-Legierung (50 : 50)
   7% Ammoniumperchlorat
   5% Kaliumperchlorat
   5% Nitrocellulosepulver
   3% Bariumperchlorat

Literatur:

(1) U. Krone: Patentschrift DT 2164437/3 Deutsches Patentamt, (1971)
(2) U. Krone: „Strahlungsemission in Intervallen – oszillierende Verbrennung pyrotechnischer Sätze“; Vortrag Jahrestagung Pfinztal, BRD, (1975)
(3) U. Krone, R. Lancaster: „Pyrotechnics“ in Ullmann's Encyclopeda of Industrial Chemistry – Vol. A 22, S. 437ff., (1992)
(4) T. Shinizu: Pyrotechnica VIII S. 5ff., (1981)
(5) U. Krone: „Leserbriefe“; Spektrum der Wissenschaft, S. 8, Mai, (1991)
(6) U. Krone: „Persönliche Mitteilung“

Ein rhythmischer Flammenwerfer

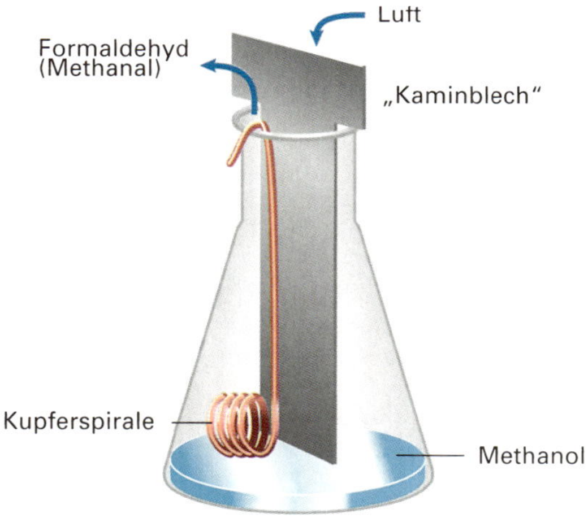

Abb. 1: Versuchanordnung zur kupferkatalysierten Methanoloxidation

Die chemische Industrie stellt in großtechnischem Maßstab Methanal (Formaldehyd) und Ethanal (Acetaldehyd) durch Dehydrierung (Wasserstoffabspaltung) von Methanol bzw. Ethanol mit Luftsauerstoff am Silber-Platin- oder Kupferkontakt bei ca. 600 °C her.
Methanal (Formaldehyd) wird größtenteils zur Herstellung von Kunststoffen wie Amino- und Phenoplasten verwendet. Daneben dient es zur Herstellung von Düngemitteln, als Zwischenprodukt zur Synthese von Farbstoffen, in der Spiegelindustrie, zur Produktion von Vulkanisationsbeschleunigern, in der Fotoindustrie etc.
Ethanal (Acetaldehyd) findet als Ausgangs- bzw. Zwischenprodukt für die Synthese von Essigsäure, Kunstharzen, Paraldehyd, Metaldehyd u. a. m. Verwendung.
Es sei an dieser Stelle darauf hingewiesen, dass Kartoffelpflanzen geringe Mengen an Acetaldehyd ausscheiden, die den Kartoffelkäfer (Cyprea moneta) zum Fressen der Pflanze animieren.

Was wir brauchen

Erlenmeyerkolben (250 ml, Weithals), Messzylinder (50 ml), starker Kupferdraht an einem Ende durch Wickeln um einen Bleistift spiralig aufgewunden, T-förmig zurecht geschnittenes Kupferblech, Tiegelzange, Brenner.
Methanol (F = leichtentzündlich; T = giftig)

Gefahrenhinweis

Da bei der Oxidation von Methanol, das giftige, augenreizende, eventuell auch carcinogen wirkende, die Schleimhäute stark angreifende Methanal gebildet wird, sollte der Versuch unter einem **Abzug** durchgeführt werden. Es müssen **Schutzbrille** und **Schutzhandschuhe** getragen werden.

So wird's gemacht

Wir bringen in einen Erlenmeyerkolben etwa 30 ml Methanol und erhitzen auf ca. 40–60 °C (jedoch nicht bis zum Sieden erhitzen!). Man hängt das T-förmige Kupferblech in den Kolben. Seine Länge muss so bemessen sein, dass es nicht in die Flüssigkeit eintaucht. Mit einer Tiegelzange wird die Kupferspirale in der Bunsenflamme bis zur Rotglut erhitzt und dann sogleich in den Erlenmeyerkolben gehängt. (Abstand zum Methanolpegel 1–2 cm). Die durch das Erhitzen des Methanols im Kolben befindlichen Alkoholdämpfe halten die Kupferspirale am Glühen, da Methanol an der Kupferoberfläche durch den Luftsauerstoff oxidiert wird. Der Methanoldampf entzündet sich an der heißen Kupferspirale. Im Dunkeln sehen wir, wie von der rot glühenden Kupferspirale ausgehend, unter fauchendem Geräusch und unter Bildung einer fahlen blaugrünen Flamme eine harmlose Verpuffung erfolgt. Simultan dazu erlöscht das Glühen der Spirale. Nach kurzer Zeit erlöscht dann auch die Flamme. Die Kupferspirale beginnt nun erneut stark aufzuglühen bis wiederum eine Verpuffung erfolgt usw.
Dieser rhythmische Reaktionsverlauf endet erst, wenn das gesamte Methanol aufgebraucht ist. Durch erneute Methanolzugabe kann die Reaktionsdauer verlängert werden.
Bei der Reaktion entweichen Dämpfe von Methanal aus dem Reaktionskolben. Durch die Verbrennung im Kolben ist der Sauerstoff aufgebraucht worden und es hat sich das flammenerstickende Kohlenstoffdioxid gebildet. Durch den Kamineffekt des T-Bleches wird von hinten neue Luft in den Kolben gezogen. Nach etwa einer halben Minute ist wieder genügend Sauerstoff im Kolben vorhanden, um die Methanoldämpfe wiederum oxidieren zu lassen. Die Reaktion setzt erneut ein.
Interessant ist es auch, die Oberfläche der Kupferspirale zu beobachten. Man kann dort die Bildung von dunklem Kupferoxid und die nachfolgende Reduktion zu blankem hellrotem Kupfermetall gut verfol-

gen. Dieses Farbenspiel ist bei geeigneter Reaktionsführung besonders schön auch am T-förmigen Kupferblech zu sehen.

Entsorgung

Nach Beendigung des Versuches und Erkalten des Kolbens kann man den verbliebenen Rest an Methanol entweder in ein Sammelgefäß geben und ergänzt mit frischem Methanol für den nächsten Versuch aufbewahren oder man verbrennt es unter dem Abzug in einer Porzellanschale.

Chemischer Hintergrund

Bei der durch Kupfer katalysierten Oxidation von Methanol entsteht Methanal und Wasser. Bei genügend hoher Sauerstoffkonzentration wird Methanol zu Kohlenstoffdioxid und Wasser oxidiert.

(a) $$2\,H_3C-\overline{\underline{O}}-H \;+\; O_2 \xrightarrow{Cu} 2\,H-C(=O)-H \;+\; 2\,H_2O \qquad \Delta H = -314\ kJ$$

Methanol — Sauerstoff — Methanal (= Formaldehyd) — Wasser

(b) $$2\,H_3C-\overline{\underline{O}}-H \;+\; 3\,O_2 \xrightarrow{Cu} 2\,CO_2\uparrow \;+\; 4\,H_2O \qquad \Delta H = -1354\ kJ$$

Methanol — Sauerstoff — Kohlenstoffdioxid — Wasser

Abb. 2: Die Kurve zeigt vereinfacht die Oszillationen der Methanal-Konzentration [2]; Verwendete Farben: 1 = blau, 2 = rot, 3 = grün

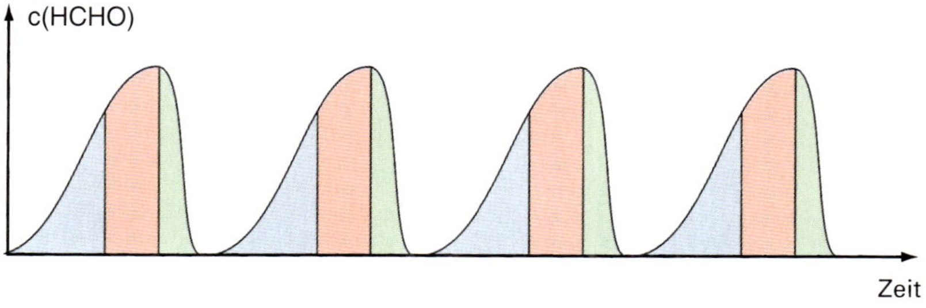

- Keine Flamme. Kupferspirale glüht nicht. Sauerstoff strömt durch den Kamineffekt des T-förmigen Kupferbleches von hinten in den Kolben. Start der Reaktion (a).
- Keine Flamme. Spirale glüht hellrot auf. Reaktion (a) wird katalytisch beschleunigt. Ist genügend Sauerstoff im Reaktionsgefäß, setzt Reaktion (b) unter harmloser Verpuffung und Flammenbildung ein.
- Unter Flammenbildung läuft die Reaktion (b) im gesamten Gasraum des Erlenmeyerkolbens ab. Reaktion (a) kommt zum Erliegen, weil die Konzentration der Edukte an der Oberfläche der Spirale zu gering ist. Durch Sauerstoffmangel und durch die hohe CO_2-Konzentration erlischt die Flamme.

Abb. 3: Versuchsdurchführung

Literatur:

(1) NeVa, Heidenheimer Str. 79, D-73312 Geislingen an der Steige, Produktinformation
(2) M. Tausch, M. van Wachtendonk (Hrsg.):Chemie S II: Stoff-Formel-Umwelt; C. C. Buchner-Verlag, Bamberg, S. 106, (1993)
(3) J. I. Weimer: J. Chem. Educ. 71,4, S. 325ff., (1994)
(4) D. L. Coffing, J. L. Wille: J. Chem. Educ. 70,7, S. 585ff., (1993)

3 Oszillierende Reaktionen besonderer Art

Hat Ihre mechanische Uhr den Geist aufgegeben? In diesem Kapitel lernen Sie Rezepturen zu chemischen Uhren kennen, die Ihnen durch rhythmischen Farbwechsel die Zeit anzeigen. Allerdings ist es durchaus möglich, dass Sie bei der Durchführung der Experimente vor Begeisterung gar nicht merken, wie schnell die Zeit vergeht.

Die Belousov-Zhabotinskii-(BZ)-Reaktion

Der russische Biochemiker Belousov entdeckte 1958 beim Versuch Citronensäure mit Kaliumbromat in schwefelsaurer Lösung und in Gegenwart von Cer(IV)sulfat als Katalysator zu oxidieren, die faszinierendste aller bis dato bekannten oszillierenden chemischen Reaktionen. Belousov beobachtete bei obiger Reaktion einen periodischen Farbwechsel des homogenen Reaktiosgemisches zwischen gelb (Ce^{4+}-Ionen = oxidierter Zustand) und farblos (Ce^{3+}-Ionen = reduzierter Zustand).
Dieser Reaktion blieb lange Zeit die wissenschaftliche Anerkennung versagt. Erst als Zhabotinskii herausfand, dass ein Zusatz des Redoxindikators Ferroin zum Reaktionsansatz von Belousov einen spektakulären rhythmischen Farbwechsel zwischen himmelblau und hellrot zur Folge hat, wurde das Interesse der Fachwelt auf das faszinierende Phänomen chemischer Oszillationen in homogenen Systemen gelenkt.

1 Demonstration der temporären Oszillationen bei der BZ-Reaktion

Was wir brauchen

Rundkolben (250 ml), Magnetrührer mit Rührfisch, Waage, Messzylinder (100 ml und 10 ml).
Propandisäure (Malonsäure), Kaliumbromat (O = brandfördernd; T = giftig), Schwefelsäure, c = 1 mol/l (C = ätzend), Ammoniumhexanitratocerat(IV) $(NH_4)_2[Ce(NO_3)_6]$
Ferroin

So wird's gemacht

Wir bringen in einen 250 ml-Rundkolben 150 ml Schwefelsäure, c = 1 mol/l, und setzen unter permanentem Rühren mit einem Magnetrührer (20–40 Umdrehungen/Min.) 4,3 g Malonsäure und 0,18 g Ammoniumhexanitratocerat(IV), $(NH_4)_2$ $[Ce(NO_3)_6]$, zu. Wir warten bis die anfänglich gelbe Lösung nach einigen Minuten völlig farblos geworden ist. Nun fügen wir 1,57 g Kaliumbromat (bzw. 1,4 g Natriumbromat) zu. Nach kurzer Induktionszeit wechselt die Farbe der Lösung rhythmisch zwischen gelb und farblos. Bei Raumtemperatur beträgt die Oszillationsperiode ca. 1 Minute. Dieser rhythmische Farbwechsel wird noch faszinierender, wenn man als Redoxindikator Ferroin (1 ml – 1,5 ml) zusetzt. Ferroin ist ein roter Tris(1,10-phenanthrolin)eisen(II)-Komplex, der bei Oxidation in Ferriin Tris(1,10-phenanthrolin)eisen(III)-komplex übergeht, das himmelblau gefärbt ist. Das Redoxpotential für das Paar Ferroin/Ferriin beträgt 1,06 V für das Paar Ce^{3+}/Ce^{4+} ca. 1,44 V. Die Farbe des Reaktionsgemisches ändert sich nun rhythmisch zwischen rot und blau.

Hinweis

Als Ferroin-Lösung darf nur das Tris(1,10-phenanthrolin)eisen(II)-sulfat, nicht aber die entsprechende Chlorid-Verbindung verwendet werden, da Chlorid-Ionen die BZ-Reaktion hemmen. Bei einer Erhöhung der Ce^{4+}-Ionenkonzentration bis maximal auf das Zehnfache, kann man einen Farbwechsel von grün nach rot beobachten (chemische Verkehrsampel).

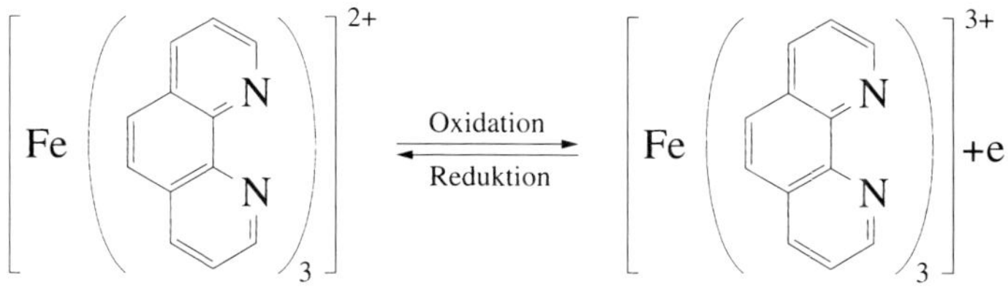

Ferroin (rot)
reduzierte Form

Ferriin (himmelblau)
oxidierte Form

2 Demonstration wandernder Wellen bei der BZ-Reaktion

Was wir brauchen

Hoher, schmaler Standzylinder (250 ml), Messzylinder (100 ml) und 10 ml), Waage, 2 Bechergläser (300 ml), Glasstab, Pipette.
Malonsäure, Kaliumbromat (O = brandfördernd; T = giftig), Schwefelsäure c = 1,5 mol/l (10 ml konz. Schwefelsäure vorsichtig zu 100 ml destilliertem Wasser geben) (C = ätzend), Ferroin-Lösung.

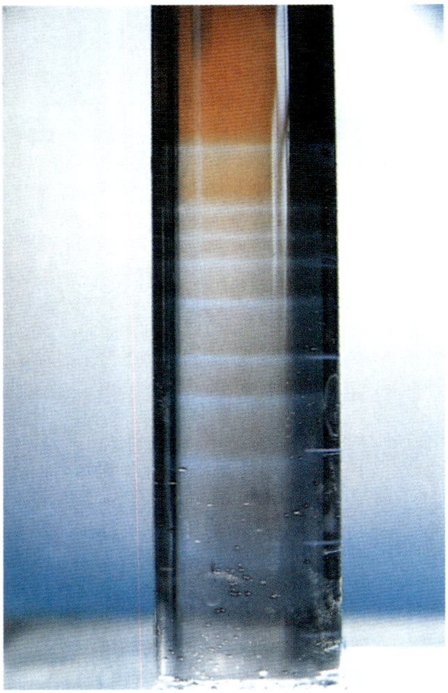

Abb. 1: Standzylinder mit periodisch auftretenden Farbbändern

So wird's gemacht

Wir bringen auf den Boden eines hohen Standzylinders 1–1,5 ml Ferroin-Lösung und gießen unter Umrühren eine Lösung aus 4,3 g Malonsäure und 1,4 g Kaliumbromat in 150 ml Schwefelsäure c = 1,5 mol/l hinzu.
In einem separaten Becherglas bereiten wir dann eine Lösung von 0,175 g Ammoniumhexanitratocerat(IV) in 100 ml Aqua dest. vor. Diese Lösung wird nun sorgsam auf die Reaktionslösung im Standzylinder pipettiert und beide Lösungen werden mit einem Glasstab nur oberflächlich durchmischt.
Schon nach kurzer Induktionszeit bilden sich, verursacht durch Inhomogenitäten der Konzentration innerhalb der roten Reaktionslösung blaue, bänderartige Oxidationswellen aus. Es kommt dabei zu einer Propagation blauer Farbbänder durch die rote Lösung. Nach wenigen Minuten ist der gesamte Zylinder von Bändern durchsetzt (siehe Abb. 1).

Entsorgung

Reaktionslösung mit Natronlauge neutralisieren. Danach mit viel Wasser verdünnen und über die Kanalisation entsorgen.

Chemischer Hintergrund

Voraussetzungen für das Auftreten zeitlicher (temporärer) Oszillationen

Nach dem zweiten Hauptsatz der Thermodynamik sind in einem homogenen, geschlossenen System (bei konstantem Druck und konstanter Temperatur) alle spontan ablaufenden chemischen Reaktionen mit einer Abnahme der freien Gibbs-Enthalpie verknüpft.
Im Gegensatz zu physikalischen Vorgängen nähern sich chemische Reaktionen im Allgemeinen monoton ihrem Gleichgewichtszustand an, sodass ein wiederholtes Darüberhinausschießen und Zurückkehren, wie es bei elektrischen und mechanischen Systemen häufig beobachtet wird, in chemischen Systemen normalerweise nicht auftritt. Bilden sich bei der Annäherung an ein Gleichgewicht im Reaktionsmilieu kurzlebige Zwischenprodukte, die stöchiometrisch nicht signifikant sind, oder katalytisch wirkende Stoffe, so kann deren Konzentration rasch einen stationären Zustand erreichen oder ein Maximum bzw. Minimum durchlaufen. Unter speziellen Bedingungen kann es jedoch zu rhythmischen Schwankungen der Konzentrationen um diesen stationären Zustand kommen (Edukte und Produkte hingegen oszillieren naturgemäß nicht). Diese Schwankungen (Fluktuationen) können sich dann in zeitlichen, räumlichen und raumzeitlichen Oszillationen äußern.
Notwendige, aber nicht hinreichende Bedingungen für das Auftreten solcher Oszillationen sind:

1) Das System muss fernab vom thermodynamischen Gleichgewicht sein.
   Es muss sich in einem permanenten Materie- und Energieaustausch mit der Umgebung befinden, d. h. ein thermodynamisch offenes System sein, da Oszillationen sonst nicht ungedämpft ablaufen könnten und innerhalb kürzester Zeit zum Stillstand kämen.
2) Jedes oszillierende System muss wenigstens einen nichtlinearen Reaktionsschritt enthalten. Das bedeutet, dass sich die Anreicherung mindestens eines der Intermediärprodukte anders auf die Reaktionsgeschwindigkeit auswirkt als dies bei einer normalen reversiblen Reaktion der Fall ist. Oszillierende Reaktionen müssen daher mindestens einen Autokatalyse- bzw. Autoinhibitionsschritt beinhalten. Ein solcher Reaktionsschritt bewirkt die

Anreicherung eines Intermediärproduktes das sich katalytisch bzw. inhibitorisch auf die Reaktionsgeschwindigkeit auswirkt, sodass diese sich beschleunigt oder verlangsamt und zwar in einer nichtlinearen Abhängigkeit.

3) Die Gesamtreaktion eines oszillierenden Systems muss stark exergonisch sein.
Oszillierende Reaktionen setzen sich aus zahlreichen, sich gegenseitig beeinflussenden Elementarreaktionen zusammen, von denen keine ins chemische Gleichgewicht gelangen darf. Ehe das geschieht, muss sie von einer anderen Reaktion überholt werden.
4) Das Reaktionssystem muss Bistabilität zeigen, d. h. es müssen für das System zwei verschiedene stabile stationäre Zustände existieren. Oszillationen sind dann wahrscheinlich, wenn man in ein solches bistabiles chemisches System eine Substanz einbringt, die auf die beiden stationären Zustände des Systems eine unterschiedliche Wirkung hat.

Zum Reaktionsmechanismus der BZ-Reaktion

Der Reaktionsmechanismus der BZ-Reaktion wurde 1972 durch die amerikanischen Chemiker Field, Körös und Noyes aufgeklärt (FKN-Mechanismus). Die BZ-Reaktion besteht aus 18 Teilreaktionen mit 20 verschiedenen Spezies.
Vereinfacht dargestellt handelt es sich dabei um zwei konkurrierende Gesamtprozesse A und B. Welcher der beiden dominiert, hängt von der Bromid-Ionen-Konzentration ab. Bei einer hohen Bromid-Konzentration regiert Prozess A, bei Unterschreiten einer kritischen Konzentration übernimmt Prozess B das Regime. Oszillationen treten auf, da Prozess A unter Bromid-Ionen-Verbrauch abläuft und somit Prozess B induziert. Da bei letzterem auf indirektem Wege Br^--Ionen gebildet werden, kehrt nach einer bestimmten Zeit die Kontrolle des Systems wieder zu Prozess A zurück und so weiter.

Folgende wichtige Reaktionsschritte laufen ab:

$$6\,H_3O^+ + \overset{+V}{Br}O_3^- + 6\,Ce^{3+} \rightarrow 6\,Ce^{4+} + Br^- + 9\,H_2O \qquad (1)$$

Die gemäß (1) gebildeten Br^--Ionen reagieren mit überschüssigem Bromat gemäß:

$$\overset{-I}{Br^-} + \overset{+V}{BrO_3^-} + 2\,H_3O^+ \rightarrow \overset{+III}{HBrO_2} + \overset{+I}{HBrO} + 2\,H_2O \qquad (2)$$

bzw. $2\,Br^- + BrO_3^- + 3\,H_3O^+ + 3\,CH_2(COOH) \rightarrow 3\,BrCH(COOH)_2 + 6\,H_2O$

Bromat Malonsäure Monobrommalonsäure

Gesamtgleichung Prozess A

Durch den Br^--Ionenverbrauch geht Prozess A in Prozess B über. Hier reagiert Bromat mit Bromiger Säure ($HBrO_2$) aus Prozess A gemäß:

$$\overset{+V}{BrO_3^-} + \overset{+III}{HBrO_2} + H_3O^+ \rightarrow 2\,\overset{+IV}{BrO_2} + 2\,H_2O \qquad (3)$$

und $2\,\overset{+IV}{BrO_2} + 2\,Ce^{3+} + 2\,H_3O^+ \rightarrow 2\,Ce^{4+} + 2\,\overset{+III}{HBrO_2} + 2\,H_2O$ (4)

bzw. $2\,Ce^{3+} + \overset{+V}{BrO_3^-} + \overset{+III}{HBrO_2} + 3\,H_3O^+ \rightarrow 2\,Ce^{4+} + 2\,HBrO_2 + 4\,H_2O$ (5)

Dieser autokatalytische Reaktionsschritt liefert die für das Zustandekommen von Oszillationen notwendige Rückkoppelung. Die Gesamtgleichung für Prozess B lautet:

$$\overset{+V}{BrO_3^-} + Ce^{3+} + CH_2(COOH)_2 + 5\,H_3O^+ \rightarrow Ce^{4+} + BrCH(COOH)_2 + 8\,H_2O$$

Malonsäure Brommalonsäure

Gesamtgleichung Prozess B

Das im Verlauf von Prozess B gebildete Ce^{4+} reagiert mit in Prozess A gebildeter Brommalonsäure gemäß:

$$4\,Ce^{4+} + BrCH(COOH)_2 + 7\,H_2O \rightarrow 4\,Ce^{3+} + HCOOH + 2\,CO_2\uparrow + 5\,H_3O^+ + Br^-$$

Brommalonsäure Ameisensäure (6)

Da dabei Bromid freigesetzt wird, steigt die Bromid-Ionen-Konzentration wieder an und Prozess A kann das Regime wieder übernehmen.

3 Erzeugung von konzentrischen Wellenfronten mit dem BZ-Reagenz

Was wir brauchen

Gläserne Petrischalen, Messzylinder, Erlenmeyerkolben, Magnetrührer, Spatel, Pipette, Waage;
konz. Schwefelsäure (c = 18 mol/l) (C = ätzend), Natriumbromat (O = brandfördernd), Natriumbromid, Malonsäure, Ferroinlösung, Ammoniumhexanitratocerat(IV) $(NH_4)_2[Ce(NO_3)_6]$

So wird's gemacht

Wir stellen folgende Lösungen her:

Lösung I:
In einen Erlenmeyerkolben pipettieren wir langsam 2 ml konz. Schwefelsäure zu 50 ml destilliertem Wasser. (**Schutzbrille!**) Danach fügen wir 5 g festes Natriumbromat ($NaBrO_3$) hinzu und rühren die Lösung mittels eines Magnetrührers bis zur vollständigen Lösung des Bromates.
Lösung II:
Man löst 1 g Natriumbromid (NaBr) in 10 ml destilliertem Wasser.
Lösung III:
1 g Malonsäure wird in 10 ml destilliertem Wasser gelöst.
Lösung IV:
Käufliche Ferroinlösung. Dabei ist darauf zu achten, dass Tris(1,10-Phenanthrolin)eisen(II)sulfat als Ferroinlösung verwendet wird, da das ebenfalls im Handel befindliche Tris-(Phenanthrolin)-eisen(II)chlorid stark inhibierend auf die BZ-Reaktion wirkt!

Nun mischen wir in einem Erlenmeyerkölbchen 6 ml Lösung I mit 0,5 ml Lösung II und 1 ml Lösung III. Man rührt unter einem **Abzug** obige Mischung so lange, bis die auftretende braune Farbe des intermediär entstehenden Broms verschwunden ist (Bromdämpfe sind stark toxisch, daher Abzug benutzen!). Wenn die Lösung bromfrei ist, setzt man 1 ml Lösung IV zu.

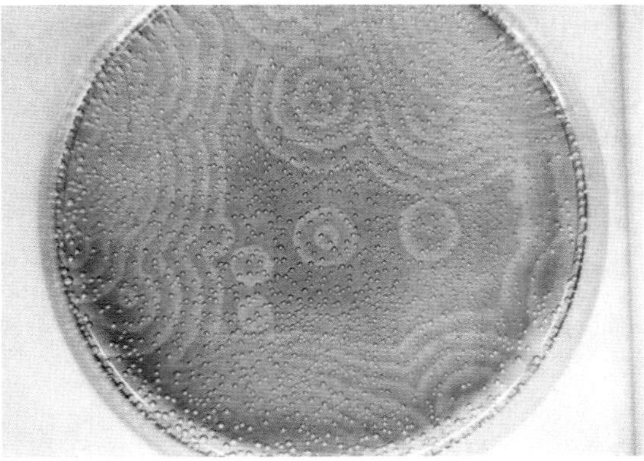

Abb. 2:
Konzentrische Wellenfronterzeugung mit dem BZ-Reagenz

Von obiger Reaktionslösung gießen wir nun nur so viel in eine gläserne Petrischale, dass dessen Becken ca. 2 mm hoch bedeckt ist. Nach kurzer Induktionszeit treten in der ursprünglich homogenen roten (reduzierten) Lösung zeitliche und räumliche Oszillationen auf. Dabei wechselt die Farbe der Lösung zwischen rot (reduzierte Form = Ferroin) und blau (oxidierte Form = Ferriin). Daneben tritt als Mischfarbe zwischen rot und blau anfänglich auch violett auf. In obigem Versuch bilden sich nach kurzer Zeit blaue Oxidationswellen, die durch die rote Lösung wandern. Stößt man mit der Petrischale seitlich auf die Unterlage, so treten schon nach kurzer Zeit farbig Muster auf, die in Form von Spiralwellen durch die Lösung laufen. Mit zunehmender Reaktionsdauer treten in der Lösung Kohlenstoffdioxidbläschen auf.
Um die CO_2-Bläschen zu entfernen, rührt am die Lösung um. Dabei verschwinden auch die Muster, um sich aber nach kurzer Zeit zu regenerieren. Dieser Vorgang lässt sich oft wiederholen.

Entsorgung

Reaktionslösung mit Natronlauge neutralisieren. Danach mit viel Wasser verdünnen und über die Kanalisation entsorgen.

Chemischer Hintergrund: Wie es zum Auftreten chemischer Wellen bei der BZ-Reaktion kommt

In der BZ-Reaktionslösung vorhandene Heterogenitäten (Ursachen für die Bildung von Schrittmacherzentren) führen dazu, dass kleine lokale Bereiche von Prozess B (siehe FKN-Mechanismus!) kontrolliert werden. Diese wachsen wegen des autokatalytischen Verhaltens von Reaktion (5) rasch an. Diffundiert ein im Verlauf von Prozess B gebildetes Molekül Bromige Säure ($HBrO_2$) aus dem ursprünglichen lokalen Bereich in die Lösung ein, so wird entweder ein Bromid-Ion durch Reaktion (7)

$$Br^- + HBrO_2 + H_3O^+ \rightarrow 2\,HOBr + H_2O \qquad (7)$$

aus der Lösung entfernt, oder es bilden sich gemäß (3) und (4) zwei neue Moleküle Bromige Säure.
Diese Prozesse führen dazu, dass in diesem Bereich das Regime von Prozess A auf B übergeht (Abnahme der Bromid-Ionen-Konzentration), sodass sich also die Oxidationswelle (Prozess B) vom Schrittmacherzentrum aus rasch ausbreitet. Da Prozess B zur Bildung von $[Fe(phen)]^{3+}$ bzw. von Ce^{4+} führt, die oxidierten Metall-Ionen aber gemäß Prozess (6) die Bildung von Bromid-Ionen fördern, gewinnt Prozess A nach einem gewissen Zeitraum im Gebiet hinter der Oxidationswelle wieder die Oberhand. Die hohe Bromid-Konzentration hinter der vorauseilenden Oxidationswelle verhindert ein allzu dichtes Aufeinanderfolgen einer zweiten Oxidationswelle. Diese hinterher laufende „Bromidwelle" erklärt beispielsweise auch, warum chemische Wellen beim Auftreffen auf die Wand der Petrischale bzw. bei gegenseitiger Kollision nicht wie bei hydrodynamischen Wellen reflektiert, sondern ausgelöscht werden. Denn das von Prozess B beherrschte Gebiet wird bei Kollision zweier Wellen eingeklemmt und gelöscht. Eine auf die Schalenwand treffende Welle wird von ihrer eigenen nachfolgenden Bromidwelle gelöscht.

Hinweis:

In dem hier gezeigten Versuch ist statt des Redoxpaares Ce^{3+}/Ce^{4+} in den Reaktionsgleichungen (5) und (6) der Seite 51 das Redoxpaar $[Fe(phen)_3]^{2+}$ rot bzw. $[Fe(phen)_3]^{3+}$ blau einzusetzen.

Literatur:

(1) H. Brandl: „Oszillierende chemische Reaktionen und Strukturbildungsprozesse" Praxis-Schriftenreihe Chemie, Bd. 46, Aulis Verlag Deubner & Co. KG Köln, 1987
(2) H. Brandl: PdN-Chem 3/30, S. 65ff., (1981)
(3) H. Brandl: PdN-Chem 4/35, S. 22ff., (1986)

Eine oszillierende Ioduhr (Briggs-Rauscher-Reaktion)

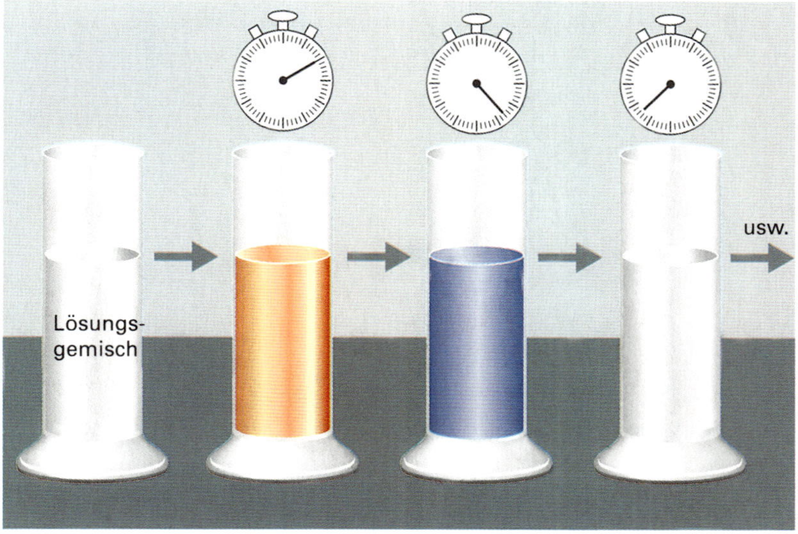

Abb. 1: Reaktionsablauf der Briggs-Rauscher-Reaktion

Eine äußerst eindrucksvolle zeitlich oszillierende Reaktion entdeckten 1973 die beiden Chemielehrer Thomas S. Briggs und Warren C. Rauscher von der Galileo High School in San Francisco. Ihre sog. oszillierende „Ioduhr" zeigt einen faszinierenden rhythmischen Farbwechsel zwischen farblos, goldbraun und tiefblau. Neben den sichtbaren Oszillationen der Iodkonzentration treten bei dieser Reaktion auch starke Fluktuationen der Iodid-Ionen-Konzentration auf.

Was wir brauchen

Erlenmeyerkolben, schmales, hohes Becherglas als Reaktionsgefäß, Magnetrührer, Waage.
Kaliumiodat, konz. Schwfelsäure (w = 96%) (C = ätzend), Malonsäure, Mangan(II)sulfat (Xn = gesundheitsschädlich, N = umweltgefährlich), Wasserstoffperoxid-Lösung (w = 30%) (C = ätzend), Stärkelösung (1%ig).

Gefahrenhinweis

Beim Arbeiten mit konz. Schwefelsäure sind **Schutzbrille**, **Schutzhandschuhe** und **Schutzkleidung** zu tragen!

So wird's gemacht

Man stellt folgende Lösungen her:
Lösung I: 7,1 g Kaliumiodat und 1,3 ml konz. Schwefelsäure in 300 ml Aqua dest.
Lösung II: 2,6 g Malonsäure und 0,5 g Mangan(II)-sulfat in 120 ml Aqua dest.
Lösung III:1 g Stärke in 100 ml Aqua dest. bis zur völligen Lösung erwärmen, dann abkühlen lassen.
Lösung IV: Wasserstoffperoxid-Lösung (w = 30%).

Unter permanentem Rühren mit einem Magnetrührer bringt man in ein hohes, schmales Becherglas 60 ml Lösung I, 24 ml Lösung II, 9 ml Lösung III und 8 ml Lösung IV.

Die Oszillationen setzen schon kurz nach dem Zusatz von Wasserstoffperoxid ein. Die Farbe wechselt rhythmisch jeweils von farblos über goldbraun bis blau. Die Oszillationen halten zwischen 5 und 15 Minuten an. Die periodische Farbänderung ist auf periodische Schwankungen der Iodkonzentration zurückzuführen. Der Wechsel von farblos nach goldbraun beruht auf der Bildung von elementarem Iod. Für die Bildung des blauen Iod-Stärkekomplexes ist eine bestimmte Menge an Iodid-Ionen erforderlich. Erst wenn die Iodid-Konzentration den Wert $c = 10^{-4}$ mol/l in jedem Zyklus erreicht hat, tritt ein Wechsel von braun nach blau ein.

Entsorgung

Die Reaktionslösung wird mit Natronlauge neutralisiert und danach mit Natriumthiosulfat-Lösung versetzt bis Iod vollständig zu Iodid reduziert ist, also bis die blaue Lösung vollständig entfärbt ist. Die Entsorgung kann nun über die Kanalisation erfolgen.

Chemischer Hintergrund:
Zum Mechanismus der BR-Reaktion (verinfachte Darstellung

Die BR-Reaktion ist ein Hybid zweier anderer homogener oszillierender Reaktionen.

a) Die Bray-Liebhafsky-(BL)-Reaktion, d. i. die durch Iodat katalysierte Zersetzung von Wasserstoffperoxid in saurer Lösung gemäß:

$$5\ H_2\overset{-I}{O}_2 + 2\ \overset{+V}{I}O_3^- + 2\ H_3O^+ \rightarrow \overset{\pm 0}{I}_2 + 5\ \overset{\pm 0}{O}_2\uparrow + 8\ H_2\overset{-II}{O} \qquad (1)$$

Reduzierende Wirkung des Wasserstoffperoxids

$$5\ H_2\overset{-I}{O}_2 + \overset{\pm 0}{I}_2 + 2\ H_2O \rightarrow 2\ \overset{+V}{I}O_3^- + 4\ H_2\overset{-II}{O} + 2\ H_3O^+ \qquad (2)$$

Oxidierende Wirkung des Wasserstoffperoxids

$$2\ H_2\overset{-I}{O}_2 \xrightarrow{IO_3^-} \overset{\pm 0}{O}_2 + 2\ H_2\overset{-II}{O} \qquad (3)$$

Iodat-Ionen katalysieren die Disproportionierung des Wasserstoffperoxids

Dabei treten Oszillationen der O_2-Gas-Freisetzung auf.

b) Die Belousov-Zhabotinskii-Reaktion (BZ-Reaktion), d. i. die oszillierend verlaufende Oxidation von Citronensäure (bzw. anderer geeigneter Säuren) in saurer Lösung durch Bromat unter der katalytischen Wirkung von Ce^{4+} oder anderer geeigneter Ionen z. B. Mn^{2+}, $[Ru(bipy)_3]^{2+}$ etc.

Briggs und Rauscher kombinierten nun von Reaktion (a) die Komponenten Wasserstoffperoxid und Iodat mit den Komponenten von Reaktion (b) Malonsäure (anstelle von Citronensäure) und Mangan(II)-Ionen (anstelle von Ce^{3+}-Ionen).
Bei der BR-Reaktion treten Oszillationen bei der Freisetzung der Gase Sauerstoff und Kohlenstoffdioxid sowie Schwankungen der Iod- und der Iodid-Ionenkonzentrationen auf.
Ein detaillierter Reaktionsmechanismus der BR-Reaktion wurde von den Forschern Cooke, Furrow und Noyes sowie von De Kepper und Epstein aufgestellt.
Für die Mitglieder der zur Halogenat-Familie gehörenden Oszillatoren ergeben sich bzgl. ihres Reaktionsmechanismus folgende Gemeinsamkeiten:

1) Das Halogenat wird durch zwei getrennte stöchiometrische Prozesse reduziert – durch einen nichtradikalischen (ionischen) Prozess A und einen radikalischen Prozess B.
2) Diese beiden Prozesse erzeugen sehr unterschiedliche Gleichgewichtskonzentrationen an Halogeniger Säure und die Vorherrschaft zwischen ihnen wird durch eine kinetische Bedingung gesteuert, gewöhnlich durch das Erreichen einer spezifischen Halogenid-Ionenkonzentration.

3) Ein dritter stöchiometrischer Prozess (C), der nicht zu schnell ablaufen darf, koppelt mit den beiden Prozessen (A) und (B), um die komplexen chemischen Änderungen, die zu Oszillationen führen, zu erreichen.
   Prozess (C) steuert sozusagen das Reaktionsgeschehen, indem er zwischen den beiden Prozessen (A) und (B) hin- und herschaltet.
4) Die nichtradikalische Reaktion läuft über ein Halogenid-Ion, die radikalische über Metall-Ionen als Katalysator oder aber über die organische Verbindung (organische Säure).
5) Prozess (C) erzeugt ein Halogenid-Ion aus den Produkten der radikalischen Reduktion und verläuft langsam genug, um die Halogenid-Ionen zur kritischen Umschaltbedingung zu führen. Welcher der beiden Prozesse (A) oder (B) zu einem bestimmten Zeitpunkt das Regime übernimmt, hängt also von der jeweiligen Konzentration an Halogenid-Ionen ab. Ist die Konzentration der Halogenid-Ionen hoch, hat Prozess (A) das Regime. Bei niedriger Halogenid-Ionen-Konzentration dagegen Prozess (B).

Anwendung auf die BR-Reaktion

Nichtradikalischer Prozess A: (bei hoher Iodid-Ionen-Konzentration)

$$\overset{+V}{I}O_3^- + 2\,H_2\overset{-I}{O}_2 + H_3O^+ \rightarrow HO\overset{+I}{I} + 3\,H_2\overset{-II}{O} + 2\,\overset{\pm 0}{O}_2\uparrow \quad (1)$$

Die Iodid-Ionen reagieren in einem langsamen Reaktionsschnitt mit Iodat-Ionen gemäß:

$$\overset{+V}{I}O_3^- + I^- + 2\,H_3O^+ \rightleftharpoons H\overset{+III}{I}O_2 + H\overset{+II}{I}O + 2\,H_2O \quad (2)$$

Iodige Säure	Hypoiodige Säure

Die Iodige Säure wird zur Hypoiodigen Säure weiterreduziert.

$$H\overset{+III}{I}O_2 + \overset{-I}{I^-} + H_3O^+ \rightarrow 2\,H\overset{+I}{I}O + H_2O \quad (3)$$

Die Hypoiodige Säure wird danach durch Wasserstoffperoxid reduziert.

$$\overset{+I}{HOI} + H_2\overset{-I}{O_2} \rightarrow I^- + H_3O^+ + \overset{\pm 0}{O_2}\uparrow \qquad (4)$$

Die Nettostöchiometrie der Reaktion 1) ergibt sich durch stöchiometrische Addition von (2) + (3) + 2 × (4).
Die in (1) gebildete Hypoiodige Säure reagiert mit Malonsäure zu Iodmalonsäure gemäß:

$$HOI + CH_2(COOH)_2 \rightarrow ICH(COOH)_2 + H_2O \qquad (5)$$

Da aber Reaktion (1) unter diesen Bedingungen langsamer abläuft als Reaktion (5), wird durch (5) so viel Hypoiodige Säure verbraucht, dass Reaktion (4) nicht genügend Iodid bilden kann, um den Verbrauch durch die Reaktionen (2) und (3) zu kompensieren. Folglich nimmt die Iodid-Ionen-Konzentration rasch ab.
Wenn die Iodid-Ionen-Konzentration aber unter eine bestimmte Minimalkonzentration abgesunken ist, übernimmt der radikalische Prozess das Regime.
Prozess (B): (radikalisch, bei niedriger Iodid-Konzentration)

$IO_3^- + HIO_2 + H_3O^+ \rightleftharpoons 2\,IO_2^{\bullet} + 2\,H_2O$	(6)	Prozess (B) Autokatalytische Reaktionsschritte
$2\,\overset{+III}{I}O_2^{\bullet} + 2\,\overset{+II}{Mn}{}^{2+} + 2\,H_2O \rightleftharpoons 2\,H\overset{+III}{I}O_2 + 2\,\overset{+III}{Mn}(OH)^{2+}$	(7)	
$2\,\overset{+III}{Mn}(OH)^{2+} + 2\,H_2O \rightleftharpoons 2\,Mn^{2+} + 2\,HOO^- + 2\,H_2O$	(8)	
$2\,HOO^- \rightarrow H_2\overset{-I}{O_2} + \overset{\pm 0}{O_2}$	(9)	
$2\,H\overset{+III}{I}O_2 + H_2O \rightarrow \overset{+V}{I}O_3^- + H\overset{+I}{I}O + H_3O^+$	(10)	Reaktion C

Diese Reaktionsschritte ergeben in nachfolgender stöchiometrischer Kombination Reaktion (2).

$$2 \times (6) + 2 \times (7) + 2 \times (8) + 2 \times (9) + (10)$$

Prozess (B) verläuft hinsichtlich der Reaktionsschritte (6) und (7) autokatalytisch bezüglich der Bildung der Iodigen Säure (HIO_2).
Die Autokatalyse bewirkt ein rasches Anwachsen der Konzentration an Hypoiodiger Säure (HIO), welche durch die Disproportionierung der Iodigen Säure gemäß (10) gebildet wird. Sie stellt die für den Umschaltprozess (C) entscheidende Spezies dar.
Die katalytische Wirkung der Mangan-Ionen beruht auf der Reduktion der $IO_2^{\bullet}$-Radikale zu HIO_2.
Die beim Prozess (B) gebildete Hypoiodige Säure reagiert mit Malonsäure gemäß:

$$HOI + CH_2(COOH)_2 \rightarrow ICH(COOH)_2 + H_2O \qquad (5)$$

Da aber der radikalische Reaktionsprozess schneller abläuft als Reaktion (5) und die überschüssige Hypoiodige Säure mit Wasserstoffperoxid nach (4) unter Bildung von Iodid-Ionen reagiert, wächst die Iodid-Konzentration rasch an und beim Erreichen einer bestimmten Grenzkonzentration übernimmt wieder der langsamere nichtradikalische Prozess A initiert durch (2) das Regime.
Die dazu benötigten Iodat-Ionen entstammen der Reaktion (10).
Die entscheidende Umschaltreaktion zwischen den Prozessen (A) und (B) ist (5).
Die Reaktion verbraucht HOI wesentlich langsamer als diese durch den radikalischen Prozess (B) gebildet wird. Da aber die Hypoiodige Säure im Überschuss durch Wasserstoffperoxid zu Iodid reduziert wird, steigt die Iodid-Konzentration rasch an und das Reaktions-Regime geht auf den nichtradikalischen Prozess (A) über. Da der Prozess (5) die Hypoiodige Säure schneller verbraucht als sie durch den langsameren Prozess (A) gebildet wird und folglich Reaktion (4) kaum noch ablaufen kann, sinkt die Iodid-Konzentration immer weiter ab, bis schließlich der radikalische Prozess (B) wieder die Reaktionsführung übernimmt usw.

Erklärung für das Zustandekommen des rhythmischen Farbwechsels

Der faszinierende Farbwechsel beruht darauf, dass Reaktion (5) nicht in einem einzigen, sondern in zwei Reaktionsschritten abläuft.

$$\overset{-I}{I^-} + \overset{+I}{H}IO + H_2O \rightleftharpoons \overset{\pm 0}{I_2} + 2\,H_2O \qquad (11)$$

$$I_2 + CH_2(COOH)_2 + H_2O \rightarrow ICH(COOH)_2 + H_3O^+ + I^- \qquad (12)$$

Die goldbraune Farbe wird durch elementares Jod hervorgerufen, das in Reaktion (11) gebildet wird, d. h., wenn der radikalische Prozess dafür sorgt, dass die Konzentration an Hypoiodiger Säure höher ist als die Iodid-Konzentration. Da aber überschüssiges HOI durch Wasserstoffperoxid zu Iodid reduziert wird (4), bildet dieses, wenn die Konzentration der Iodid-Ionen größer als die Konzentration an Hypoiodiger Säure geworden ist, mit elementarem Jod und Stärke, die dem Reaktionsgemisch als Indikator beigemischt wird, den bekannten tief dunkelblauen Iod-Stärke-Komplex, der Pentaiodid-Ionen $[I_5]^-$ enthält.
Wenn die Iodid-Ionen-Konzentration aber eine gewisse Grenzkonzentration überschreitet, geht, wie oben explizit ausgeführt, das Reaktionsregime wieder auf den langsameren, nichtradikalischen Prozess (A) über. Wird im Verlauf dieses Prozesses in Reaktion (5) Iod schneller verbraucht als es nachgebildet werden kann, wird die Lösung wieder farblos. Sinkt die Iodid-Konzentration unter eine bestimmte Grenzkonzentration ab, schaltet die Reaktion wieder auf den schnellen, radikalischen Prozess (B) und der Reaktionszyklus beginnt erneut. Insgesamt wird dieser Reaktionszyklus bei der BR-Reaktion ca. 15-mal durchlaufen, bis schließlich die Lösung tiefblau bleibt und aus ihr violette Ioddämpfe (Xn = mindergiftig; N = umweltgefährdend) entweichen.

Literatur:

(1) T. S. Briggs, W. C. Rauscher: J. Chem. Educ. 50, S. 496, (1973)
(2) R. M. Noyes, S. D. Furrow: J. Am. Chem. Soc. 104, S. 45ff., (1982)
(3) P. De Kepper, J. R. Epstein: J. Am. Chem. Soc. 104, S. 49ff., (1982)
(4) H. Brandl: PdN-Chem 3/81, S. 66ff., (1981)
(5) H. Brandl: „Oszillierende Reaktionen und Strukturbildungsprozesse", Praxis-Schriftenreihe Chemie, Bd. 46, Aulis Verlag Deubner & Co. KG Köln, (1987)
(6) A. Reimann: PdN-Chem 5/43, S. 43ff., (1994)

„Rhythmische Gaseruptionen“

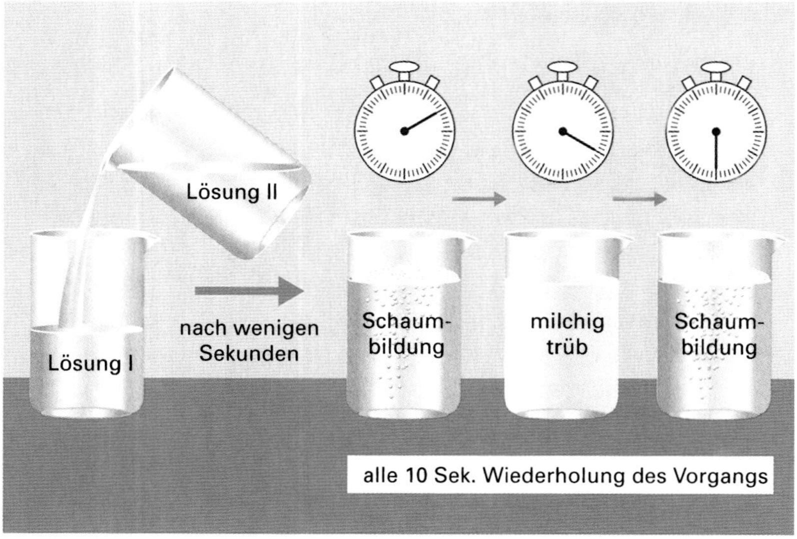

Abb. 1: Rhythmische Stickstoff-Freisetzung

Wird bei einer chemischen Reaktion in homogener flüssiger Phase ein Gas gebildet, so entweicht dieses im Normalfall kontinuierlich. Unter bestimmten Bedingungen kann aber die Gasentwicklung auch in rhythmischen Pulsen, also oszillierend, erfolgen.
1916 beobachtete der amerikanische Chemiker Morgan als erster eine solche oszillierende Gasfreisetzung bei der Dehydratisierung von Ameisensäure (Methansäure) durch konzentrierte Schwefelsäure (98%). Die Durchführung der Morgan-Reaktion ist in [1], S. 67 ff. beschrieben.
Da bei dieser Reaktion das hochgiftige Kohlenstoffmonooxid freigesetzt wird, wollen wir zur Demonstration eine ungefährlichere Reaktion wählen.
Der Chemiker H. Degn beobachtete erstmals 1976, dass die lange bekannte Synproportionierungsreaktion zwischen schwefelsaurer Ammoniumsulfat- und wäßriger Natriumnitrit-Lösung unter rhythmischer Freisetzung von gasförmigem Stickstoff verläuft.

$$\overset{-III}{N}H_4^+(aq) + \overset{+III}{N}O_2^-(aq) \rightarrow \overset{\pm 0}{N}_2(g) + 2\,H_2O\,(l) \qquad (A)$$

Ammonium-Ion Nitrit-Ion Stickstoff Wasser

Rhythmische Stickstoff-Freisetzung nach [2]

Was wir brauchen

Becherglas (100 ml), Magnetrührer, Messzylinder (50 ml), Waage.
Lösung (I): 26,4 g Ammoniumsulfat (Xn = mindergiftig), werden in 99 ml Schwefelsäure, $c(H_2SO_4) = 0{,}2$ mol/l (Xi = reizend), gelöst.
Lösung (II): 27,6 g Natriumnitrit (O = brandfördernd; T = giftig) und 49 g wasserfreies Natriumperchlorat (O = brandfördernd; Xn = mindergiftig), löst man in 100 ml Aqua dest.
H_2SO_4 (die Konzentration von c = 0,2 mol/l erhält man durch Lösen von etwa 1,3 ml konzentrierter Schwefelsäure in 100 ml destilliertem Wasser).

Gefahrenhinweis

Beim Arbeiten mit konz. Schwefelsäure ist das Tragen von **Schutzkleidung**, **Schutzbrille** und **Schutzhandschuhen** unerläßlich. Wegen der Freisetzung von Stickstoffgas sollte die Reaktion im Freien oder unter einem **Abzug** durchgeführt werden.

So wird's gemacht

Durchführung im **Abzug**!
Wir bringen 11,2 ml Lösung (I) in ein Becherglas (100 ml) und rühren mäßig mit einem Magnetrührer. Nun werden 13,1 ml Lösung (II) zugesetzt. Bereits nach wenigen Sekunden setzt eine heftige Gasentwicklung ein. Die Lösung wird durch viele kleine Gasbläschen milchig trübe. Die schäumende Lösung beruhigt sich danach wieder, wobei sie bis auf einige große Gasblasen an der Gefäßwand fast klar wird. Neue rhythmische Gasentwicklungen folgen nun periodisch etwa alle 10 Sekunden, wobei sich das Volumen der aufschäumenden Reaktionsmischung gegenüber der Ruhepause fast verdoppelt. Innerhalb von 5 Minuten treten ca. 30 Oszillationen auf. Mit fortschreitender Reaktionsdauer erwärmt sich die Lösung und entsprechend der RGT-Regel steigt somit die Reaktionsgeschwindigkeit an, folglich verkürzt sich die Periodenlänge etwas. Im Verlauf der Reaktion steigt der pH-Wert von 3,2 auf 4.

Entsorgung

Die Reaktionslösung wird durch Zusatz von Natronlauge neutralisiert und danach mit viel Wasser verdünnt und in das Abwasser entsorgt.

Chemischer Hintergrund

Reaktion (A) dient als kontinuierliche Quelle von gelöstem Stickstoff. Es wird soviel Stickstoff gelöst, bis die Lösung gesättigt ist. Weitere Stickstoffbildung führt schließlich zu einer Übersättigung der Lösung. Diese wird durch spontane Entstehung kleinster Gasbläschen aufgehoben. Da aber die Bildung dieser sehr kleinen Gasbläschen nur wenig gelösten Stickstoff verbraucht, bilden sich in der gesamten Lösung derartige kleine Gasbläschen.
Wird durch (A) weiter Stickstoff nachgeliefert, bilden sich aus den Gasbläschen große Blasen mit einer größeren Oberfläche, sodass die Diffusionsgeschwindigkeit von Stickstoff aus der Lösung in die Blasen ansteigt. Übersteigt die Diffusionsgeschwindigkeit die Geschwindigkeit der Stickstoffbildung durch Prozess (A), so sinkt die Konzentration an gelöstem Stickstoff unter den Sättigungswert und die Bildung neuer Blasen hört auf. Die großen Blasen steigen zur Oberfläche und werden dort freigesetzt.
Da die Lösung nun nicht mehr länger mit Stickstoff gesättigt ist, lösen sich die kleinen Blasen wieder auf, sodass die Lösung wieder klar wird. Da aber Reaktion (A) weiterläuft, wird die Lösung wieder mit Stickstoff übersättigt, die Blasenbildung setzt erneut ein, was neuerlich zu einer Gasentwicklung führt (erneutes „Aufsprudeln").
Der bei allen Oszillationsprozessen notwendige Rückkopplungsmechanismus (feed back) ist bei dieser Reaktion rein physikalischer Natur und beruht auf den wachsenden Gasblasen.

Literatur:

(1) H. Brandl: „Oszillierende chemische Reaktionen und Strukturbildungsprozesse" Praxis Schriftenreihe Chemie Bd. 46, Aulis Verlag
(2) S. M. Kaushik: Z. Yuan, R. M. Noyes, J. Chem. Educ. 63,1, S. 76ff., (1986)
(3) H. Brandl: PdN-Chem 4/42, S. 19ff., (1993)

„Berliner Weiße mit Schuss“

Abb. 1 a „Waldmeistersirup“ (grün) b „Himbeersirup“ (rot)

Wer an warmen Tagen über den Kurfürstendamm, Berlin’s Prachtboulevard, schlendert, kann beobachten, dass in allen Straßencafes, Restaurants und Kneipen Gäste sich an roten oder grünen Getränken laben, die in flachen, kelchartigen Glasschalen serviert werden. Bei diesen Getränken handelt es sich um die berühmte „Berliner Weiße mit Schuss“, ein köstlich erfrischendes, alkoholarmes Weißbier, das bei Zusatz von Waldmeistersirup eine grünliche, bei Zusatz von Himbeersirup eine rötliche Farbe zeigt.
Mit nachstehendem Versuch können wir eine „Berliner Weiße mit Schuss“ kreieren, deren Farbe periodisch zwischen grün („Waldmeistersirup“) und rot („Himbeersirup“) wechselt.

Was wir brauchen

Becherglas (250 ml, hohe Form), Messzylinder (10 ml, 100 ml), Magnetrührer, flache, kelchartige Glasschale (300–500 ml), Waage; Kaliumbromid, Tannin, Ferroin-Lösung, konz. Schwefelsäure (C = ätzend), Kaliumbromat (O = brandfördernd), Natriumhydrogencarbonat.

Gefahrenhinweis

Beim Arbeiten mit konzentrierter Schwefelsäure ist das Tragen von **Schutzkleidung**, **Schutzhandschuhen** und **Schutzbrille** unerläßlich.

So wird's gemacht

Wir stellen folgende Lösungen her:

Lösung A: In einem 250-ml-Becherglas lösen wir 2,1 g Kaliumbromat in 75 ml Schwefelsäure (c = 4 mol/l). Diese Schwefelsäure erhalten wir wie folgt: Man fügt unter permanentem Rühren (Magnetrührer) in kleinen Portionen 16,5 ml konz. Schwefelsäure in 50 ml Aqua dest. und füllt diese Lösung mit Aqua dest. auf 75 ml Gesamtvolumen auf.
Lösung B: In einem Reagenzglas lösen wir 0,7 g Kaliumbromid in 10 ml Aqua dest.
Lösung C: käuflich erhältliche Ferroin-Lösung. Dabei ist darauf zu achten, dass Ferroin als Tris,1,10-phenanthrolineisen(II)sulfat vorliegt. Auf keinen Fall darf Tris,1,10-phenanthrolineisen(II)chlorid verwendet werden, da Chlorid-Ionen die auftretenden Oszillationen vollständig unterdrücken!

Nun wird der eigentliche Versuch angesetzt.
Wir stellen eine kelchartige Glasschale (typisches „Berliner Weiße"-Bierglas) auf einen Magnetrührer und gießen 75 ml Aqua dest. ein. Dann setzen wir 1 g Tannin zu und rühren bis zur vollständigen Auflösung. Danach wird Lösung (A) und 1 ml der Lösung (B) hinzugefügt.
Die Lösung nimmt kurzzeitig eine purpurne Färbung an und es bildet sich ein Niederschlag. Innerhalb einer Minute färbt sich diese Mischung gelb, bleibt aber trübe. Nun fügen wir 2 ml Ferroin-Lösung zu.
Die Mischung nimmt eine lindgrüne Farbe an, die nach ca. einer Minute nach orangerot umschlägt.
Die Farbe unserer „Berliner Weißen mit Schuss" oszilliert nun ca. 10 Minuten lang periodisch zwischen grün („Waldmeistersirup") und rot („Himbeersirup").
Hinweis: Diese chemische „Berliner Weiße mit Schuss" darf selbstverständlich **nicht getrunken** werden!

Entsorgung

Die Reaktionslösung wird mit Natriumhydrogencarbonat neutralisiert und dann in die Kanalisation entsorgt.

Chemischer Hintergrund

Tannine (Gemische sog. Gerbsäuren) enthalten z. B. Ester der Gallussäure (3,4,5-Trihydroxybenzoesäure) mit Glucose.

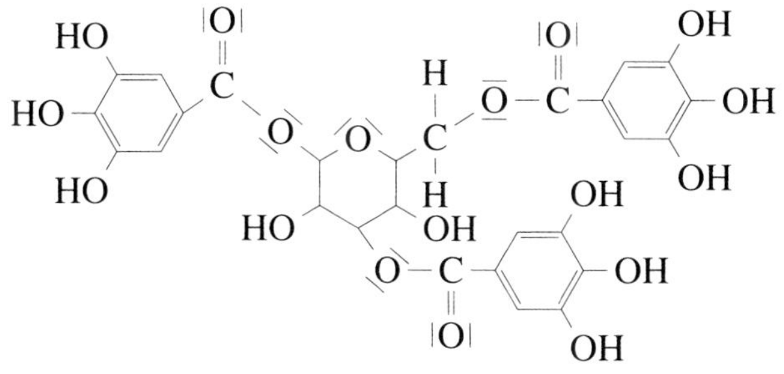

Strukturformel eines typischen Tanninesters

Die Oxidation von Tannin durch Bromat-Ionen in schwefelsaurer Lösung ist ein Beispiel für eine nicht katalysierte chemische Oszillation.
Die Oszillationen werden durch die jeweils herrschende Konzentration an Bromid-Ionen kontrolliert. Tannin kann durch Bromat-Ionen auf zwei unterschiedlichen Wegen oxidiert werden, die den bei der berühmten Belousov-Zhabotinskii-(BZ)-Reaktion ablaufenden Prozessen ähnlich sind (vgl. S. 48ff.). Zu Beginn der Reaktion reagiert das Bromat-Ion mit Tannin unter Freisetzung von Bromid-Ionen. Haben die Bromid-Ionen eine bestimmte Konzentration erreicht, startet Prozess A.

Prozess A:

$BrO_3^- + Br^- + 2\,H_3O^+ \rightarrow HBrO_2 + HBrO + 2\,H_2O$ (1)

$HBrO_2 + Br^- + H_3O^+ \rightarrow 2\,HBrO + H_2O$ (2) Autokatalytischer Reaktionsschritt

$HBrO + Br^- + H_3O^+ \rightarrow Br_2 + 2\,H_2O$ (3)

Legende: BrO_3^- = Bromat-Ion, Br^- = Bromid-Ion, H_3O^+ = Hydronium-Ion, Br_2 = Brommolekül, HBrO = Hypobromsäure, $HBrO_2$ = Bromige Säure

Das in (3) gebildete Brom reagiert mit Tannin unter Freisetzung von Bromid-Ionen gemäß:

$$C_6H_2(OH)_3{-}R + Br_2 + H_2O \rightleftharpoons BrC_6H(OH)_3{-}R + H_3O^+ + Br^- \quad (4)$$

Legende: $C_6H_2{-}(OH)_3{-}R$ = Pyrogallolteil (P),
R = Rest des Tannins (vgl. Strukturformel)

Die drei Hydroxygruppen am Benzolring des Tannins aktivieren den Benzolring für einen elektrophilen Angriff durch Brom, wobei in den beiden verbliebenen C–H-Bindungen des Benzolringes die Wasserstoffatome durch Bromatome substituiert werden.
Durch Prozess A erfolgt also eine Verringerung der Bromid-Ionen-Konzentration, sodass bei einer gewissen Minimalkonzentration das Reaktionsregime auf Prozess B übergeht.

Prozess B:

$$BrO_3^- + HBrO_2 + H_3O^+ \rightarrow 2\ BrO_2^{\bullet} + 2\ H_2O \quad (5)$$

$$BrO_2^{\bullet} + \underset{\text{Tannin}}{C_6H_2(OH)_3{-}R} \rightarrow HBrO_2 + \underset{\text{Tannin-Radikal}}{C_6H_2(OH)_2O{\cdot}R} \quad (6)$$

$$2\ HBrO_2 + H_2O \rightarrow HBrO + BrO_3^- + H_3O^+ \quad (7)$$

Legende: $BrO_2^{\bullet}$ = Bromdioxid-Radikal;
$C_6H_2(OH)_2O{\cdot}R$ = Tannin-Radikal

In Reaktion (6) oxidieren die $BrO_2^{\bullet}$-Radikale das Tannin zu nachstehendem Radikal:

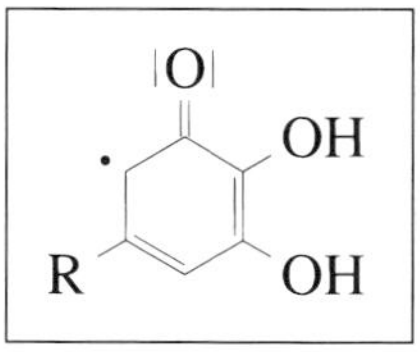

Das Tannin-Radikal kann mit einem anderen $BrO_2^{\cdot}$-Radikal unter Bildung nachstehenden Chinons reagieren:

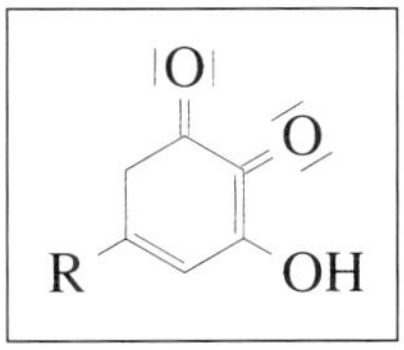

Es kann aber auch mit Hypobromsäure unter Bildung eines Brom-Radikals reagieren, welches rasch gemäß nachstehender Gleichung zu einem Bromid-Ion reduziert wird:

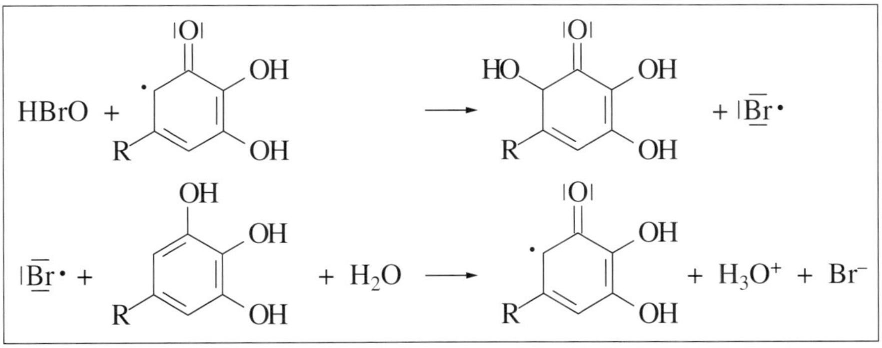

Deshalb erhöht sich im Verlauf von Prozess (B) die Bromid-Ionen-Konzentration auf indirektem Weg, bis beim Überschreiten einer kritischen Mindestkonzentration an Bromid-Ionen Prozess A erneut das Regime übernimmt. Das System oszilliert.
Durch Zugabe von Tris(1,10-phenanthrolin)eisen(II)sulfat (Ferroin) als Redoxindikator, werden die Oszillationen zwischen Prozess (A) und Prozess (B) durch seine Farbänderung (Ferroin ist rot gefärbt, Ferriin hingegen himmelblau) in der Lösung erst sichtbar. Die grüne Färbung bei der Reaktion ist eine Mischfarbe aus dem Gelb der Lösung und dem Blau des Ferriins. Die Mischung von Gelb und dem Rot des Ferroins liefert einen orangeroten Farbton.
Ferroin ist ein roter Tris(1,10-phenanthrolin)eisen (II)-Komplex, der bei seiner Oxidation in den Ferriin(1,10-phenanthrolin)eisen(III) Komplex übergeht. Das Redoxpotential für das Paar Ferroin/Ferriin beträgt 1,06 V.

Strukturformel

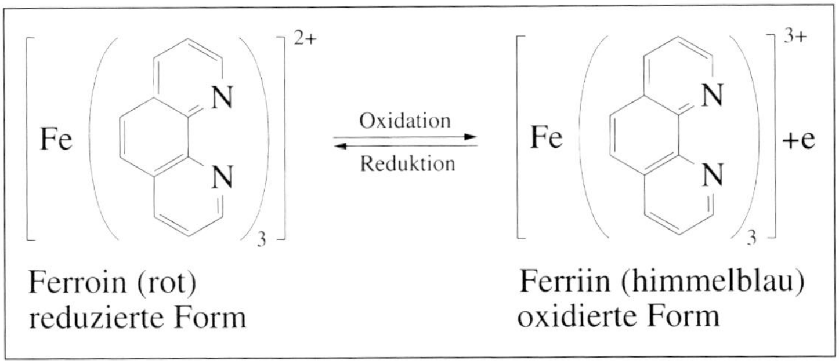

Hinweis

Da Ferroin ein Einelektronen-Reduktionsmittel ist, könnte es in den obigen Reaktionsmechanismus eingreifen. Dies scheint in der Tat der Fall zu sein, denn je nach Beteiligung oder Nichtbeteiligung von Ferroin an obiger Reaktion fällt die Periode der Oszillationen unterschiedlich aus.

Literatur:

(1) B. Z. Shakhashiri: „Chemical Demonstrations" Vol. 2, The University of Wisconsin Press, S. 294ff., (1985)

4 Elektrochemische Experimente

Ein metallischer Quecksilber- oder Galliumtropfen, der bei Kontakt mit einem Eisennagel Herzform annimmt und sich auch noch rhythmisch kontrahiert oder ein an ein galvanisches Element angeschlossener Motor mit Rotorscheibe, die sich einmal nach rechts und einmal nach links dreht, plötzlich zum Stillstand kommt, sich erneut zu drehen beginnt, scheint an Zauberei zu grenzen. Diese Versuche lassen ihr Herz bestimmt schneller schlagen.

Pulsierende Herzen aus Metall

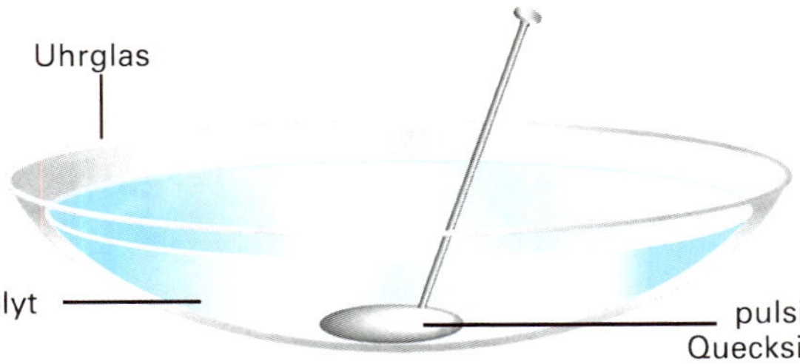

Abb. 1: Pulsierender Quecksilbertropfen

1 Das pulsierende Quecksilberherz

Dieser elektrochemische Schauversuch ist schon seit etwa 200 Jahren bekannt. So berühmte Chemiker wie Volta, Henry, Ritter, Runge, Lippmann und andere haben dieses faszinierende Phänomen des herzartig pulsierenden Quecksilbertropfens eingehend untersucht und viele unterschiedliche Theorien über den Wirkmechanismus aufgestellt. Und so bringt man das „Quecksilberherz" zum „Schlagen":

Was wir brauchen

Uhrglas, abgeschmirgelter Eisennagel, Overheadprojektor, Stativ mit Zubehör;
Reines Quecksilber (T = giftig), Schwefelsäure (c = 1 mol/l) (C = ätzend), Kaliumdichromat (T = giftig, N = umweltgefährdend), Kaliumpermanganat (Xn = mindergiftig), Wasserstoffperoxid-Lösung (3%ig) (C = ätzend).

Gefahrenhinweis

Da Chromate möglicherweise carcinogen wirken könnten und Quecksilberdämpfe sehr toxisch sind, müssen **Schutzhandschuhe**, **Schutzbrille** und **Schutzkleidung** getragen werden und der Versuch in einem **Abzug** durchgeführt werden.

So wird's gemacht

Wir bringen einen Tropfen Quecksilber (ca. 1 cm ∅) auf ein Uhrglas und stellen dieses dann auf einen Overheadprojektor. Wir überschichten den Quecksilbertropfen mit verdünnter Schwefelsäure (c = 1 mol/l). Dann bringt man einen in eine Stativklemme eingespannten Eisennagel mit der Spitze an den Tropfen heran. Setzen wir nun einige Kaliumdichromat- bzw. Kaliumpermanganat-Kriställchen oder einige Tropfen Wasserstoffperoxid der Elektrolytlösung zu, so beginnt sich der Quecksilbertropfen rhythmisch zu dilatieren bzw. zu kontrahieren und erinnert in seiner Form an ein schlagendes Herz.

Entsorgung

Die Reaktionslösung wird sorgfältig abpipettiert und in einen Behälter für gelöste Schwermetallsalze gebracht. Das metallische Quecksilber wird mit destilliertem Wasser abgespült und in einem Sammelbehälter für verunreinigtes Quecksilber aufbewahrt. Dieses Quecksilber kann dann durch Wasserdampfdestillation gereinigt werden.

Chemischer Hintergrund

Bei gegenseitigem Kontakt bilden der Eisennagel und der Quecksilbertropfen ein Lokalelement. Es fließen also Elektronen vom Eisen zum Quecksilber und erzeugen somit eine Polarisationsspannung. Sie reduzieren die Säureprotonen an der Quecksilberoberfläche zu Wasserstoff-Atomen, die sofort adsorbiert werden. Quecksilber kann nun mit dem Elektrolyten keine elektrochemische Doppelschicht (Helmholtzschicht) mehr bilden, dadurch wächst die Oberflächenspannung des Quecksilbers, und der Tropfen kontrahiert sich. Durch die Kontraktion des Quecksilbertropfens wird die leitende Verbindung zum Eisennagel unterbrochen und folglich kann auch kein Strom mehr fließen. Die Polarisationsspannung am Quecksilber bleibt jedoch nicht lange erhalten, denn das Oxidationsmittel, z. B. Kaliumdichromat, wirkt als Depolarisator. Es oxidiert den Wasserstoff und folglich sinkt die Polarisations- und mit ihr die Oberflächenspannung des Quecksilbertropfens. Die Doppelschicht regeneriert sich; der Tropfen dehnt sich wieder aus und gerät dadurch wieder in Kontakt mit dem Eisennagel. Der Vorgang beginnt von neuem. Die Pulsationen halten bei guter Versuchsführung so lange an, bis das Oxidationsmittel aufgebraucht ist.

Es spielen sich folgende chemische Reaktionen ab:

$3\ Fe^0 \rightarrow 3\ Fe^{2+} + 6\ e^-$	Anode
$6\ H_3O^+ + 6\ e^- \rightarrow 6\ H_2O + 6\ \langle H \rangle$	Kathode (Quecksilberoberfläche)

Brutto-Reaktion:

$3\ Fe^0 + 6\ H_3O^+ \rightarrow 3\ Fe^{2+} + 6\ H_2O + 6\ \langle H \rangle$	
$6\ \langle H \rangle \rightarrow 6\ H^+ + 6\ e^-$	Oxidation
$Cr_2O_7^{2-} + 6\ H^+ + 8\ H_3O^+ + 6\ e^- \rightarrow 2\ Cr^{3+} + 15\ H_2O$	Reduktion

Nach neueren Untersuchungen von W. Jansen und Mitarbeitern lassen sich ähnliche Reaktionen wie beim Quecksilber auch bei 75 °C mit flüssigem Wood'schen Metall hervorrufen. Wood'sches Metall ist eine niedrig schmelzende Legierung aus 50% Bismut, 25% Blei, 12,5% Zinn und 12,5% Cadmium. Es findet Verwendung für Heizbäder, Schmelzsicherungen und Scherzartikel.

Literatur:

(1) H. Brandl: „Oszillierende chemische Reaktionen und Strukturbildungsprozesse" Praxis Schriftenreihe Chemie Bd. 46, Aulis Verlag Deubner & Co. KG, Köln, (1987)
(2) H. Brandl: PdN-Chem 30, S. 65ff., (1981)
(3) H. Möllercamp, B. Flintjer, W. Jansen: ChemKon 3/1, S. 117, (1994)
(4) M. M. Davis, H. B. Hetzer: Analyt. Chem. Vol. 38, 3, S. 451ff., (1966)
(5) H. Brandl: Unveröffentlichte Untersuchungen
(6) J. L. Ealy: Jr. J. Chem. Educ. 70/6, S. 491–492, (1993)

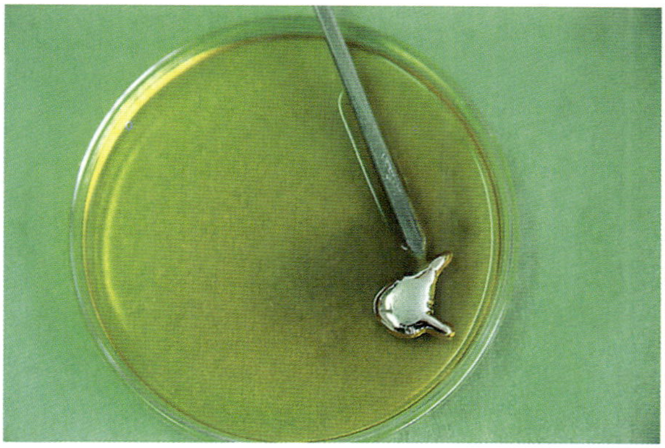

Abb. 2:
Galliumherz in der Petrischale

2 Das pulsierende Galliumherz

Zur Demonstration obiger elektrochemischer Oszillationen (Pulsationen) kann man das hochtoxische Quecksilber durch das wenig toxische Gallium ersetzen. Wenngleich die hier zu beobachtenden Pulsationen weit weniger ausgeprägt sind als beim Quecksilber.

Was wir brauchen

Petrischale, Overheadprojektor, Eisennagel, Heizplatte, Thermometer. Schwefelsäure (c = 6 mol/l) (d. s. 38 ml konz. Schwefelsäure in 100 ml Aqua dest.), (C = ätzend), Kaliumdichromat (T = giftig; N = umweltgefährlich) (c = 0,1 ml/l, d. s. 3,3 g in 100 ml Aqua dest. gelöst), Gallium-Metall, Bezugsquelle: Sigma-Aldrich GmbH, 89555 Steinheim.

So wird's gemacht

Man bringt etwa 10–15 g Galliummetall (Schmelztemperatur 29,78 °C) in eine Petrischale und lässt vorsichtig 50 ml Schwefelsäure (c =6 mol/l) zufließen. Auf einer Heizplatte erwärmen wir das Metall zum Schmelzen (kann auch schon durch Handwärme erfolgen). Bei Erreichen einer Temperatur von ca. 40 °–50 °C tropft man mit einer Pipette drei bis vier ml Kaliumdichromatlösung (c =0,1 mol/l) zu. Man nimmt nun die Petrischale von der Heizplatte und bringt sie auf einen Overheadprojektor. Das metallische Gallium ist trübe und bildet einen flachen Metalltropfen. Berühren wir diesen Tropfen nun mit einem Eisennagel, nimmt der Metalltropfen sofort eine kugelige Form an und wird silberglänzend. Der Metalltropfen beginnt nun einige Male ähnlich wie der Quecksilbertropfen zu pulsieren, nimmt danach aber bizarre Formen an (siehe Abb. 2). Die Pulsationen können bei optimaler Reaktionsführung bis zu einer halben Stunde anhalten.

Entsorgung

Die überstehende Flüssigkeit wird abpipettiert und in einen Sammelbehälter für Schwermetallsalzlösungen gegeben. Das Metall wird in fließendem Wasser gereinigt und zur Wiederverwendung in einen geeigneten Behälter überführt

Chemischer Hintergrund

Der Eisennagel bildet die Anode. Von ihm fließen Elektronen zur Oberfläche des Gallium-Metalls. Der Eisennagel wird durch die Säure oxidiert gemäß:

$$Fe + 2\,H_3O^+ \rightarrow Fe^{2+} + H_2\uparrow + 2\,H_2O$$

Dadurch entsteht auf der Nageloberfläche ein Überschuss an Elektronen, die bei Berührung auf das Gallium übergehen. Die Dichromat-Ionen oxidieren die Oberflächenatome des Galliums, dabei bildet sich zuweilen ein viskoses Häutchen von Galliumsulfat.
Die Bildung des Oberflächenhäutchens überlagert sich mit der Oberflächenspannung des Galliums. Die Oberflächenspannung nimmt ab, der Galliumtropfen verliert seine kugelige Form und wird flach. Wenn dadurch das Gallium erneut mit dem Eisennagel in Kontakt kommt, werden die Elektronen auf das Galliumsulfat übertragen. Auf diese Weise werden die Ga^{3+}-Ionen zu Galliummetall reduziert und nehmen, da nun ihre ursprüngliche Oberflächenform wieder hergestellt ist, erneut Kugelform an.

$$Ga^{3+} + Fe \rightarrow Fe^{3+} + Ga$$

Schließlich sinkt die Konzentration der Dichromat-Ionen unter einen Minimalwert ab und das Häutchen bildet sich nun nicht mehr aus. Die Oszillationen setzen aus.
Da das Galliummetall über einen längeren Zeitraum flüssig bleibt, scheint es, dass die durch die Redox-Vorgänge produzierte Reaktionsenthalpie ausreicht, das Metall im geschmolzenen Zustand zu halten. Wenn die Temperatur des flüssigen Galliums auf Raumtemperatur absinkt, verlangsamen sich die Pulsationen von 3 Hertz (Hz) bei 50 °C auf 1 Hz bei 30 °C.

„Das Erröten der Jungfrau“

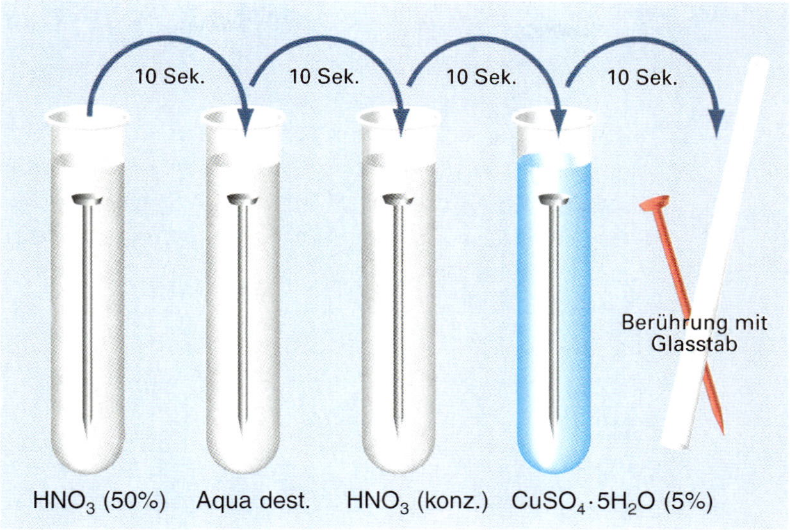

Abb. 1: Reaktionsablauf

In nachstehendem Versuch bringt schon eine unvorsichtige Berührung (z. B. Anstoßen an die Reagenzglaswand) einen zuvor präparierten „jungfräulichen“ Nagel zum Erröten. Dieses Phänomen inspirierte die Chemiker schon früh, dieses Experiment als „Erröten der Jungfrau“ zu betiteln.

Was wir brauchen

4 große Reagenzgläser mit Reagenzglasständer, 1 langen Eisennagel (Zimmermannsnagel), Tiegelzange bzw. große Pinzette, saugfähige Papiertücher, Schmirgelpapier, Glasstab oder Metallspatel. Salpetersäure (w = 30%) (C = ätzend), Herstellung: 60 ml konz. Salpetersäure zu 100 ml Wasser geben. konz. Salpetersäure (w = 65%) (C = ätzend, O = brandfördernd), Kupfersulfatlösung (5%ig) (Xn = mindergiftig, N = umweltschädlich), destilliertes Wasser.

Gefahrenhinweis

Beim Arbeiten mit konzentrierter Salpetersäure unbedingt **Schutzkleidung**, **Schutzhandschuhe** und **Schutzbrille** tragen! Wegen der Möglichkeit des Entweichens von nitrosen Gasen sollte unter dem Abzug gearbeitet werden.

So wird's gemacht

Mithilfe einer langen Pinzette bringen wir den Eisennagel in ein mit halbkonzentrierter Salpetersäure gefülltes großes Reagenzglas. Der Nagel sollte vollkommen von der Säure bedeckt sein. Diese Prozedur dient der Entfernung oberflächlicher Oxidschichten. Den so vorbehandelten Eisennagel tauchen wir jetzt in ein Reagenzglas mit destilliertem Wasser, um ihn von anhaftenden Säurespuren zu befreien. Anschließend wird er mit einem saugfähigen Papierhandtuch sorgfältig getrocknet.
Der Nagel wird nun etwa 10 Sekunden in das dritte Reagenzglas getaucht, das mit konzentrierter Salpetersäure beschickt ist. Es muss hierbei strikt darauf geachtet werden, dass der Nagel nicht an die Reagenzglaswand anstößt. Schließlich taucht man den Nagel ebenfalls für ca. 10 Sekunden in ein Reagenzglas, in dem sich Kupfersulfatlösung (w = 5%) befindet. Ziehen wir ihn danach vorsichtig aus der Kupfersulfatlösung, so ist keine Veränderung zu beobachten. Schlägt man nun jedoch mit einem Glasstab oder Metallspatel gegen die Nagelspitze, so ist ein rasch zum Nagelkopf hin fortschreitendes „Erröten" zu beobachten.

Entsorgung

Die Salpetersäuren können entweder in eine Säureflasche gefüllt und für Reinigungszwecke aufbewahrt werden, oder sie können in einem großen Volumen Wasser verdünnt und eventuell mit Lauge neutralisiert werden oder bis zu ihrer endgültigen Entsorgung in einen Sammelbehälter für Säuren und Laugen gefüllt werden. Die Kupfersulfatlösung kann für weitere Versuche aufbewahrt oder im Abzug zur Trockene eingedampft werden. Der Eisennagel wird mit Schmirgelpapier von seinem Kupferüberzug befreit und für weitere Versuche eingesetzt.

Chemischer Hintergrund

Das unedle Eisen müsste aufgrund seines negativeren Normalpotentials (–0,44 V) gegenüber dem edlen Kupfer mit einem Normalpotential von (+0,34 V) Kupferionen gemäß

$$Fe^0 + Cu^{2+} \rightarrow Cu^0 + Fe^{2+} \qquad (1)$$

zu metallischem Kupfer reduzieren. Auf dem Eisennagel müsste sich also metallisches Kupfer abscheiden.
Dass dies in obigem Versuch nicht geschieht, ist auf die Vorbehandlung des Eisennagels mit konzentrierter, oxidierend wirkender Salpetersäure zurückzuführen. Man spricht von einer Passivierung des Eisennagels. Diese Passivierung lässt sich auch bei einigen anderen Metallen (Aluminium, Chrom, Blei, Zinn etc.) beobachten.
Im Zustand der Passivierung zeigen alle Metalle ein edelmetallähnliches Verhalten. Aufgrund der Passivierung von Aluminium und Chrom durch konzentrierte Salpetersäure, wird es möglich, dass die konz. Säure in Kesselwaggons aus diesen Metallen transportiert werden kann, ohne dass Korrosion auftritt. Die Passivität obiger Metalle wird auf die Ausbildung einer lückenlos zusammenhängenden Oxidhaut auf der Oberfläche der Metalle zurückgeführt. Nach einer anderen Theorie beruht die Passivierung auf einer Eindiffusion von Sauerstoffatomen in die Oberflächenschichten der Metalle und einer dadurch eintretenden starken Positivierung des Normalpotentials. Beispielsweise beträgt das Normalpotential von passivem Chrom +1,3 V, das des normalen, aktiven Chroms dagegen –0,5 V. Passives Chrom ist daher annähernd so edel wie Gold (Normalpotential +1,68 V). Aber schon durch geringfügige mechanische Einwirkung (Kratzen, Klopfen, Ultraschalleinwirkung), lässt sich die Passivierung wieder aufheben. In obigem Versuch kommt es durch Anschlagen des Eisennagels mit einem Glasstab oder Metallspatel (Zerstörung des äußerst dünnen Oxidhäutchens) zur Aufhebung der Passivität des Eisens. Folglich reagiert das Eisen des Nagels mit der anhaftenden Kupfersulfatlösung gemäß Gleichung (1) unter rascher Abscheidung einer hellroten Kupferschicht vom Punkt des Anschlags aus bis zum Nagelkopf und es kommt zum Erröten des durch die mechanische Berührung aktivierten (bis dato passivierten, jungfräulichen) Eisennagels.

Literatur:

(1) F. Bukatsch, W. Glöckner (Hrsg.): „Experimentelle Schulchemie" Bd. 3, S. 187, Aulis Verlag Deubner & Co. KG Köln, (1977)
(2) J. Falbe, M. Regitz (Hrsg.): „Römpp-Chemie-Lexikon", 9. Auflage, Bd. 4, S. 3230, (1991)

Ein pulsierendes, Wechselstrom lieferndes galvanisches Element

Abb. 1: Versuchsaufbau (Drehscheibe in Ruhestellung)

Auf dem VII. Kongress für Angewandte Chemie 1909 in London zeigte der berühmte russische Elektrochemiker W. A. Kistiakowsky folgenden Aufsehen erregenden Versuch:
In ein Gefäß, das mit einer Elektrolyt-Lösung aus gleichen Volumina 2 M-Schwefelsäure und gesättigter Kaliumdichromat-Lösung gefüllt war, tauchten zwei 0,2 mm starke und 0,2–7 cm breite Weicheisenbleche als Elektroden 4 cm tief ein. An die Elektroden war eine elektrische Klingel angeschlossen.
Zum großen Erstaunen des Auditoriums ertönte die Klingel, verstummte dann wieder, um nach einer gewissen Zeitspanne abermals zu ertönen und danach wieder zu verstummen und so fort. Schloß Kistiakowsky statt der Klingel ein aperiodisches Demonstrationsvoltmeter an, dessen Nullpunkt sich in der Mitte der Skala befand, so konnte man eine Zeigerwanderung des Voltmeters zuerst langsam, dann schneller bis + 0,4 V und danach einen plötzlichen Rückgang auf Null beobachten. Nach einer Ruhepause von 5-10 Sekunden bewegte sich der Zeiger in entgegengesetzter Richtung bis -0,4 V und fiel dann auf Null zurück. Nach einer erneuten Pause von 5–10 Sekunden erfolgte wieder ein Zeigerausschlag nach + 0,4 V usw.
Die Dauer dieser periodisch wiederkehrenden Schwankungen der EMK (Elektromotorischen Kraft) des Kistiakowsky'schen Wechselstromelementes betrug zuweilen einige Stunden. Auch mit Chrom-

elektroden anstelle von Eisenelektroden konnte Kistiakowsky die Erzeugung von pulsierendem Wechselstrom durch ein solches galvanisches Element beobachten, wenngleich wesentlich schwächer.
Der geschilderte Versuch war deshalb sensationell, weil galvanische Elemente normalerweise nur Gleichspannung liefern. Da aber obiges Phänomen technisch nicht weiter genutzt werden konnte, geriet es schnell in Vergessenheit.
Der Chemielehrer Viktor Davydow von der Pädagogischen Hochschule in Tscheljabinsk (Russland) hat obigen Versuch neu bearbeitet und die Ergebnisse in der russischsprachigen Zeitschrift „Junge Technik" publiziert.
Dieser Versuch wird, durch den Autor geringfügig modifiziert, nachstehend vorgestellt.

Was wir brauchen

3 Bechergläser (300 ml), großes Reagenzglas, Messzylinder (250 ml, 100 ml, 10 ml), Waage, Brenner, Reagenzglasklammer, Magnetrührer, Kohleelektrode, Eisennagel (Weicheisen), Schmirgelpapier, Krokodilklemmen, elektrische Kabel mit Bananenstecker, Voltmeter, kleiner Elektromotor mit Drehscheibe (1 V Arbeitsspannung). – Analog kann auch eine elektrische Klingel oder eine kleine Glühbirne zur Demonstration des oszillierenden Wechselstroms benutzt werden.
Konzentrierte Schwefelsäure (C = ätzend), Kaliumdichromat (T = giftig; N = umweltgefährdend), Aqua dest.

Gefahrenhinweis

Beim Arbeiten mit konzentrierter Schwefelsäure und Chromaten ist das Tragen von **Schutzkleidung**, **Schutzhandschuhen** und **Schutzbrille** unterläßlich!

So wird's gemacht

Zunächst werden folgende drei Lösungen hergestellt:

Lösung A: In ein Becherglas werden 100 ml dest. Wasser vorgelegt und danach vorsichtig 5 ml konzentrierte Schwefelsäure zugesetzt.

Lösung B: Man löst 5 g Kaliumdichromat in 95 ml destilliertem Wasser.
Lösung C: Man fügt zu 165 ml destilliertem Wasser vorsichtig 10 ml konzentrierte Schwefelsäure.

Nun vermischen wir die Lösungen A und B und lassen die Mischung auf Zimmertemperatur abkühlen. Diese Mischung (Chromschwefelsäure) dient als Elektrolyt.
Der als Elektrode zu verwendende Eisennagel wird sorgfältig mit Schmirgelpapier abgerieben; um eventuelle Roststellen zu entfernen. Danach bringen wir den Nagel in ein großes Reagenzglas und fügen so viel erwärmte Lösung C (Temperatur über 60 °C) zu, dass der Nagel von der Säure völlig bedeckt wird. Am Eisennagel bilden sich schnell Wasserstoffbläschen.
Der so präparierte Nagel wird aus der Säure genommen und mit einem Papierhandtuch getrocknet. Er kann nun als Elektrode verwendet werden.
Als Gegenelektrode verwenden wir eine Zinkelektrode oder eine Graphitelektrode. Der Nagel wird über eine Krokodilklemme und Strippe, die Gegenelektrode über einen Bananenstecker und Kabel mit einem Voltmeter verbunden, das in Reihe mit einem kleinen Elektromotor mit Rotorscheibe (vgl. Abb. 1) geschaltet ist (siehe Abb. 2).

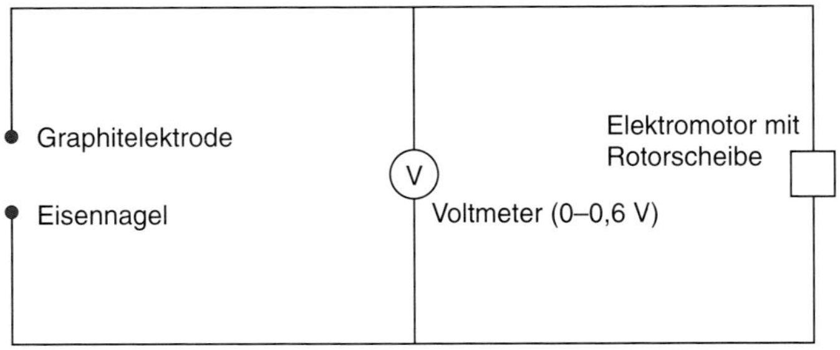

Abb. 2: Schaltbild

Schon nach kurzer Zeit treten elektrochemische Oszillationen auf. Sie lassen sich mithilfe der Bewegung der Rotorscheibe des kleinen Elektromotors gut verfolgen. Der Zeiger des Voltmeters zeigt durch mehr oder weniger starken Zeigerausschlag simultan die jeweilige Spannung an.
Es treten völlig chaotische elektrochemische Oszillationen auf, die sich in einem nicht vorhersagbaren Stromfluss äußern. Mal wird

die Rotorscheibe mit maximaler Umdrehung urplötzlich gestoppt, mal geht die Umdrehungszahl in mehreren Stufen auf Null zurück, mal steigt die Umdrehungsgeschwindigkeit des Motors kontinuierlich, mal diskontinuierlich an.
Nach Davydow ist die folgende Anordnung der Elektroden besser geeignet [3]:

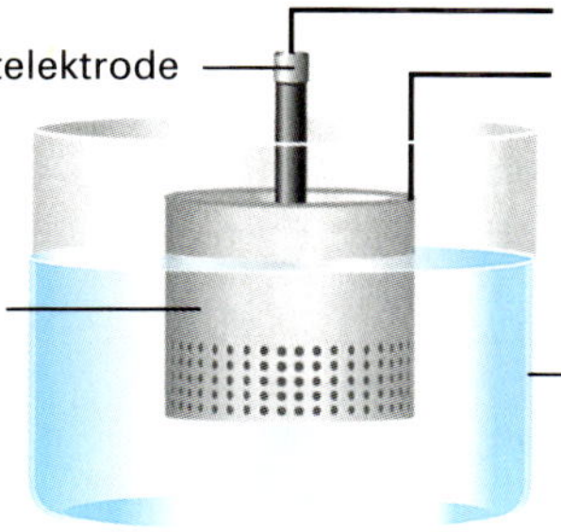

Abb. 3: Elektrodenanordnung

Chemischer Hintergrund

Die Ursachen für die elektrochemischen Oszillationen liegen in aperiodischen Passivierungs- und Aktivierungsprozessen der Eisenelektrode bei der Einwirkung der als Elektrolyt wirkenden Chromschwefelsäure.
Chromschwefelsäure vermag aktiviertes Eisen zu oxidieren, d. h., es kommt zur oberflächlichen Bildung eines schützenden Oxidhäutchens. Dadurch wird der Stromfluss unterbrochen. Durch noch nicht ganz geklärte Vorgänge kommt es zur Zerstörung der schützenden Oxidschicht, die Eisenelektrode wird wieder aktiviert, es fließt erneut Strom.
In einer jüngst erschienenen Publikation [4] berichten Marco Oetken und P. Schwarze (Carl von Ossietzky Universität, Oldenburg) über chaotische Oszillationen bei der elektrochemischen Auflösung von Eisen(blech) in chloridhaltiger, schwefelsaurer Lösung bei anodischer Belastung. Dabei wird über eine Spannungsquelle das Eisenpotential gezielt geändert (erhöht oder erniedrigt). Hierbei lassen sich Oszillationen der Potential- und Stromwerte beobachten. Dass es sich dabei um chaotische Oszillationen handelt, konnte in weiteren Untersuchungen gezeigt werden, bei denen es Oetken und seinen Mitarbeitern gelang, in obigem System Periodenver-

dopplungen und intermittierende Potentialsequenzen zu erzeugen, die charakteristisch für chaotische Systeme sind [5].

Danksagung: Herrn Viktor Davydow, Pädagogische Hochschule, Kirov-Str. 19a–141, 454084 Tscheljabinsk/Russland, bin ich für die Überlassung seiner Publikation und für persönliche Mitteilungen zu großem Dank verpflichtet.

Literatur:

(1) W. A. K. Kistiakowsky: Ztschr. Elektrochem. Bd. 15, S. 268, (1909)
(2) V. Davydow: Junge Technik, Nr. 2, (1986)
(3) V. Davydow: Persönliche Mitteilung
(4) M. Oetken, P. Schwarze: CLB, 48/1, S. 15ff., (1997)
(5) M. Oetken, P. Schwarze: „Periodenverdopplung und Intermittenz-Zeichen des Chaos in elektrochemischen Systemen", (1997)

5 Experimente mit farbigen Salzen

Ob Sie eine chemische Flagge im Reagenzglas hissen oder mit einer mineralischen Farborgel einen „Rausch der Farbsinne“ heraufbeschwören möchten, ob Sie bunte Korallenriffe im Gurkenglas wachsen lassen oder eine farbige Flüssigkeit kreieren, die Solarenergie speichern und wieder freizusetzen vermag ...
Sie können bei den Experimenten dieses Kapitels ganz schön ins Schwitzen kommen! Mit einem selbst hergestellten „optischen Thermometer“ können Sie Ihre Körpertemperatur messen. Sollte das optische Thermometer dabei erhöhte Temperatur anzeigen, handelt es sich eindeutig nur um das ungefährliche „Lampenfieber“.

Stickstoff-Fixierung im Reagenzglas

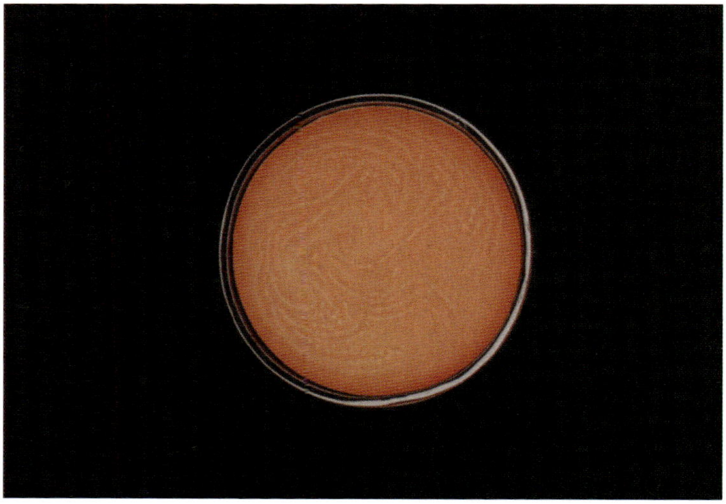

Abb. 1: Bildung eines orangeroten Farbkomplexes mit gelben Strukturen

Atome des Elements Stickstoff sind als wesentlicher Bestandteil von Eiweißen und Nucleinsäuren (Erbmaterial) für Pflanze und Tier von größter Bedeutung. Stickstoffhaltige Salze wie Nitrate und Ammoniumsalze sind daher, z. B. als Düngemittel, unverzichtbar. Wegen der großen Stabilität des molekularen Stickstoffes (die beiden Stickstoffatome sind durch eine Dreifachbindung verknüpft) ist dieser erst durch Zufuhr großer Energiemengen

$$N_2 \rightarrow 2\,N \qquad \Delta H = +\,92{,}28\ \text{kJ/mol}$$

in reaktive Stickstoffatome zerlegbar, die dann mit anderen Stoffen weiterreagieren können. In der Großtechnik wird Stickstoff mithilfe des Haber-Bosch-Verfahrens zu Ammoniak reduziert und im Anschluss mithilfe des Ostwald-Verfahrens zu Stickstoffmonooxid (NO) oxidiert. Von Stickstoffoxiden aus, kann dann die Herstellung von Salpetersäure bzw. ihren Salzen, den Nitraten, erfolgen. Diese Verfahren verursachen hohe Kosten. Deshalb wird schon seit langem nach Verbindungen gesucht, mit deren Hilfe der „Griff in die Luft", wie Haber die Fixierung elementaren Stickstoffs nannte, schon bei Raumtemperatur möglich wäre. In der Tat vermögen einige freilebende Bakterien (Azobacter, Clostridium, einige Blaualgen) und einige symbiontisch lebende Bakterien (z. B. Rhizobien in den Wurzelknöllchen der Leguminosen (z. B. Lupine, Klee, Luzerne etc.) sowie symbiontische Aktinomyceten in den Wurzel-

knöllchen der Erlen den Stickstoff der Luft unter Normalbedingungen mithilfe eines speziellen Enzymsystems. der „Nitrogenase“, zu fixieren, d. h. in Stickstoffverbindungen überzuführen, aus denen die Pflanze dann Aminosäuren und Nucleinsäuren synthetisieren kann.
Die Fixierung von molekularem Stickstoff in vitro gelang erstmals 1965 den Forschern A. P. Allen und C. V. Senoff mit nachstehender Reaktion:

$$[Ru(NH_3)_5H_2O]^{2+} + N_2 \xrightarrow[\text{austausch}]{\text{Liganden-}} [Ru(NH_3)_5N_2]^{2+} + H_2O$$

Pentamminaquaruthenium(II)-Komplex	Pentammindistickstoffruthenium(II)-Komplex

Bei dem hier vorgestellten Distickstoff-Komplex Ethylendiamintetraessigsäuredistickstoffeisen(II), kurz mit $[Fe^{II}(edta)N_2]^{2-}$ symbolisiert, entstammt der im Komplex gebundene Stickstoff aber nicht gasförmigem, elementarem Stickstoff (Luftstickstoff). Vielmehr wird der Stickstoff von dem an der nachstehend geschilderten Reaktion als Reaktionspartner beteiligtem Azid geliefert. Azide sind Salze der Stickstoffwasserstoffsäure HN_3.
Die Herstellung des oben angeführten Distickstoff-Komplexes gelingt nach folgender Vorschrift.

Herstellung eines Ethylendiamintetraessigsäuredistickstoffeisen(II)-Komplexes $[Fe^{II}(edta)N_2]^{2-}$ [1].

Was wir brauchen

Petrischale, Glasstab, Overheadprojektor, Waage, Spatel.
Eisen(III)nitrat-Nonahydrat (Xn = mindergiftig), Ethylendiamintetraessigsäure (EDTA) = Titriplex-III-Lösung® (Fa. Merck, 64293 Darmstadt), Natriumazid (T+ = sehr giftig; N = umweltgefährdend), Salpetersäure (10%) (C = ätzend), Aqua dest.

So wird's gemacht

Man stellt zunächst zwei Lösungen her.

Lösung (I): 12,12 g Eisen(III)nitrat-Nonahydrat $Fe(NO_3)_3 \cdot 9\,H_2O$ werden in 100 ml Aqua dest. gelöst.

Lösung (II): Man löst 3,4 g Titriplex-III® in 100 ml Aqua dest.
Lösung (III): Man löst einige Körnchen Natriumazid in 2–3 ml Aqua dest.
Wir bringen 10 ml Lösung (I) in eine Petrischale und fügen so lange verdünnte Salpetersäure zu, bis die Lösung sich entfärbt hat. Nun werden 10 ml Lösung (II) zugesetzt, dabei tritt eine leichte Gelbfärbung ein. Wir fügen jetzt einige Tropfen der wäßrigen Natriumazid-Lösung zu, bis die Lösung eine rotorange Färbung angenommen hat. Man rührt die Lösung mit einem Glasstab, bis sie eine völlig homogene Färbung aufweist.
Projiziert man die rotorange Lösung mit einem Overheadprojektor auf eine Dialeinwand, so lässt sich nach kurzer Zeit in der homogenen rotorangen Lösung das Auftreten gelber Muster (dissipative Strukturen) beobachten, die bald die ganze Lösung durchziehen (Abb. 1, [2]). Nach erneutem Rühren mit dem Glasstab verschwinden die Strukturen wieder, um sich aber kurze Zeit später zu regenerieren. Dieser Vorgang lässt sich mehrere Male wiederholen.

Entsorgung

Lösung mit Natronlauge neutralisieren. Dann mit Wasser stark verdünnen und in die Kanalisation entsorgen.

Chemischer Hintergrund

Aquatisierte Eisen(III)-Ionen reagieren mit Titriplex® zu einem Aqua(edta)eisen(III)-Komplex gemäß:

$$Fe^{3+}(aq) + edta^{4-} + H_2O \rightarrow [Fe(edta)(H_2O)]^-(aq) \quad \text{(Gelbfärbung)}$$

Das zugesetzte Azid reduziert die Eisen(III)-Ionen vorstehenden Komplexes zu Eisen(II)-Ionen und simultan erfolgt ein Ligandenaustausch zwischen dem Wassermolekül und dem gebildetem Distickstoff gemäß:

$$2\,[Fe(edta)H_2O]^-(aq) + 2\,N_3^-(aq) \rightleftharpoons 2\,[Fe(edta)N_2]^{2-}(aq) + 2\,H_2O + N_2\uparrow \quad \text{(Rotfärbung)}$$

Obige Reaktion kann als eine Modell-Reaktion für eine Stickstoff-Fixierung unter „milden Bedingungen" angesehen werden, bei der Distickstoffmoleküle just zum Zeitpunkt ihrer Bildung aus Azid-Ionen von Eisen-Zentralatomen als Komplex-Liganden gebunden werden. Das Auftreten von dissipativen Strukturen ist auf Inhomogenitäten in der Lösung (bedingt durch Temperatur-, Konzentrationsschwankungen oder sonstigen Störungen) zurückzuführen, wodurch es zu einer Symmetriebrechung kommt, die sich in der Ausbildung von Strukturen äußert. Die gelbe Farbe der Strukturen zeigt an, dass sich an diesen Stellen das Gleichgewicht zwischen dem roten Distickstoff(edta)eisen(II)Komplex und dem gelben Aqua(edta)-eisen(III)Komplex wieder zu Letzterem hin verschoben hat.

Literatur:

(1) F. Diemann: PdN-Chem 4,42, S. 12ff., (1993)
(2) H. Brandl: unveröffentlichte Untersuchungen

Eine chemische Flagge

Abb. 1: Die drei Oxidationsstufen von Manganat in drei übereinander liegenden Schichten:
hellblau = Hypomanganat
dunkelgrün = Manganat
tiefviolett = Permanganat

Der berühmte schwedische Chemiker C. W. Scheele bezeichnete das violette Kaliumpermanganat wegen seiner leichten Reduzierbarkeit zu grünem Manganat (MnO_4^{2-}) und zu blauem Hypomanganat (MnO_4^{3-}) als mineralisches Chamäleon. Die genannten drei Oxidationsstufen von Manganat (+V, +VI, +VII) lassen sich in ein und demselben Reagenzglas in drei übereinander liegenden Schichten erzeugen und mit etwas Phantasie mit der Anordnung dreier verschiedener Farben bei Flaggen (z. B. der berühmten Trikolore) vergleichen. Daher ist der folgende Versuch unter Chemikern auch unter der Bezeichnung „Chemische Flagge" bekannt.

Was wir brauchen

Erlenmeyerkolben (600 ml), Bechergläser (50 ml, 300 ml), Messzylinder (500 ml, 100 ml, 10 ml), Waage, Kühlschrank, Magnetrührer, Pipette, Reagenzgläser, Glasstab.
Lösung A: 500 ml Natronlauge (c = 6 mol/l, d. s.120 g Natriumhydroxidplätzchen in 500 g Aqua dest. gelöst) (C = ätzend).
Lösung B: 20 ml Wasserstoffperoxidlösung (w = 0,1%, d. s. 1 ml Wasserstoffperoxid (w = 30%) (C = ätzend) in 300 ml Wasser gelöst). Essigsäure (C = ätzend); Kaliumpermanganat (O = brandfördernd, Xn = mindergiftig).

Gefahrenhinweis

Bei der Herstellung der Lösungen müssen **Schutzkleidung**, **Schutzhandschuhe** und **Schutzbrille** getragen werden!

So wird's gemacht

Die beiden Lösungen werden vor Versuchsbeginn einige Stunden im Kühlschrank aufbewahrt.
6M-Essigsäure (36 ml Eisessig mit Aqua dest. auf 100 ml aufgefüllt (C = ätzend), 0,05 g Kaliumpermanganat (O = brandfördernd, Xn = mindergiftig) in 1 ml Aqua dest. gelöst.
In einen Erlenmeyerkolben (600 ml) füllen wir die eiskalte Natronlauge (Lösung A). Eine solch große Menge an Natronlauge garantiert, dass die Lösung während des Versuchs eine Temperatur von 0 °C bis 4 °C beibehält.
Unter permanentem Rühren mit einem Magnetrührer fügen wir zur Natronlauge 1 ml Kaliumpermanganatlösung und geben zur violetten Lösung so lange tropfenweise 0,1%ige Wasserstoffperoxidlösung (ca. 5 ml) hinzu, bis die Farbe nach grün umschlägt. Man fährt fort, weiter Wasserstoffperoxidlösung zuzusetzen, bis sich die Farbe der Lösung nach himmelblau verändert.
Nun füllen wir ein Reagenzglas zur Hälfte mit der blauen Kaliumhypomanganat-Lösung. Danach pipettiert man sorgfältig 20 ml Essigsäure (c = 6 mol/l) zu, sodass zwei Schichten entstehen. Rühren wir die obere Schicht mit einem Glasstab um, so gerät die untere blaue Hypomanganat-Schicht in Kontakt mit der Säureschicht, die sich nun grün färbt.

$$2\,\overset{V}{Mn}O_4^{3-} + 4\,H_3O^+ \rightleftharpoons \overset{VI}{Mn}O_4^{2-} + \overset{IV}{Mn}O_2 + 6\,H_2O$$

blau — grün — braun

Pipettiert man nun nochmals 20 ml 6M Essigsäure auf die grüne Lösung und rührt die obere Schicht behutsam mit dem Glasstab um, treten nun drei übereinanderliegende Farbschichten auf. Am Grunde befindet sich die blaue Hypomanganat-Schicht, darüber die grüne mittlere Manganat-Schicht und obenauf die violette Permanganat-Schicht.

Diese „Dreifarbenschicht" erhält man auch, wenn man gleiche Mengen Hypomanganat- und Permanganat-Lösung in einem Reagenzglas mischt. Doch sollten die beiden Lösungen und auch die Reaktionslösung durch Einstellen in Eisbäder gekühlt werden.

$$\overset{+V}{MnO_4^{3-}} + \overset{+VII}{MnO_4^{-}} \rightleftharpoons 2\overset{+VI}{MnO_4^{2-}}$$

blau violett grün

Bei der Synproportionierung von blauem Hypomanganat und violettem Permanganat entsteht in der Reaktionszone grünes Manganat gemäß obiger Gleichung.
Unter Synproportionierung bzw. Komproportionierung versteht man die Reaktion von Verbindungen höherer und niedrigerer Oxidationsstufen desselben Elementes unter Bildung von Verbindungen mittlerer Oxidationsstufen.

Entsorgung

Nach Beendigung der Reaktion wird die Lösung mit Wasserstoffperoxid-Lösung versetzt. Dadurch werden die Permanganat-Ionen zu Mangan(II)-Ionen reduziert. Die Lösung kann dann mit viel Wasser verdünnt der Kanalisation zugeführt werden.

Literatur:

(1) P. Ruoff: J. Chem. Educ. Vol. 64, S. 624, (1987)

Eine mineralische Farborgel

Abb. 1: Die sechs Wertigkeitsstufen von Manganverbindungen

Johann Gottlieb Gahn (1745–1818), ein Assistent des bekannten schwedischen Chemikers Torben Bergmann (1735–1784) gelang 1774 erstmals die Herstellung des Elements „Manganesium" durch Reduktion von Mangan(IV)oxid (= Braunstein) mit Kohle. Erst im Jahre 1808 wurde das Element Manganesium in Mangan umbenannt, um eine Verwechslung mit dem im gleichen Jahr von dem englischen Chemiker Humphrey Davy gewonnenen Element, Magnesium, zu vermeiden.
Das Element Mangan tritt in sechs Wertigkeitsstufen auf. Die Wertigkeitsstufen lassen sich durch ihre jeweils charakteristische Farbe gut bestimmen.
In Bechergläsern auf einem beleuchteten Overheadprojektor in einer Reihe aufgestellt, geben Lösungen von Manganverbindungen der sechs Wertigkeitsstufen eine prächtige „Farborgel".

Was wir brauchen

Overheadprojektor, 6 Bechergläser (50 ml), 5 Bechergläser (10 ml), 1 Becherglas (250 ml), Filzstift, Eiswürfel, Mangan(II)sulfat $MnSO_4$ (Xn = mindergiftig, N = umweltgefährlich), Kaliumpermanganat (O = brandfördernd, Xn = mindergiftig), Natriumsulfit Na_2SO_3 (Xi = reizend), Natronlauge (c = 6 mol/l) und Natronlauge (c = 50%) (C = ätzend), Schwefelsäure (c = 6 mol/l) (C = ätzend), Aqua dest.

Gefahrenhinweis

Beim Arbeiten mit konzentrierten Säuren und Laugen stets **Schutzkleidung**, **Schutzhandschuhe** und **Schutzbrille** tragen!

So wird's gemacht

Bereitung folgender Lösungen:

Kaliumpermanganat-Lösung:
0,1 g in 100 ml Aqua dest. gelöst.
Natriumsulfit-Lösung:
2 g in 100 ml Aqua dest. gelöst.
Herstellung der Natronlauge (c = 6 mol/l):
28 g Natriumhydroxidplätzchen in 100 ml Aqua dest. gelöst.
Herstellung der Schwefelsäure (c = 6 mol/l):
33 ml konz. Schwefelsäure in 100 ml Aqua dest. gelöst.

Nun beschriftet man sechs Bechergläser (50 ml) gemäß den Zahlen der Wertigkeitsstufen der Manganverbindungen also +II, +III, +IV, +V, +VI und +VII.
Glas (I) (+II): Wir bringen einige ml einer gesättigten Mangan(II)-sulfat-Lösung in das Becherglas und füllen mit destilliertem Wasser auf 50 ml auf. Die ursprünglich schwach rosa gefärbte Lösung ist nach dem Verdünnen völlig farblos. Das Mn^{2+}-Ion ist schwach rosa gefärbt.
Glas VI) (+VII): Wir bringen einige ml obiger Kaliumpermanganat-Lösung in das Becherglas und füllen mit Aqua dest. auf 50 ml auf. Die Lösung ist tiefviolett gefärbt. Das Permanganat-Ion (MnO_4^-) besitzt eine charakteristische violette Farbe.
Glas (III) (+IV): Zu einigen ml Mangan(II)sulfat-Lösung werden 2–3 Tropfen Kaliumpermanganat-Lösung hinzugefügt und danach mit destilliertem Wasser auf 50 ml aufgefüllt. Die Lösung hat eine braune Farbe. Dies ist charakteristisch für das Manganit-Ion (MnO_4^{4-}) bzw. für Braunstein (MnO_2).
Glas (II) (+III): In das Becherglas bringen wir einige ml Mangan(II)sulfat-Lösung und setzen einige Tropfen Schwefelsäure (c = 6 mol/l) sowie einige Tropfen Kaliumpermanganat-Lösung zu und verdünnen mit Aqua dest. (auf 50 ml auffüllen). Die Lösung nimmt eine rötliche Farbe, charakteristisch für Mn^{3+}-Ionen an.
Glas (V) (+VI): In das mit einigen ml Kaliumpermanganat versetzte Becherglas bringt man einige Tropfen Natronlauge (c = 6 mol/l) und

setzt dann so lange Natriumsulfit-Lösung zu, bis sich die Lösung tiefgrün gefärbt hat. Man füllt mit Aqua dest. auf 50 ml auf. Die grüne Farbe beruht auf der Anwesenheit von Manganat-Ionen (MnO_4^{2-}).
Glas (IV) (+V): Wir bringen in den Becher zwei Eiswürfel und einige ml Kaliumpermanganat-Lösung. Dann fügen wir die gleiche Menge 50%iger Natronlauge zu und füllen mit destilliertem Wasser auf 50 ml auf. Man beobachtet eine deutliche Blaufärbung. Sie beruht auf der Bildung von MnO_4^{3-} (Hypomanganat)-Ionen. Da die Hypomanganat-Ionen bei Raumtemperatur nur ca. 10 Sekunden beständig sind, muss ihre Lebensdauer durch Zusatz von Eis als Kühlmittel verlängert werden.
Die sechs Bechergläser mit ihren Lösungen in der Reihenfolge steigender Wertigkeiten angeordnet ergeben auf einem erleuchteten Overheadprojektor eine prächtige Farborgel (siehe Abb. 1).

Literatur:

(1) C. L. Aurora: J. Chem. Educ. 54, S. 302ff., (1977)

Ein Modellversuch zur Speicherung von Solarenergie

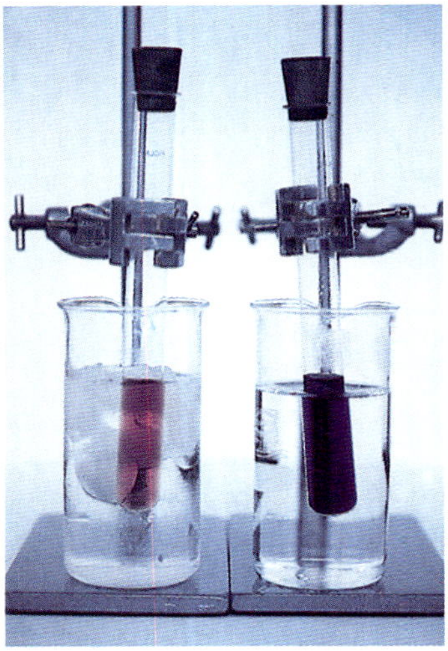

Abb. 1: Versuchsdurchführung
Links: Rote Lösung in Eiswasser
Rechts: Blaue Lösung in heißem Wasser

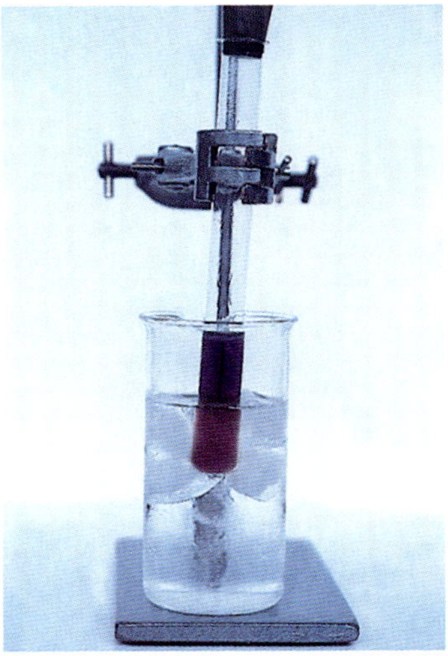

Abb. 2: Untere Hälfte des Reagenzglases in Eiswasser → Rotfärbung der Lösung;
Obere Hälfte des Glases noch heiß → Blaufärbung der Lösung

Eines der brennensten Problem unserer Zeit ist die ausreichende Versorgung mit Energie. Angesichts der drohenden Verknappung und der damit verbundenen Preissteigerungen für die derzeit wichtigste Energiequelle, das Erdöl, und den nicht abschätzbaren Risiken, die die Nutzung der Kernenergie mit sich bringt, wie das Beispiel des Kernreaktorunfalls von Tschernobyl und der damit verbundenen schrecklichen Folgen für Mensch und Umwelt deutlich gemacht hat, wendet sich die Wissenschaft mehr und mehr der Nutzung unserer billigsten, ungefährlichsten und praktisch unerschöpflichen Energiequelle, der Sonnenenergie, zu.
Ein erster Schritt ist die Installierung von sog. Solarkollektoren, also von Vorrichtungen, mit deren Hilfe Solarenergie absorbiert und mit einem relativ günstigen Wirkungsgrad (30–50%) zur Erwärmung sowie zur Stromerzeugung genutzt werden kann.
Gegenwärtig erfährt das Konzept der Solarenergiespeicherung mithilfe von Stoffen, die sich durch einen günstigen „Phasen-Wechsel" auszeichnen, einen enormen Aufschwung.

1 Modell der Solarenergiespeicherung bei der Reaktion von Cobaltchlorid und Alkohol

Was wir brauchen

Reagenzgläser, Stative mit Stativklammern, heißes Wasserbad (ca. 70 °C), Eisbad (Eis-Kochsalzmischung), Pipette, 2 Bechergläser (100 ml), Waage
Cobalt(II)chlorid-Hexahydrat (N = umweltgefährlich), Propan-2-ol (Isopropanol) (F = leicht entzündlich, Xi = reizend), Aqua dest.

So wird's gemacht

Wir lösen in einem Reagenzglas 1 g Cobalt(II)chlorid-Hexahydrat ($CoCl_2 \cdot 6\ H_2O$) in 10 ml Isopropanol, dabei nimmt die Lösung eine tiefblaue Färbung an. Nun fügen wir tropfenweise so lange Wasser hinzu, bis die Lösung eine rötliche Färbung annimmt.
Dabei lagern sich Wassermoleküle an das Co^{2+}-Ion an unter Bildung des roten Hexahydrates. Das Reagenzglas mit der roten Lösung tauchen wir nun in ein Becherglas mit heißem Wasser (simuliert die Sonnenenergie). Die rote Farbe verschwindet schnell und es tritt die blaue Farbe des wasserfreien Cobalt(II)chlorids auf (Abb. 1). Tauchen wir anschließend diese blaue Lösung in eine Eis-Kochsalzmischung (simuliert die Kälte der Nacht), so kehrt die rote Farbe des Hexahydrates zurück. Diese reversible Reaktion ist beliebig oft demonstrierbar. Taucht man ein Reagenzglas mit Cobalt(II)chlorid-Lösung erst in ein heißes Wasserbad, sodass die gesamte Lösung blau gefärbt ist, und spannt es danach so in ein Stativ ein, dass nur die untere Hälfte des Reagenzglases in ein Eis-Kochsalz-Kältebad taucht, so lässt sich eine dreifache Farbschichtung beobachten. Die oberste Schicht ist rein blau geblieben, danach folgt eine violette Schicht und die Flüssigkeit, die in das Eisbad eintaucht, ist rot gefärbt (siehe Abb. 2).

Entsorgung

Reaktionslösung in ein Sammelgefäß für Schwermetallsalzlösungen verbringen oder die Lösung zur Trockene eindampfen. Das zurückbleibende feste Cobaltchlorid kann für weitere Versuche verwendet werden.

Chemischer Hintergrund

Wässrige Lösungen von Cobalt(II)chlorid weisen eine rote Farbe auf, die auf dem Vorliegen des Cobalt(II)hexahydrat-Ions $[Co(H_2O)_6]^{2+}$ beruht. Lösungen von Cobalt(II)chlorid in Ethanol oder Isopropanol weisen eine tiefblaue Farbe auf. Die violette Farbe tritt beim Übergang zwischen den beiden Lösungen auf.

$$[Co(H_2O)_6]^{2+} + 4\ Cl^{\ominus} + \text{i-PrOH} \underset{\text{in der Kälte}}{\overset{\text{in der Wärme}}{\rightleftarrows}} [CoCl_4]^{2-} + \text{i-PrOH} + 6\ H_2O$$

Hexaaqua-cobalt(II)-Ion	Chlorid-Ion	Isopropanol	Tetrachlorocobaltat(II)-Ion

oktaedrische Konfiguration — tetraedrische Konfiguration

rot $\rightleftarrows$ (15 °C) $\longleftrightarrow$ violett $\longleftrightarrow$ $\rightleftarrows$ (25 °C) blau

Legende: i-PrOH steht für Isopropanol

Zur Speicherung von Solarenergie haben sich unter anderem gewisse Salzhydrate bewährt, die bei Energiezufuhr (z. B. Sonneneinstrahlung) ihr Kristallwasser reversibel abgeben und damit zu sog. Latenzwärmespeichern werden. In der Kälte oder bei Beendigung der Energiezufuhr nimmt das wasserfreie Salz ihr Kristallwasser unter Wärmefreisetzung wieder auf. Das hier als Modellsalz verwendete Cobalt(II)hexahydrat wäre für einen praktischen Einsatz zum einen zu teuer zum anderen ist es wie die meisten Schwermetallsalze toxisch. Als Modellsubstanz ist es jedoch gut geeignet, da sich der Phasenwechsel zwischen Salzhydrat und wasserfreiem Salz und umgekehrt anhand des Farbwechsels augenfällig demonstrieren lässt. In der Praxis hat sich das billige und ungiftige Natriumacetat-Trihydrat als Latenzwärmespeicher für Einfamilienhäuser aber auch zur Fabrikation von Outdoorkleidung bewährt.
Das geschilderte Verhalten von Cobalt(II)chlorid lässt sich auch zur Demonstration der Thermochromie benutzen. Siehe auch den Versuch: „Ein faszinierendes optisches Thermometer“ (S. 102 ff.).

2 Thermochromie von Cobalt(II)chlorid

So wird's gemacht

Wir fügen 4 Tropfen einer wäßrigen Cobalt(II)chloridlösung (c = 1 mol/l) zu 2 ml reinem Ethanol (F = leicht entzündlich). Die Lösung ist bei Temperaturen unterhalb 15 °C (Eintauchen in Eiswasser) rot, wird beim langsamen Erwärmen bei annähernd 15 °C violoett und schließlich bei Temperaturen über 25 °C blau. Dieser Farbwechsel ist reversibel und das optische Thermometer ist lange Zeit haltbar, wenn es gut verschlossen aufbewahrt wird (Verhinderung der Verdunstung von Alkohol).

Entsorgung

Reaktionslösung in ein Sammelgefäß für Schwermetallsalzlösungen verbringen oder die Lösung zur Trockene eindampfen. Das zurückbleibende feste Cobaltchlorid kann für weitere Versuche verwendet werden.

Literatur:

(1) H. S. Kimmel, R. P. T. Tomkins: J. Chem. Educ. 56,9, S. 615, (1979)
(2) W. D. Bare, E. K. Mellon: J. Chem. Educ. 68,9, S. 779ff., (1991)
(3) L. G. Spears Jr., L. G. Spears: J. Chem. Educ. 61,3, S. 252ff., (1984)
(4) H. Schmidkunz: Unterricht Chem. 85, S. 33ff., (2005)
(5) H. Schmidkunz: Unterricht Chem. 85, S. 30ff., (2005)

„Korallenriffe" im Gurkenglas

Abb. 1: Chemisch erzeugte „Korallenriffe"

Die Korallenriffe tropischer und subtropischer Meere, diese filigranen Bauwerke aus unzähligen Resten von abgestorbenen Korallentieren (Anthazoa) stellen mit ihrer überwältigenden Farbenpracht und der ungeheuren Artenvielfalt ihrer Flora und Fauna einzigartige Ökosysteme dar. Die Entstehung dieser „Zaubergärten" unter Wasser lässt sich in vitro durch nachstehenden Modellversuch simulieren. Während es jedoch Jahrmillionen gedauert hat, bis unsere heutigen Korallenriffe entstanden sind, lässt sich die Entstehung unserer „Mini-Korallenriffe" innerhalb weniger Minuten beobachten. Bringt man in ein Glasgefäß eine Mischung aus Natronwasserglas (Natriumsilikat) und Wasser im Volumenverhältnis 1 : 2, so kann man bei Zugabe bestimmter Schwermetallsalze das Wachsen eines farbenprächtigen, formenreichen „Korallenriffs" innerhalb weniger Minuten verfolgen.

Was wir brauchen

Einweckgläser (gut geeignet sind leere Gurkengläser), Pipette, Overheadprojektor.
Kristalle folgender Salze sind gut geeignet: Cobalt(II)nitrat (C = ätzend; Xn = mindergiftig), Nickel(II)nitrat (Xn = mindergiftig; O = brandfördernd), Blei(II)nitrat (T = giftig; O = brandfördernd; N = umweltgefährlich), Eisen(II)chlorid (Xn = mindergiftig), Eisen(III)chlorid (Xn = mindergiftig), Mangan(II)chlorid (Xn = mindergiftig; N = umweltgefährlich), Magnesiumchlorid, Kupfer(II)sulfat (Xn = mindergiftig), Aluminiumsulfat (Xi = reizend); Natronwasserglas (Natriumsilikat), destilliertes Wasser.

So wird's gemacht

Wir verdünnen Natronwasserglas mit destilliertem Wasser im Volumenverhältnis 1 : 2 und füllen damit z. B. ein großes Gurkenglas. Mithilfe einer Pinzette werfen wir nun Kristalle obiger Salze in die Lösung. Wir stellen das Gurkenglas auf einen Overheadprojektor und beobachten, wie in der von unten beleuchteten Flüssigkeit schon nach kurzer Zeit bizarre Gebilde in die Höhe schießen, die an Formen- und Farbenvielfalt an die Unterwasserwelt eines Korallenriffs erinnern.

Chemischer Hintergrund

In der Wasserglaslösung bilden die verschiedenen Metall-Ionen mit den Silikat-Ionen des Wasserglases schwer lösliche Niederschlagsmembranen (schwer lösliche Silikate der entsprechenden Metalle). Da diese Niederschlagsmembranen aber semipermeabel sind und die Salzkonzentration im Innern der Membranen natürlich höher ist als im umgebenden Medium, dieses also hypotonisch ist, strömt Wasser durch die Niederschlagsmembran so lange nach innen, bis diese unter dem Druck des Wassers platzt. Die ausfließenden Metallsalzlösungen bilden an der Berührungsstelle mit dem Natronwasserglas aber sofort eine neue Niederschlagsmembran aus, die das gebildete Leck verschließt. Da innerhalb einer solchen Niederschlagsmembran die Salzkonzentration entsprechend den Gesetzen der Gravitation an der Spitze geringer ist als in Bodennähe, wird die Membran mit zunehmender Entfernung vom Gefäßboden immer dünner und umso leichter kann sie auch an diesen Stellen platzen. So kommt es, dass diese Silikate wie Pflanzen senkrecht nach oben wachsen.
Diese „Silikatvegetationen“ firmieren in der chemischen Experimentalliteratur auch unter den Bezeichnungen „chemischer Garten“, „Wälder unter Wasser“ u. Ä.

Entsorgung

Wenn man die Schaugefäße mit einem Deckel verschließt, sodass kein Wasser verdunsten kann, sind die Silikatvegetationen jahrelang haltbar. Man kann aber auch die Flüssigkeit vorsichtig absaugen und die Silikatvegetation als Trockenpräparate halten. Ansonsten sind die Lösungen samt Silikatvegetationen in einem Sammelbehälter für Schwermetallsalze bis zur endgültigen Entsorgung zu deponieren.

Ein faszinierendes „optisches Thermometer“

Abb. 1 a–c: Thermochromie von Bis(diethylammonium)tetrachlorcuprat(II)
a) in Eiswasser b) in warmem Wasser c) auf Filterpapier

Es gibt eine Reihe von anorganischen Festkörpern, bei denen ein Über- oder Unterschreiten einer bestimmten Temperatur zum Auftreten reversibler Farbänderungen führt. So nehmen die bei Raumtemperatur weißen Stoffe Zinkoxid (ZnO) und Titandioxid (TiO_2) beim Erhitzen eine gelbe Farbe an. Beim Abkühlen kehrt die weiße Farbe wieder zurück.
Das Phänomen des Auftretens reversibler Farbänderungen von Festkörpern bei verschiedenen Umwandlungstemperaturen nennt man Thermochromie (gr. chroma = Farbe, gr. thermos = warm). Stoffe, die Thermochromie zeigen, bezeichnet man als Thermocolore. Da die reversible Farbänderung meist innerhalb enger Temperaturintervalle erfolgt, werden Thermocolore oft als „optische Thermometer“ verwendet.
Eine solche reversible Farbänderung zeigt auch roter Rubin, der sich beim Erhitzen grün färbt und dessen rote Farbe sich beim Abkühlen wieder einstellt.
Remy und Laves entdeckten 1933, dass die grüne Kristallfarbe von Isopropylammoniumtetrachlorocuprat(II) ($(JPA_2)Cu\,Cl_4$) sich bei ca. 60 °C nach gelb ändert.
Bis(diethylammonium)tetrachlorocuprat(II) $(DEA)_2CuCl_4$, eine auch von Schülern leicht synthetisierbare ungiftige Substanz, die einen faszinierenden thermochromen Farbwechsel von grün nach gelb und zurück zeigt, wurde erstmals von Willet und Mitarbeitern beschrieben. Diese Verbindung ist mit dem Komplexsalz von Remy und Laves eng verwandt.

Synthese von Bis(diethylammonium)tetrachlorocuprat(II) $(DEA)_2CuCl_4$

Was wir brauchen

Waage, Becherglas (100 ml), heißes Wasser, Eis-Kochsalz-Kältemischung, Filtertrichter mit Filterpapier, großes Uhrglas, Thermometer, Spatel, Glasstab, Tropfpipette.
Diethylamin-Hydrochlorid $(C_2H_5)_2NH \cdot HCl$ (Xi = reizend) Bezugsquelle: Sigma-Aldrich GmbH, 89555 Steinheim; wasserfreies Kupferchlorid (Xn = mindergiftig, N = umweltgefährlich), wasserfreies Ethanol (F = brennbar), iso-Propanol (Propan-2-ol) (F = brennbar).

So wird's gemacht

Es werden die beiden Lösungen A und B bereitet:

Lösung A: 5 g Diethylamin-Hydrochlorid werden in 35 ml Propan-2-ol gelöst.
Lösung B: 3 g wasserfreies Kupfer(II)chlorid löst man in 7 ml wasserfreiem Ethanol.

Sollten sich die Feststoffe nicht völlig auflösen, werden die Lösungen in einem Wasserbad bis zur völligen Auflösung erwärmt. Danach werden die Lösungen A und B gemischt.
Die Mischung wird in ein Eis-Kochsalz-Kältebad gestellt. Nach kurzer Zeit beginnen sich schöne dunkelgrüne Kristallnadeln abzuscheiden. Um den Vorgang des Auskristallierens zu beschleunigen, reiben und kratzen wir mit einem Glasstab kräftig an Boden und Wänden des Kristallisationsgefäßes. Sollten sich trotzdem keine Kristalle bilden, setzen wir geringe Mengen an Propan-2-ol zu, da sich die bildende Komplexverbindung in Propan-2-ol wesentlich schlechter löst als in Ethanol.
Nach dem Auskristallieren filtrieren wir die grünen Kristalle im Filtertrichter ab und waschen mit wenig Propan-2-ol nach. Das erhaltene Produkt wird auf mehrere Lagen trockenes Filterpapier gebracht und auf einem großen Uhrglas über Nacht zum Trocknen ausgelegt. Die trockenen hellgrünen Kristalle können nun zur Demonstration der Thermochromie verwendet werden.
Dazu bringen wir einige grüne Kristalle in ein trockenes Reagenzglas, das mit einem passenden Stopfen verschlossen wird. Tauchen wir das Reagenzglas in ein heißes Wasserbad (Temp. 60–70 °C), so tritt fast augenblicklich eine Änderung der Kristallfarbe von dunkelgrün nach braungelb auf. Durch sukzessiven Zusatz von Eis-

würfeln kühlen wir das Wasserbad ab und ermitteln mithilfe eines eingetauchten Thermometers das Temperaturintervall des reversiblen Farbumschlags (50–54 °C).

Entsorgung

$(DEA)_2CuCl_4$ wird in Wasser gelöst und in einen Sonderbehälter für Schwermetallsalz-Lösungen verbracht.

Chemischer Hintergrund

Die Thermochromie von $(DEA)_2CuCl_4$ beruht auf einer Änderung der geometrischen Anordnung seiner Liganden. Bei Raumtemperatur ist das Tetrachlorocuprat(II)-Anion planar gebaut. Hier stabilisieren Wasserstoffbrückenbindungen zwischen DiethylammoniumKationen und den Chloratomen als Liganden die Struktur des Komplexes. Da eine Temperaturerhöhung die Schwingungen der Atome und Ionen im Kristallgitter verstärkt, werden die Wasserstoffbrückenbindungen abgeknickt bzw. brechen auf und das Komplex-Ion nimmt eine Tetraeder-Struktur an. Die dabei auftretenden Veränderungen der elektronischen Wechselwirkungen führen zu einer veränderten Lichtabsorption und somit auch zu der zu beobachtenden Farbänderung.

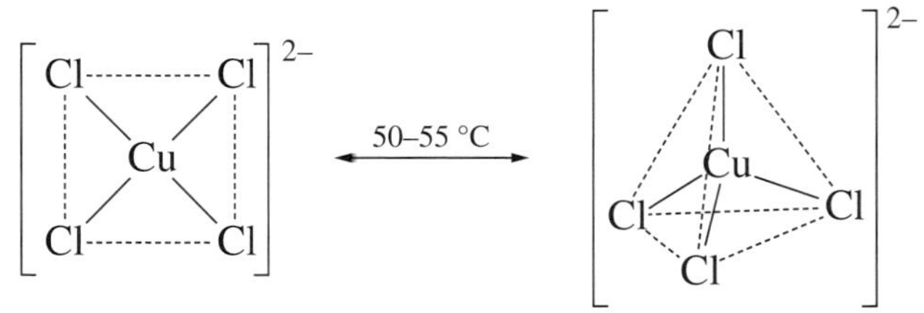

$CuCl_4^{2-}$ Planare Anordnung (grüne Kristallfarbe) — $CuCl_4^{2-}$ Tetraedrische Anordnung (gelbbraune Kristallfarbe)

Literatur:

(1) H. Remy, G. Laves: Ber. Deutsch. Chem. Ges. 66, S. 401ff., (1933)
(2) R. D. Willet, J. A. Haugen, J. Lebsack, J. Morrey: Inorg. Chem. 13, S. 2510ff., (1974)
(3) H. Jäckel, K. T. Risch (Hrsg.): „Chemie heute“ – Sekundarstufe II (Lehrerband Teil 1), Schroedel Schulbuch Verlag GmbH, Hannover, (1990)

6 Medizinisch-physiologische Experimente aus der Chemie

Was haben die „blauhäutigen“ Leute von Troublesome Creek mit dem „Blue-Bottle-Versuch“ gemeinsam?
Warum leuchten braunschalige Hühnereier im UV-Licht rot? Warum senkt ein Glas Rotwein den Cholesterinspiegel? Und viele andere physiologische Fragen mehr werden in diesem Kapitel an Modellversuchen erörtert.
Übrigens: Die Wirkung eines Glases Rotwein kann gefahrlos auch im Selbsttest ausprobiert werden.

Der „Blue Bottle-Versuch“ und die blauen Leute von Troublesome Creek

Abb. 1 a – c: Reaktionsablauf des „Blue-Bottle-Versuchs“
(allmähliche Entfärbung der Methylenblau-Lösung)

Ein altbekannter, wahrscheinlich von Jahrmarktsgauklern stammender Versuch, der aber auch heute noch nichts von seiner Faszination eingebüßt hat, ist der so genannte „Blue Bottle-Versuch“.

Was wir brauchen

Rundkolben (500 ml) mit passendem Stopfen, Messzylinder (500 ml und 10 ml), Waage.
Natriumhydroxid(Plätzchen) (C = ätzend), Glucose, Methylenblau-Lösung (0,2 g Methylenblau in 100 ml Aqua dest. gelöst).

So wird's gemacht

Wir lösen in dem mit 400 ml Wasser gefüllten Rundkolben 5 g Natriumhydroxid-Plätzchen und 40 g Glucose, fügen 5 ml Methylenblau-Lösung zu und verschließen mit einem passenden Stopfen. Beim Stehenlassen tritt rasch eine Entfärbung der Methylenblau-Lösung ein (Abb. 1 a, b). Schüttelt man nun den Kolbeninhalt kräftig, kehrt die blaue Farbe zurück, um nach etwa einer Minute erneut zu verschwinden. Erneutes Schütteln regeneriert die blaue Farbe aufs Neue usw.

Chemischer Hintergrund

Der Redoxfarbstoff Methylenblau wird durch alkalische Glucose-Lösung zu farblosem Leukomethylenblau reduziert. Beim Schütteln diffundiert Luftsauerstoff in die Lösung und reoxidiert Leukomethylenblau zu blauem Methylenblau. Überschüssige Glucose reduziert dann erneut Methylenblau etc. Diese reversible Reaktion läuft so lange ab, bis alle Glucose-Moleküle oxidiert sind oder aber der Sauerstoff verbraucht ist.

Reaktionsmechanismus der „Blue-Bottle-Reaktion"

(1) Reduktion

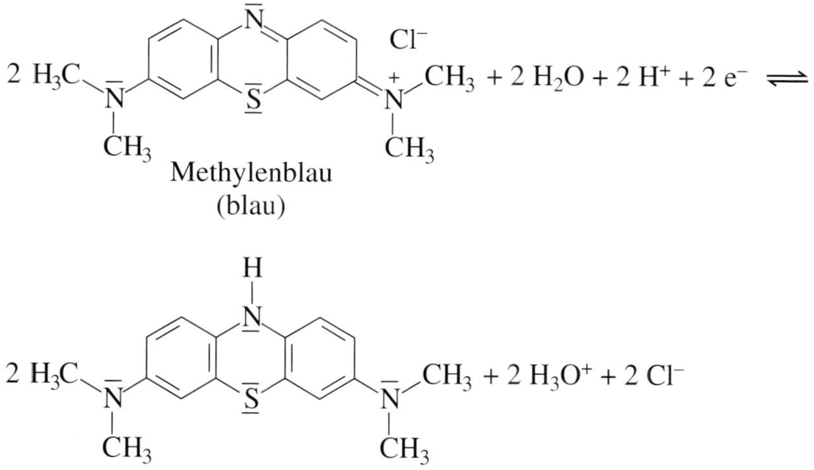

(2) Oxidation

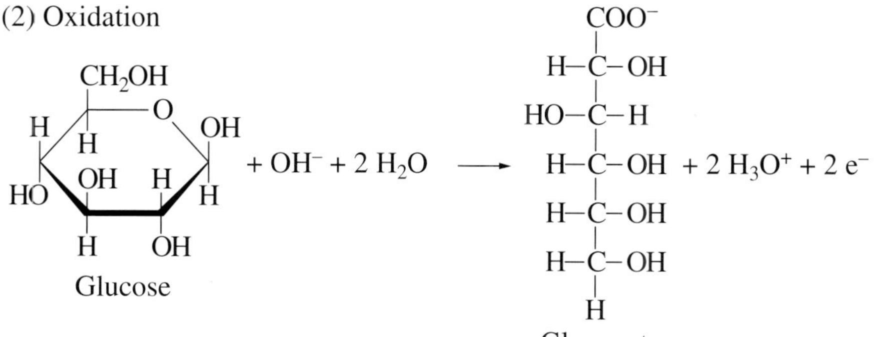

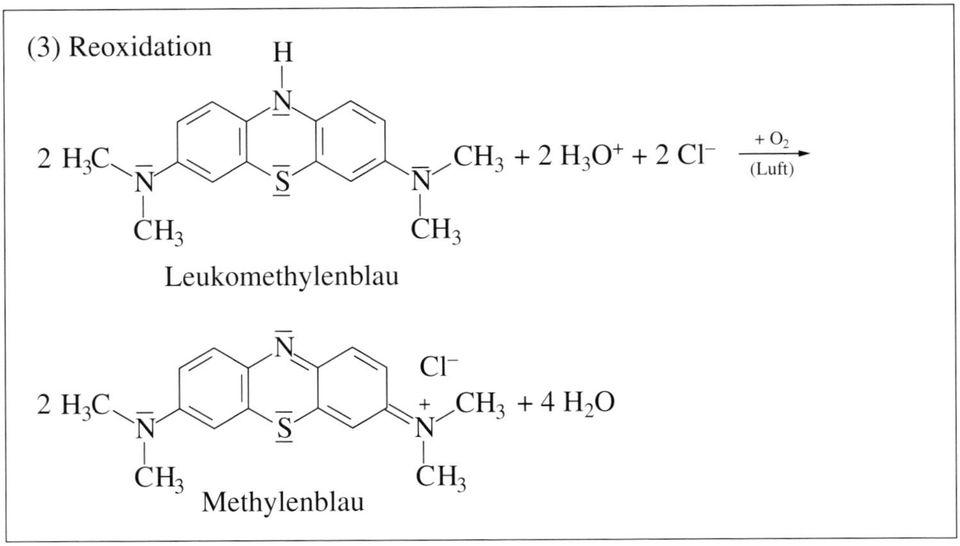

Dieser „Blue Bottle-Versuch" stellt im Übrigen ein geeignetes Modellexperiment für folgende medizinische Kuriosität dar.
Seit ca. 160 Jahren zeigen viele Einwohner von Troublesome Creek, einem kleinen Ort in einem entlegenen Teil des US-Bundesstaates Kentucky, eine in unterschiedlichen Nuancen auftretende, blaue Verfärbung der Haut (Cyanose). Die „Stammeltern" dieser blauen Leute von Troublesome Creek waren die vor ca. sechs Generationen zugewanderten Eheleute Martin und Elisabeth Fugate, geborene Smith. Beide waren heterozygote Träger eines Genpaares, das im homozygoten Zustand Methämoglobinämie zur Folge hat, die Ursache dieser blauen Hautfärbung.
Im Hämoglobin-Molekül liegt das zentrale Eisen-Ion im Pophyrinring im zweiwertigen Zustand vor. Nur dieses zweiwertige Eisen-Ion ist imstande, Sauerstoff reversibel zu binden und somit eine der Hauptaufgaben der roten Blutkörperchen – den Sauerstofftransport zu den Zellen – zu erfüllen.
In den Erythrocyten erfolgt jedoch permanent eine Spontanoxidation des Hämoglobin-Moleküls (Hb) zum Methämoglobin (MetHb). Daher liegen im Blut stets 0,5–2% des Gesamthämoglobins als Methämoglobin vor. Im Methämoglobin-Molekül tritt Eisen als dreiwertiges Ion auf. Methämoglobin ist nicht in der Lage, Sauerstoff zu binden.

Obwohl also in den Erythrocyten ständig Hämoglobin zu Methämoglobin oxidiert wird, führt dies glücklicherweise bei gesunden Menschen nicht zur Methämoglobinämie, da durch ein in den Erythrocyten vorhandenes NADH- bzw. NADPH-abhängiges Enzym, die Methämoglobin-Reduktase (Diaphorase), Methämoglobin rasch wieder zu normalem Hämoglobin reduziert wird.
Durch einen genetisch bedingten Ausfall dieses Enzyms kommt es jedoch zu einer hereditären Methämoglobinämie wie etwa im Falle der „blauen Leute von Troublesome Creek“. Diese autosomal rezessive Krankheit kommt allerdings nur im homozygoten Zustand zum Tragen. Bei heterozygoten Trägern reicht die durch das gesunde Gen gebildete Menge an Methämoglobin-Reduktase (Diaphorase) aus, sodass die Personen keine Krankheitssymptome zeigen. Bei den „Blue Fugates“, wie diese Leute in Kentucky heute genannt werden, bewirkt das mutierte Gen, dass Diaphorase nur in relativ geringen Mengen gebildet wird, sodass es zu einer beträchtlichen Erhöhung der Methämoglobinkonzentration im Blut kommt, was letztlich die Ursache für die „Blaufärbung“ der Haut ist.

Hämoglobin $Hb(Fe^{2+})$ (dunkelrot)	$\overset{O_2}{\rightleftharpoons}$	Oxyhämoglobin $Hb(Fe^{2+})O_2$ (hellrot)
$\downarrow\uparrow$ Enzym Diaphorase		
Methämoglobin $Hb(Fe^{3+})$ (braun)		

Der Arzt Madison Cawein, dem die molekularen Ursachen dieser Krankheit bekannt waren, verordnete den „blauhäutigen“ Patienten Methylenblau-Pillen. Der Redoxfarbstoff Methylenblau ist in zellfreiem Medium ein hervorragendes Oxidationsmittel. In intakten Erythrocyten dagegen agiert es als wirksames Reduktionsmittel.

Nach täglicher Einnahme dieser Pillen nahm die Haut der Betroffenen eine normale rosa Farbe an. Beim Urinieren beobachteten die Patienten wie das „blaue Blut“ mit dem Urin aus ihren Körpern floß.
Die scheinbar paradoxe Verwendung eines blauen Farbstoffes zur Behebung einer blauen Hautverfärbung erklärt sich aus den Elektronen-Transfer-Eigenschaften des Methylenblau-Farbstoffes. Der Farbstoff aktiviert ein „ruhendes“ enzymatisches Reduktionssystem in den Erythrocyten, die NADPH-MetHb-Reduktase. Dieses Enzym katalysiert den Transfer eines Elektrons von NADPH/H^+ auf das Methylenblaumolekül. Dadurch wird dieses zu farblosem Leukomethylenblau reduziert.
Leukomethylenblau reduziert nun seinerseits spontan Methämoglobin zu Hämoglobin, wobei es selbst wieder zum Methylenblau reoxidiert wird. Methylenblau übernimmt also die Rolle, die in gesunden Erythrocyten von der Diaphorase übernommen wird.
Dieses reoxidierte Methylenblau wird über die Nieren mit dem Urin, der dadurch blau gefärbt ist, ausgeschieden. So erklärt sich das Ausscheiden von „blauem Blut“ bei den „blauen Leuten von Troublesome Creek“ nach Einnahme von Methylenblau-Pillen.

$$\underset{\text{(blau)}}{\text{Methylenblau}} \xrightarrow{\text{NADPH/H}^+} \underset{\text{(farblos)}}{\text{Leukomethylenblau}} + \text{NADP}^+$$

$$\underset{\text{(farblos)}}{\text{Leukomethylenblau}} + \text{MetHb} \rightarrow \underset{\text{(blau)}}{\text{Methylenblau}} + \text{Hb}$$

Wirkungsweise von Methylenblau in Erythrocyten

Literatur:

(1) A. E. Fenster, D. N. Harpp, J. A. Schwarcz: J. Chem. Educ. 65 Heft 7, S. 621, (1988)
(2) H. Brandl: PdN Chem. 2/40, S. 12ff., (1991)

Der Baumannsche Versuch – ein Modellexperiment zur Atmungskette

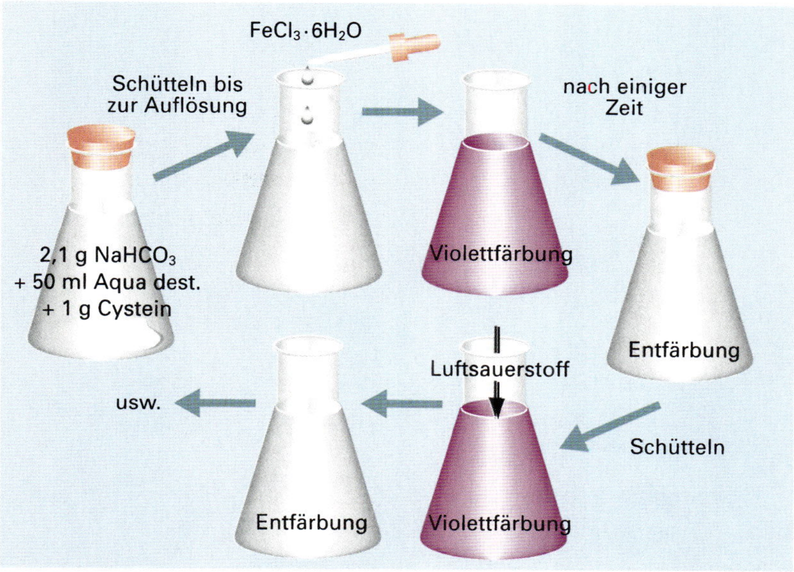

Abb. 1: Reaktionsablauf (schematisch)

Bei der biologischen Oxidation in der Atmungskette werden Wasserstoffionen bzw. Elektronen über das Redoxpaar $NADH/H^+/NAD^+$ und nachfolgenden verschiedenen, hintereinandergeschalteten Redoxpaaren, von denen jedes höher stehende Redoxpaar ein negativeres Potential besitzt als das darauf folgende Redoxpaar, mit dem Luftsauerstoff letztlich zu Wasser oxidiert. Zwischen dem Redoxpaar $NADH/H^+/NAD^+$ und Wasser besteht eine Potentialdifferenz von $E^o = 1{,}14$ V. Ein Teil dieser frei werdenden Energie wird zur endergonen Produktion von ATP (Adenosintriphosphat) aus ADP (Adenosindiphosphat) und anorganischem Phosphat genutzt. Ein derartiger Elektronentransport von negativen zu positiven Redoxpotentialen zwischen hintereinander geschalteten Redoxpaaren lässt sich mithilfe des Baumannschen Versuchs simulieren.

Was wir brauchen

Erlenmeyer-Enghalskölbchen (100 ml) mit passendem Stopfen, Messzylinder (50 ml), Waage.
Cystein (2-Amino-3-mercaptopropionsäure), Natriumhydrogencarbonat, Eisen(III)chlorid-Hexahydrat (Xn = mindergiftig), Aqua dest.

So wird's gemacht

Wir lösen in einem Erlenmeyerkölbchen 2,1 g Natriumhydrogencarbonat in 50 ml Aqua dest. und setzen danach 1 g Cystein zu. Wir schütteln kräftig um, bis zur vollständigen Auflösung des Cysteins und tropfen so lange Eisen(III)chlorid-Hexahydrat-Lösung (c = 1 mol/l) zu, bis eine tief blauviolette Färbung eintritt. Nach einer gewissen Zeit entfärbt sich die Lösung jedoch wieder. Schütteln wir nun den Erlenmeyerkolben zur Aufnahme von Luftsauerstoff in die Flüssigkeit, tritt erneut die violette Färbung in der Lösung auf, die sich wieder entfärbt usw. Allmählich bildet sich ein weißlicher Niederschlag von Cystin (3,3′-Dithiobis(2-aminopropionsäure) und die Reaktion wird irreversibel.

Entsorgung

Nach Beendigung wird die Reaktionslösung mit viel Wasser verdünnt, in die Kanalisation entsorgt.

Chemischer Hintergrund

Bei diesem Modellversuch verwendet man stellvertretend für energiereiche, wasserstoffhaltige Substrate, die schwefelhaltige Aminosäure Cystein, die durch Oxidation in Cystin übergeht. Der Oxidation des Cysteins entspricht eine Reduktion des molekularen Sauerstoffs, die durch Eisenionen katalysiert wird. Das vorliegende Fe^{2+}/Fe^{3+}-System entspricht in vivo der sog. Cytochromoxidase. Cystein bildet mit Fe^{3+}-Ionen einen blauvioletten Komplex. Der entsprechende Fe^{2+}-Cystein-Komplex ist hingegen farblos.
Durch den in der Lösung vorhandenen Luftsauerstoff werden Fe^{2+}-Ionen zu Fe^{3+}-Ionen oxidiert, was sich in einer Blauviolett-Färbung der Lösung manifestiert. Überschüssiges Cystein reduziert jedoch innerhalb einer gewissen Zeitspanne die Fe^{3+}-Ionen zu Fe^{2+}-Ionen und wird dabei selbst zu Cystin oxidiert. Die Lösung wird farblos. Bei erneutem Einschütteln von Sauerstoff in die Lösung kehrt die blauviolette Färbung zurück etc.

Obiges Redoxsystem besteht aus drei Redoxpaaren:

(a)	$2\ \text{Cys–SH} \rightleftharpoons \text{Cys–S–S–Cys} + 2\ H^+ + 2\ e^-$	$E^0 = +0{,}08\ V$
	Cystein Cystin	
(b)	$2\ Fe^{2+} \rightleftharpoons 2\ Fe^{3+} + 2\ e^-$	$E^0 = 2(+0{,}77\ V)$
(c)	$\langle O \rangle + 2\ e^- \rightleftharpoons O^{2-}$	$E^0 = +1{,}23\ V$

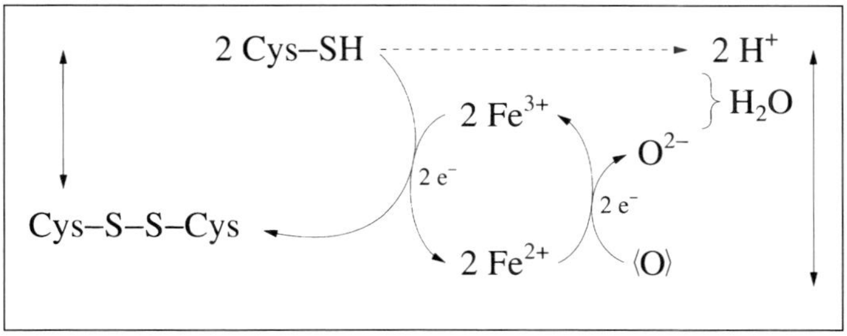

Abb. 2: Schema der Kopplungen beim Cystein-Cystin-System

Literatur:

(1) A. Burger, MNU 38,5, S. 294ff., (1985)
(2) K. Schlösser, MNU 41,3, S. 161ff., (1988)

Warum ein Glas Rotwein den Cholesterin-Spiegel im Blut senkt

Abb. 1 a: Bestrahltes Weinblatt im UV-Licht (λ = 366 nm) b: Bestrahltes Weinblatt im Tageslicht

Es ist schon lange bekannt, dass insbesondere Franzosen, die regelmäßig ihr Glas Rotwein trinken, weitgehend von Herz- und Gefäßkrankheiten verschont bleiben. Wissenschaftler der amerikanischen Cornell-Universität haben kürzlich herausgefunden, dass der maßvolle, aber regelmäßige Genuss von Rotwein den für Herz- und Kreislaufkrankheiten verantwortlichen erhöhten Cholesterinspiegel im Blut senkt. Ursache für diesen Cholesterin abbauenden Effekt ist der Gehalt an Resveratrol (3,4',5-Trihydroxystilben). Dieser Stoff wird vor allem in der Schale blauer Weintrauben gebildet. Von dreißig getesteten Weinen wies der rote Bordeaux die höchsten Resveratrolkonzentrationen auf, während in Weißweinen von Natur aus kaum Resveratrol vorhanden ist.
Der folgende Versuch zeigt, wie man verhältnismäßig schnell die Resveratrol-Bildung in einer Pflanze induzieren kann. Als Untersuchungsobjekt verwenden wir ein frisch abgetrenntes Weinblatt. Besonders gut eignen sich Blätter von Parthenocissus quinquefilia, dem Wilden Wein. Dieser bildet nach Induktion mit kurzwelliger UV-Strahlung besonders viel Resveratrol.

Was wir brauchen

Frisches Weinblatt, UV-Lampe ($\lambda = 253$ nm), Petrischale, mit Wasser angefeuchtetes Filterpapier, Schriftschablone aus schwarzem Papier.

Gefahrenhinweise

Zum Schutz der Augen und Hände vor kurzwelliger UV-Strahlung ist das Tragen einer **Schutzbrille** und von **Schutzhandschuhen** zu empfehlen.

So wird's gemacht

Wir legen ein frisch abgetrenntes Weinblatt unter eine UV-Lampe und befestigen eine zuvor angefertigte Schablone aus schwarzem Papier, in die das Wort „Licht“ eingestanzt wurde, auf der Blattoberfläche. Anschließend bestrahlen wir das Blatt ca. 15–20 Minuten lang mit einer UV-Lampe ($\lambda = 253$ nm) im Abstand von ca. 10 cm. Danach inkubieren wir das bestrahlte Weinblatt über Nacht in einer Petrischale auf angefeuchtetem Filterpapier. Zum Nachweis von gebildetem Resveratrol im bestrahlten Weinblatt bringen wir diese in einem abgedunkelten Raum erneut unter eine UV-Lampe, aber mit langwelligem Licht ($\lambda = 356$ nm).

Beobachtungen

Während ein nicht vorbehandeltes (unbestrahltes) Weinblatt im langwelligen UV-Licht nur eine schwache rötliche Fluoreszenz zeigt, ist auf dem bestrahlten Weinblatt in leuchtend hellblauer Fluoreszenz das Wort „Licht“ zu lesen. Der übrige Teil des Blattes, der durch die schwarze Papierschablone vor der UV-Strahlung abgeschirmt war, zeigt hingegen nur eine schwach rötliche Fluoreszenz (s. Abb. 1 a, b).

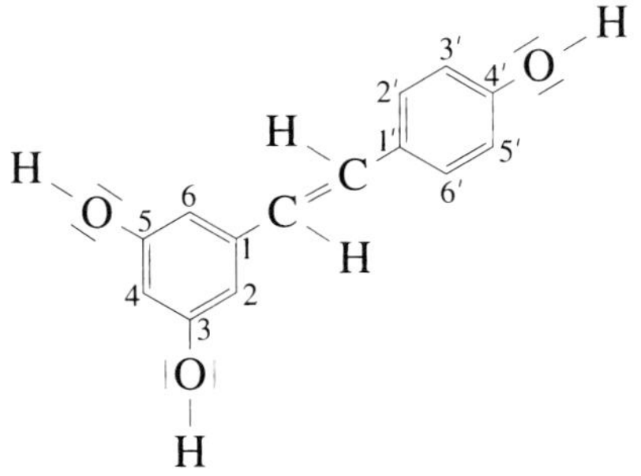

Strukturformel von Resveratrol (3,4′,5-Trihydroxystilben)

Chemischer Hintergrund

Resveratrol zeigt im langwelligen UV-Bereich die für Stilbenderivate charakteristische blaue Fluoreszenz. Vor der Bestrahlung mit harter UV-Strahlung ist noch kein Resveratrol im Blatt vorhanden. Das Weinblatt weist daher im langwelligen UV-Licht nur eine schwache Fluoreszenz auf, die auf das im Blattinneren vorhandene Chlorophyll zurückzuführen ist. Bestrahlung mit kurzwelligen UV-Strahlen induziert nun die Resveratrol-Synthese, die nach etwa zehn Stunden abgeschlossen ist.
Warum aber produzieren Pflanzen überhaupt diesen Stoff?
Resveratrol ist ein so genanntes Phytoalexin (gr. phyton = Pflanze, gr. alexein = abwehren). Phytoalexine sind niedermolekulare, antimikrobiell wirkende Substanzen unterschiedlichster chemischer Herkunft. Sie sind für die Resistenz bestimmter Pflanzen gegenüber Schadorganismen verantwortlich und werden nach einer Infektion mit Pilzen, Viren, Bakterien, Nematoden etc. in den Pflanzen synthetisiert. Phytoalexine werden jedoch nicht nur nach einer Infektion mit den genannten Organismen gebildet, sondern auch bei Einwirkung von Stressfaktoren aus der Umwelt wie etwa Kälte, Verletzungen, Vergiftung durch Schwermetalle und vor allem durch Einwirkung von intensiver UV-Strahlung.
In unserem Versuch haben wir also die Resveratrolbildung durch Einwirkung des Stressfaktors „intensive UV-Bestrahlung“ auf das Weinblatt ausgelöst.

Literatur:

(1) H. Brandl: PdN-Chem. 3/43, S. 35ff., (1994)

Der Föllingsche Windeltest auf Phenylketonurie (Simulationstest)

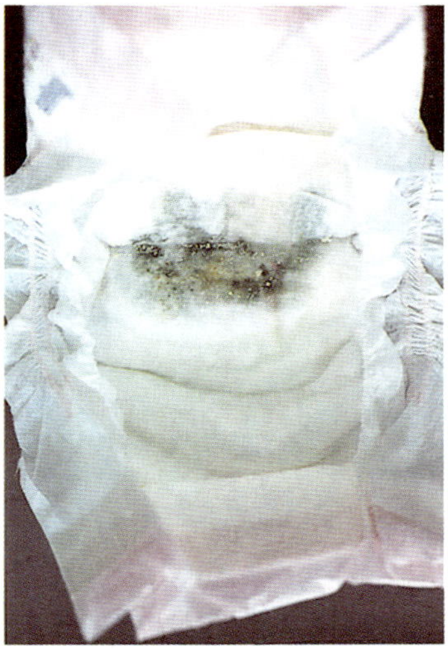

Abb. 1: Simulation der positiven Reaktion des Föllingschen Windeltests (Grünfärbung)

Die erstmals 1934 von dem norwegischen Arzt Asbjörn Fölling beschriebene Phenylketonurie (PKU) ist eine vererbbare Stoffwechselkrankheit, die auf einen genetisch bedingten Enzymdefekt zurückzuführen ist. Die Erkrankungsfrequenz in allen Bevölkerungsgruppen der Erde beträgt etwa 1 : 10000. Die Phenylketonurie stellt somit die häufigste, auf einer Stoffwechselstörung beruhende, Erbkrankheit dar.

Infolge eines Enzymdefekts unterbleibt im Organismus des Erkrankten die Umwandlung der Aminosäure Phenylalanin in Tyrosin gemäß:

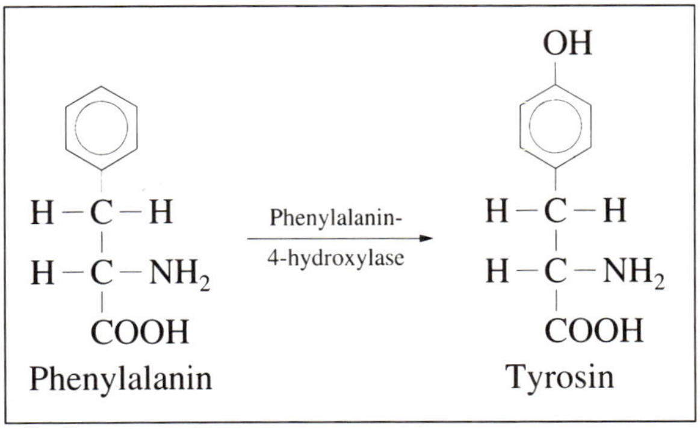

Dadurch akkumuliert sich Phenylalanin im Blutplasma des Erkrankten gegenüber einem Normalwert von 1–4 mg/100 ml auf 20–60 mg/100 ml. Phenylalanin wird nun in der Leber in Phenylbrenztraubensäure umgewandelt und mit dem Harn ausgeschieden (daher der Name Phenylketonurie).
Phenylalanin (α-Amino-β-phenylpropansäure) wird in der Leber durch eine Transaminierungsreaktion in Phenylbrenztraubensäure (2-Keto-3-phenylpropansäure) wie folgt umgewandelt:

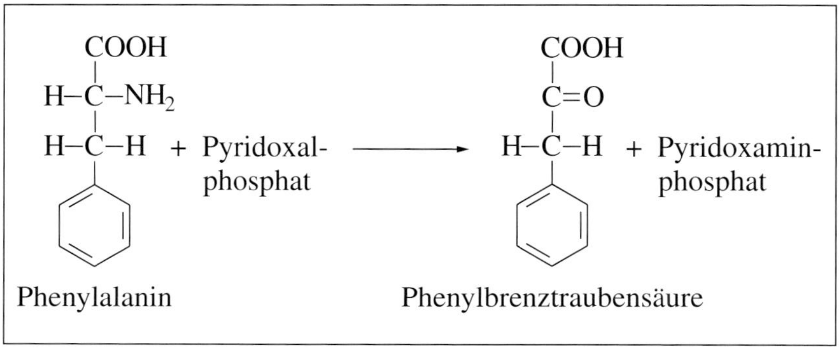

Hinweis: Pyridoxalphosphat und Pyridoxaminphosphat sind Coenzyme von Aminotransferasen. Diese bewirken eine wechselseitige Aminierung und Desaminierung zwischen Aminosäuren und Ketocarbonsäuren ohne dass freies Ammoniak (ein starkes Zellgift) gebildet wird.
Eine erhöhte Konzentration an Phenylbrenztraubensäure bewirkt strukturelle und funktionelle Veränderungen der Großhirnzellen. Bei erkrankten Kindern unterbleibt daher die Ausreifung des Zentralnervensystems, was eine geistige Retardierung zur Folge hat und zu völliger Idiotie führen kann. Der Intelligenzquotient (IQ) solcher Patienten liegt meist unter 30.
Bis zur Geburt ist der Phenylalaningehalt eines PKU-kranken Kindes normal, da der gesunde mütterliche Stoffwechsel den Fötus weitgehend schützt. Erst mit der Aufnahme der ersten Milchnahrung beginnt die Erhöhung des Phenylalanin-Blutspiegels und allmählich manifestieren sich die damit verbundenen Stoffwechselstörungen. Erhält der Säugling jedoch von den ersten Lebensmonaten bis etwa zum 10. Lebensjahr (also bis zur vollständigen Ausreifung des Zentralnervensystems) phenylalaninarme, aber tyrosinreiche Diätkost, so verläuft die körperliche und geistige Entwicklung weitgehend normal. Da also ein frühzeitiges Ergreifen therapeutischer Maßnahmen von größter Wichtigkeit für eine normale

geistige Entwicklung eines erkrankten Kindes ist, kommt einer Frühdiagnose der Phenylketonurie bei Säuglingen größte Bedeutung zu. Als so genannte Screeningtests werden dazu entweder der mikrobielle Agardiffusionstest nach Guthrie oder der Föllingsche Windeltest eingesetzt.

1 Simulation des Föllingschen Windeltests

Was wir brauchen

Babywindel, Reagenzgläser, Tropfpipette, Spatel, Phenylbrenztraubensäure, Eisen(III)chlorid-Hexahydrat (Xn = mindergiftig), Aqua dest., verd. Salzsäure (Xi = reizend).

So wird's gemacht

In ein bis zur Hälfte mit destilliertem Wasser gefülltes Reagenzglas geben wir eine Spatelspitze Phenylbrenztraubensäure und schütteln gut durch. Danach gießen wir den so simulierten „Prüfharn“ auf eine Windel. Auf die so präparierte Windel tropfen wir mittels Tropfpipette fünf Tropfen einer mit verdünnter Salzsäure angesäuerten 10%igen Eisen(III)chlorid-Lösung. Spontan tritt eine charakteristische Blaugrünfärbung auf (positiver Test!).
Der Föllingsche Windeltest ist etwa ab der 3. Lebenswoche eines Säuglings durchführbar. Man versetzt dabei 1 ml frischen Säuglingsharn mit 5 Tropfen einer angesäuerten 10%igen Eisen(III)chlorid-Lösung oder tropft mit einer Pipette einen Tropfen dieser Lösung auf eine uringetränkte Windel. Das Auftreten einer smaragdgrünen Färbung zeigt die Anwesenheit von Phenylbrenztraubensäure und somit eine Erkrankung an Phenylketonurie an.

Entsorgung

Die Windel wird gründlich unter fließendem Wasser ausgewaschen und dann in den Hausmüll verbracht.

Chemischer Hintergrund

Das Auftreten einer Grünfärbung mit Eisen(III)chlorid-Lösung ist auf das Vorliegen einer so genannten Keto-Enol-Tautomerie der Phenylbrenztraubensäure zurückzuführen. Das Phänomen der Keto-Enol-Tautomerie wurde 1863 von Geuther am Acetessigsäureethylester (kurz: Acetessigester) entdeckt. Nach Knorr (1911) liegt unter normalen Bedingungen der Acetessigester in zwei tautomeren Formen vor. Es besteht dabei folgendes Gleichgewicht:

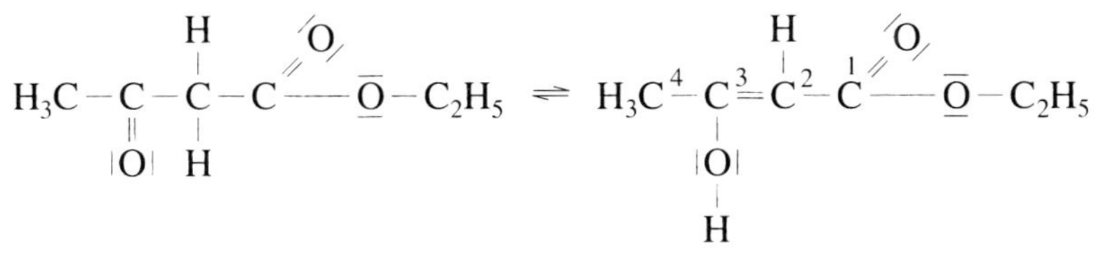

Acetessigester
Keto-Form (92,5%)

3-Hydroxycrotonsäureethylester
Enol-Form (7,5%)

Mit Eisen(III)chlorid-Lösung reagiert die Enol-Form des Acetessigesters unter Bildung eines Eisen(III)enolat-Innerkomplexes von charakteristischer rotvioletter Färbung.

2 Nachweis der Keto-Enol-Tautomerie beim Acetessigester

Was wir brauchen

Reagenzgläser, Reagenzglasständer, Pipette mit Peleusball, Acetessigester, Eisen(III)chlorid-Lösung (10%ig), Bromwasser (C = ätzend, Xi = reizend), Aqua dest.

Gefahrenhinweise

Beim Arbeiten mit Brom oder Bromwasser **Schutzbrille** und **Schutzhandschuhe** tragen!

So wird's gemacht

In ein Reagenzglas geben wir zu 5 ml destilliertem Wasser, 5 Tropfen Acetessigester und zwei Tropfen Eisen(III)chlorid-Lösung. Es tritt eine charakteristische violettrote Färbung auf. Unter Umschütteln setzen wir nun mit einer Pipette mit Peleusball 2 ml Bromwasser zu. Die rotviolette Färbung verschwindet augenblicklich, kehrt aber nach kurzer Zeit zurück. Erneute Bromwasser-Zugabe führt wieder zur Entfärbung. Nach kurzer Zeit kehrt die rote Farbe abermals zurück. Dieser Reaktionszyklus lässt sich einige Male wiederholen.

Entsorgung

Das Acetessigestergemisch wird nach dem Versuch bis zur endgültigen Entsorgung in einen Kanister für halogenhaltige organische Lösungsmittel verbracht.

Chemischer Hintergrund

Farbreaktionen mit Eisen(III)chlorid-Lösungen geben fast alle Verbindungen mit der Atomgruppierung:

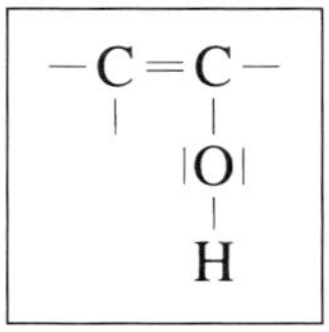

Das zugesetzte Bromwasser bromiert die Doppelbindung der Enolform. Durch die Bromierung wird diese Enolform aus dem Keto-Enol-Tautomerie-Gleichgewicht entfernt. Folglich tritt auch eine Entfärbung auf. Da aber gemäß dem Prinzip vom kleinsten Zwang (Le Chatelier/Braun, 1888) in einem Gleichgewicht bei einer Erniedrigung der Konzentration eines Reaktionspartners (hier der Enolform) diejenige Reaktion begünstigt wird, die diese Form nachbildet, erfolgt schon nach kurzer Zeit eine Regeneration der Enolform. Dies zeigt sich in einem erneuten Auftreten der Rot-

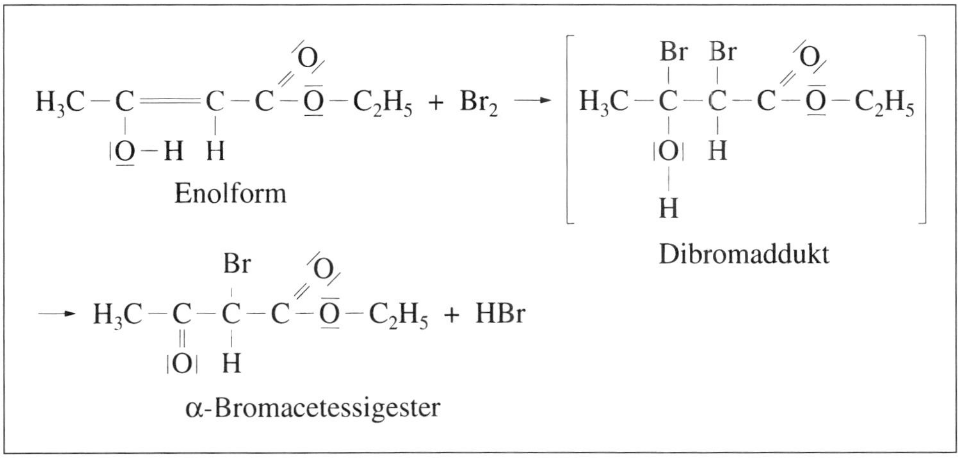

Abb. 2: Bromierung von Acetessigester

violettfärbung. Die Reaktion ist so lange wiederholbar, bis einer der Reaktionspartner (Bromwasser bzw. Acetessigester) aufgebraucht ist.

Naürlich zeigt auch Phenylbrenztraubensäure in Wasser gelöst diese Reaktion mit Eisen(III)chlorid-Lösung und Bromwasser. Setzt man zu der blaugrünen Lösung von wäßriger Phenylbrenztraubensäure und Eisen(III)chlorid-Lösung einige Tropfen Bromwasser zu, so wird diese kurzzeitig entfärbt. Nach kurzer Zeit tritt die Grünfärbung wieder auf.

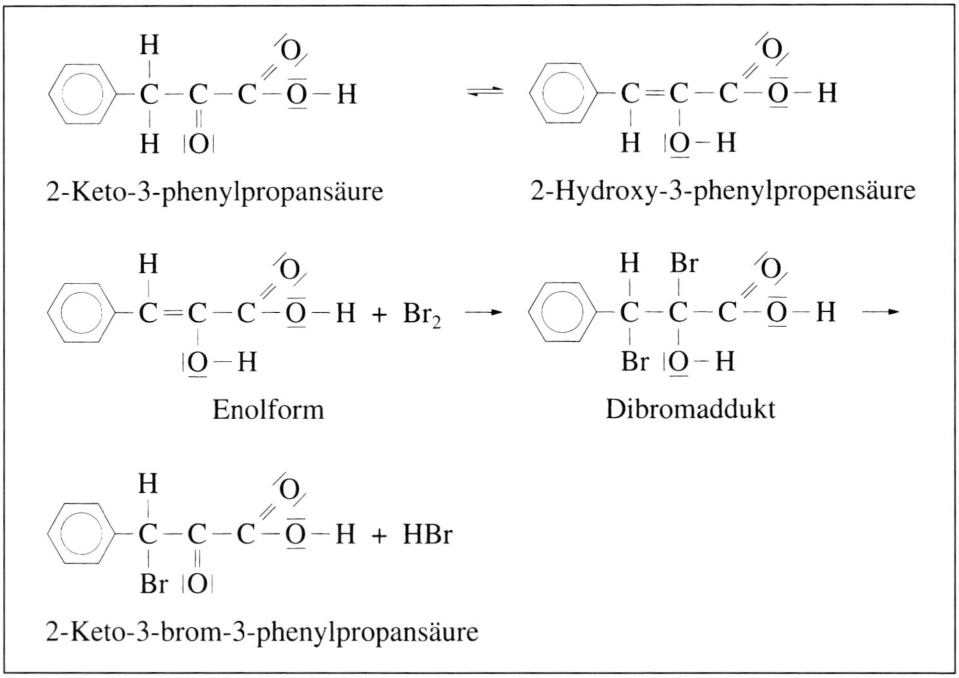

Abb. 3: Chemismus der Bromierung von Phenylbrenztraubensäure

3 Keto-Enol-Tautomerie bei Phenolen

Eine Keto-Enol-Tautomerie tritt auch bei den Hydroxy-Verbindungen des Benzols (Mono-, Di- und Trihydroxybenzolen) und Derivaten davon auf. Bekannt sind ja die unterschiedlichen Färbungen, die Phenole mit Eisen(III)chlorid-Lösung zeigen.

Was wir brauchen

4 Erlenmeyerkölbchen (50 ml), 6 Erlenmeyerkolben (200 ml), Messzylinder (250 ml, 10 ml), Eis-Kochsalz-Kältemischung.
Phenol (Monohydroxybenzol) (T = giftig), Brenzcatechin (o-Dihydroxybenzol) (Xn = mindergiftig), Resorzin (m-Dihydroxybenzol) (Xn = mindergiftig, N = umweltgefährlich), Hydrochinon (p-Dihydroxybenzol) (Xn = mindergiftig, N = umweltgefährlich), Pyrogallol (1,2,3-Trihydroxybenzol) (Xn = mindergiftig), Tannin, Aqua dest.

Gefahrenhinweis

Schutzhandschuhe und **Schutzbrille** tragen!

So wird's gemacht

Wir lösen 0,5 g Phenol in 150 ml Aqua dest. Je 0,25 g Brenzcatechin, Resorzin, Hydrochinon, Pyrogallol werden in 8,5 ml destilliertem Wasser gelöst.
Diese Lösungen gießen wir jeweils in 200-ml-Erlenmeyerkolben mit 150 ml Aqua dest. Hydrochinon in 120 ml Aqua dest. Den Erlenmeyerkolben mit der Hydrochinonlösung stellen wir in ein Eis-Kochsalz-Kältebad. Dann bereiten wir eine Eisen(III)chloridlösung (1 g in 150 ml Aqua dest.).
Zur Phenollösung setzen wir anschließend 10 ml Eisen(III)chloridlösung zu. Es erfolgt eine spontane Rotviolettfärbung. Die Brenzcatechinlösung gibt mit 4 ml Eisen(III)chloridlösung eine smaragdgrüne Lösung.
Die Resorzinlösung reagiert mit 20 ml Eisen(III)chloridlösung unter Blauviolettfärbung.
Zur eisgekühlten Hydrochinonlösung fügen wir 50 ml Eisen(III)chloridlösung. Es tritt nur für wenige Sekunden eine tiefblaue Färbung auf, die rasch über grün (Mischfarbe) in gelbbraun (Farbe des p-Benzochinons) übergeht.
Die Pyrogallollösung mit 10 ml Eisen(III)chloridlösung versetzt, zeigt eine hellviolette Färbung.
Die Tanninlösung bildet mit 20 ml Eisen(III)chloridlösung versetzt einen blauschwarzen Niederschlag (Eisengallustinte, Eisen(III)tannat).

Entsorgung

Die phenolischen Komplex-Lösungen werden mit Natronlauge versetzt und neutralisiert und danach im Sammelbehälter für nicht halogenierte organische Abfallstoffe bis zur endgültigen Entsorgung aufbewahrt.

Literatur:

(1) J. Sauer: Chiuz 3, S. 25ff., (1969)

Das „rotleuchtende Hühnerei“

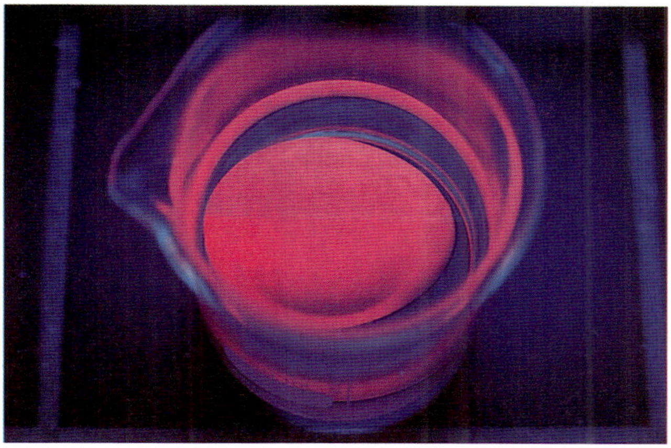

Abb. 1: Rote Fluoreszenz eines braunschaligen Hühnereies im UV-Licht

Wer hat nicht schon beim Verzehr seines Frühstückseies darüber philosophiert, warum manche Hühnereier eine weiße, andere hingegen eine braune Schale besitzen. Experten wissen, dass es sogar Hühnereier mit grüner Schale gibt, die von so genannten Araucana-Hühnern stammen. Da letztere jedoch nur von einigen wenigen Züchtern gehalten werden, bleiben grüne Hühnereier zum Frühstück wohl eine Rarität.
Worauf ist die Farbe von braunen Hühnereischalen zurückzuführen? Nachstehender Versuch gibt uns eine Antwort darauf.

1 Warum braune Hühnereier braun sind

Was wir brauchen

1 großes Reagenzglas, 2 Messzylinder (10 ml und 50 ml), UV-Lampe (366 nm).
Getrocknete braune Hühnereischalen, Ethylacetat (Essigsäureethylester, F = leicht entzündlich, Xi = reizend), Salzsäure (w = 10%) (C = ätzend).

So wird's gemacht

Bestrahlen wir im Dunkeln braune Hühnereischalen mit UV-Licht (λ = 366 nm), so können wir nur eine schwache rötliche Fluoreszenz beobachten. Nun füllen wir ein großes Reagenzglas mit etwa 20 ml Ethylacetat und bringen einige größere Eierschalenteile ein. Die zu beobachtende Fluoreszenz erfährt keine wesentliche Verstärkung. Nach Zusatz von 3 ml 10%iger Salzsäure beginnen Gasblasen in der Lösung aufzusteigen, da die Salzsäure den Kalk der Eierschalen unter Kohlenstoffdioxid-Entwicklung auflöst. Dabei wird gleichzeitig gebundenes Protoporphyrin aus der Kalkschale herausgelöst und tritt in das Lösungsmittel Ethylacetat über. Unter der UV-Lampe kann man dieses Herauslösen und Inlösunggehen von Protoporphyrin IX als prächtiges Schauspiel verfolgen. Die ursprünglich kaum fluoreszierende Lösung zeigt mit zunehmender Konzentration des herausgelösten Protoporphyrins eine immer stärkere Rotfluoreszenz, die sich bis zur Brillanz steigert.

Entsorgung

Lösung mit Natronlauge neutralisieren und in ein Sammelbehältnis für nicht halogenierte organische Lösungsmittel verbringen.

Chemischer Hintergrund

Da die braune Farbe der Hühnereischale auf dem Gehalt an Ooporphyrin (Protoporphyrin IX) beruht, und auch der rote Blutfarbstof, das Hämoglobin, ein Porphyrinderivat darstellt, ergibt sich die Frage nach einem eventuellen Zusammenhang der Bildung der beiden Porphyrine, und in der Tat, tritt das Protoporphyrin IX bei der Hämbiosynthese als Vorstufe des Häms auf. Das Häm ist die Farbkomponente des Hämoglobins. Im Häm liegt das Fe^{2+}-Ion als Zentralion im Porphyrinringsystem vor. Das Protoporphyrin IX unterscheidet sich vom Häm nur durch das Fehlen des zentralen Eisen(II)-Ions im Porphyrinringsystem. Häm ist aufgrund seines Fe^{2+}-Zentral-Ions nicht fluoreszenzfähig, im Gegensatz zum Proto-porphyrin IX. Eine Entfernung des Eisen(II)-Ions aus dem Häm sollte zu einem rotfluoreszierenden Porphyrin-Derivat führen. Das Häm wandelt sich beim Erhitzen mit einer Lösung von Natriumchlorid in Eisessig in Hämin um, das ein Fe^{3+}-Zentralion im Porphyrinringsystem enthält.

2 Herstellung von Hämatoporphyrin aus Hämin

Was wir brauchen

Hämin kann entweder in Form der Teichmann'schen Kristalle aus Rinderblut hergestellt oder käuflich erworben werden. Bezugsquelle z. B. Sigma-Aldrich GmbH, 89555 Steinheim.
In der Literatur finden sich mehrere Angaben dazu, wie man aus Hämin eisenfreies Porphyrin erhalten kann. Möglichkeiten sind das Erhitzen von Hämin mit konzentrierter Ameisensäure oder mit Eisessig und Bromwasserstoffsäure. Am besten bewährt hat sich nachstehende Methode.

Erlenmeyerkolben (50 ml), Pipette, Spatel, UV-Lampe (366 nm). Hämin, konz. Schwefelsäure (C = ätzend), Ethylacetat (Essigsäureethylester, F = leicht entzündlich), Aqua dest.

Gefahrenhinweis

Bei Arbeiten mit konz. Schwefelsäure ist das Tragen einer **Schutzbrille** und von **Schutzhandschuhen** unerläßlich.

So wird's gemacht

Wir bringen einige Körnchen Hämin (schwarz) in einen kleinen Erlenmeyerkolben (50 ml) und lassen mit einer Pipette vorsichtig 2–3 Tropfen konz. Schwefelsäure eintropfen. Spontan tritt eine Rotfärbung (Porphyrin-Bildung) ein. Nach vorsichtigem Zutropfen von 2–3 ml Wasser setzt man 20 ml Ethylacetat als Lösungsmittel der Wahl für Porphyrine zu.
Wir schütteln die Lösung um und bestrahlen mit einer UV-Lampe (366 nm). Die auftretende prachtvolle Rotfluoreszenz ist im Dunkeln deutlich sichtbar. Ihr Auftreten ist ein untrügliches Indiz dafür, dass sich Hämatoporphyrin gebildet hat.

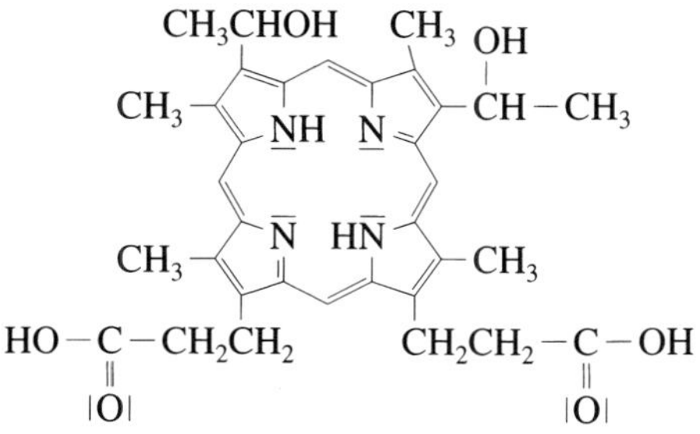

Hämatoporphyrin (IX)

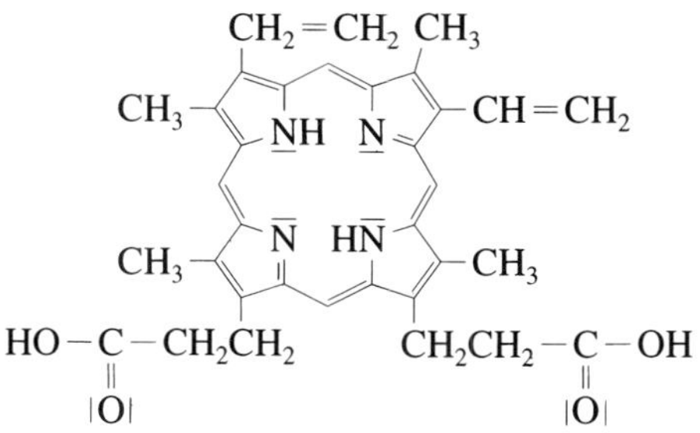

Protoporphyrin (IX)

Strukturformeln von Hämatoporphyrin und Protoporphyrin

Entsorgung

Lösung mit Natronlauge neutralisieren, dann in Sammelbehältnis für nichthalogenierte Lösungsmittel verbringen.

Literatur:

(1) H. Brandl: PdN-Ch 8/34, S. 15ff., (1985)
(2) H. Brandl, S. Albrecht: PdN-Chem. 3/39, S. 17ff., (1990)

7 Redox-Reaktionen

Schon seit vielen Generationen plagen
Schüler und Studenten sich herum,
Gleichungen aufzustellen für Redox-
Reaktionen. Und kaum einer weiß wofür
oder warum.
Durch Honig Glasgefäße mit Silberspiegel
zu versehen?
„Chemische Amöben“, die sich in einer
Petrischale drehen? Dies zu verstehen
wird in der Tat sich lohnen.
Das Geheimnis lautet: Redox-Reaktionen!

„Chemische Amöben“ in der Petrischale

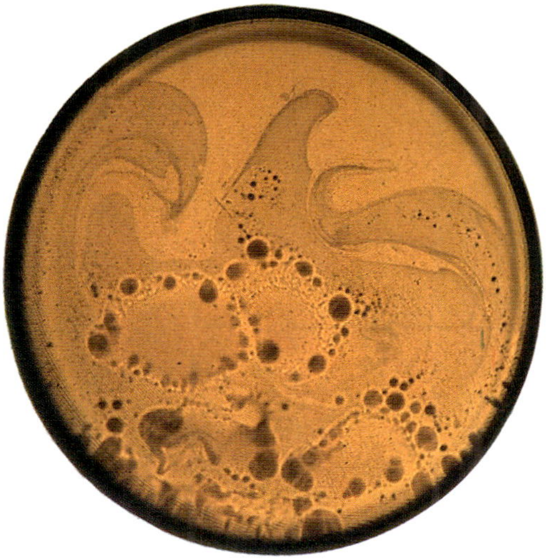

Abb. 1: „Chemische Amöben“

Amöben sind mikroskopisch kleine, einzellige Lebewesen (Protozoen), die in stehenden Gewässern vorkommen. Für den Laborgebrauch lassen sie sich leicht in einem sog. Heuaufguss züchten (vergleiche dazu Lehrbücher der Biologie!).
Da Amöben (griech.: amoibos = wechselnd) keine starre Zellmembran besitzen, können sie ihre Gestalt beliebig ändern. Permanent strecken sie an irgendwelchen Körperstellen sog. Scheinfüßchen (Pseudopodien) aus und ziehen andere an einer anderen Körperstelle wieder ein. Wegen ihrer sich ständig ändernden Körperform werden Amöben auch als Wechseltierchen bezeichnet.
Wie nachstehender Versuch zeigt, entstehen in gewissen homogenen Lösungen unter definierten Bedingungen pulsierende Gebilde, die einer Amoebe nicht unähnlich sehen, ständig ihre Form ändern, und sich sogar analog zur Zellteilung einer Amöbe, von Zeit zu Zeit ebenfalls teilen. Man kann daher diese Gebilde durchaus als „synthetische oder chemische Amöben“ bezeichnen.

Was wir brauchen

Overheadprojektor, Petrischale, Pipette, Erlenmeyerkolben (250 ml), Scheidetrichter.

Kaliumdichromat (evtl.carcinogen) (T^+, N = umweltgefährlich), konz. Schwefelsäure (C = ätzend), Cyclohexanol (Xn = mindergiftig).

Gefahrenhinweis

Kaliumdichromat steht im Verdacht, Hautkrebs hervorzurufen. Konz. Schwefelsäure wirkt stark ätzend. Daher sind bei Durchführung des Versuches **Schutzhandschuhe** und **Schutzbrille** zu tragen.

So wird's gemacht

Man stellt in einem Erlenmeyerkolben (250 ml) eine Lösung von 2 g Kaliumdichromat in 100 ml Wasser und 10 ml konz. Schwefelsäure her. Mit dieser schwefelsauren Dichromat-Lösung füllen wir eine Petrischale bis zu einem Drittel ihrer Höhe und stellen diese auf einen Overheadprojektor Wir projizieren die Petrischale auf eine „Filmleinwand“. Dann verdunkeln wir den Raum und tropfen mittels einer Pipette nacheinander ca. 5 Tropfen Cyclohexanol in die saure Dichromatlösung. Innerhalb von 10–20 Sekunden färben sich die ursprünglich farblosen Cyclohexanoltropfen grauviolett. Diese grauvioletten Tropfen zeigen in der gelben Dichromatlösung lebhafte rhythmische Kontraktionen, die zu spontanen Teilungen (Längs- und Querteilungen) dieser amöboiden Tropfen führen. Das ganze Schauspiel dauert einige Minuten an.

Entsorgung

Nach Beendigung der Reaktion wird die Reaktionslösung in einen Scheidetrichter gebracht und die organische Phase von der anorganischen abgetrennt. Die organische Phase wird in den Sammelbehälter für wasserunlösliche organische Verbindungen gebracht. Die schwefelsaure Dichromatlösung wird mit Natronlauge neutralisiert und dann in den Sammelbehälter für anorganische Schwermetallsalzlösungen gegeben.

Chemischer Hintergrund

Die pulsierenden Veränderungen bezüglich Größe und Form der Tropfen beruhen auf einer teilweisen Oxidation der Cyclohexanol-

tröpfchen durch schwefelsaure Kaliumdichromat-Lösung zu Cyclohexanon. Die sich verändernden Tropfen wechseln ihre Form in Anpassung ihrer Oberflächenspannung an das wechselnde Verhältnis von Cyclohexanol und Cyclohexanon. Da bei dieser Reaktion das orange Kaliumdichromat zu dreiwertigem Chromsulfat reduziert wird, wechselt nach geraumer Zeit die Farbe der Lösung in der Petrischale zu grün.
Reaktionsgleichung:

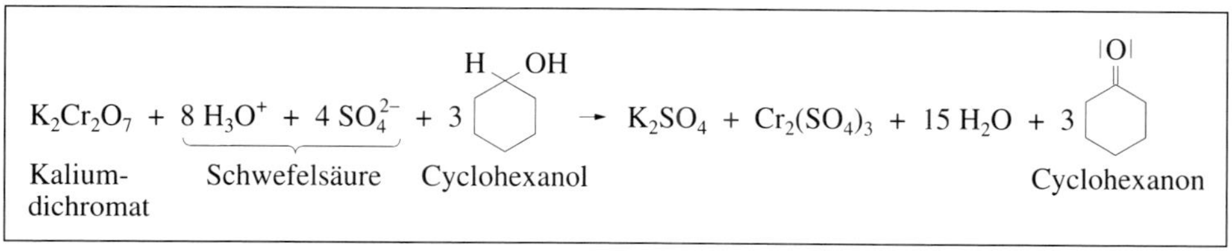

Es finden folgende Redox-Reaktionen statt:

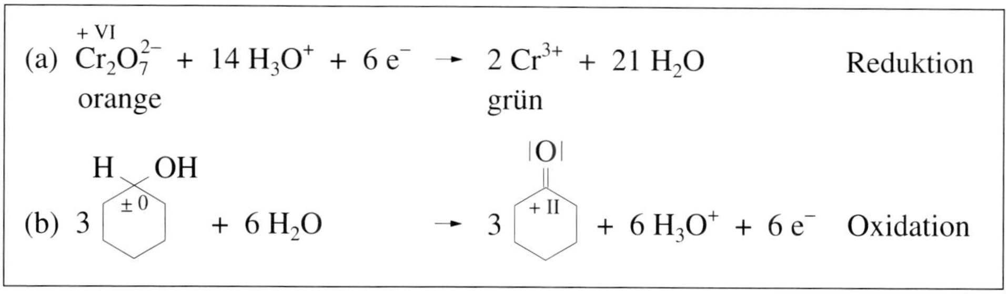

Literatur:

(1) K. E. Kolb, D. Kolb: J. Chem. Educ. 66, 11, S. 955, (1989)

Der Blue-Bottle-Versuch einmal anders 'rum

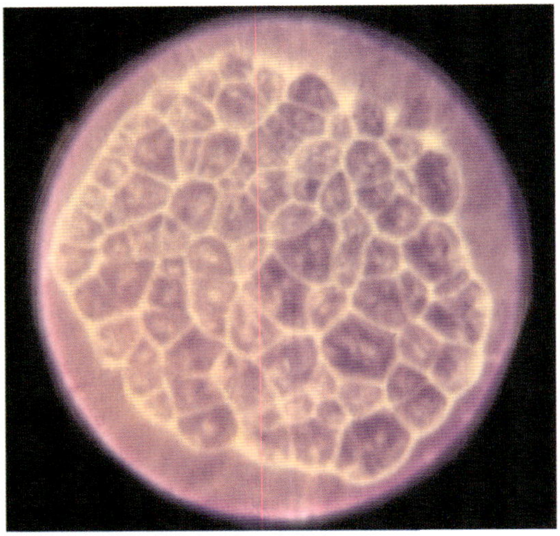

Abb. 1: Umgekehrter Blue-Bottle-Versuch (Zustand nach ca. 30 Sekunden)

Abb. 2: Reversible Redox-Reaktion mit Thioxanthonsulfon-Lösung

Vom „Blue-Bottle-Versuch" her kennen wir das Phänomen: Eine farblose Lösung in einem verschlossenen Glaskolben färbt sich beim Einschütteln von Luft tiefblau. Doch probieren wir das Ganze einmal anders 'rum und schütteln in eine violette Lösung Luft ein. Bevor wir an die Durchführung obigen Versuchs gehen, müssen wir uns erst einen dazu nötigen Stoff, das Thioxanthonsulfon, selbst herstellen, da dieser käuflich nicht zu erwerben ist.

1 Herstellung von Thioxanthonsulfon

Thioxanthon ist käuflich erwerbbar. Thioxanthonsulfon dagegen muss selbst hergestellt werden. Die beste Methode ist die Oxidation von Thioxanthon mit Wasserstoffperoxid in Eisessig.

Was wir brauchen

Rundkolben (100 ml) mit Rückflusskühler, Magnetrührer, Filtertrichter mit Filterpapier, Messzylinder (50 ml, 10 ml), Uhrglas. Perhydrol (Wasserstoffperoxid) (30%ig) (O = brandfördernd, C = ätzend), Eisessig (C = ätzend).

Gefahrenhinweis

Da Eisessig und Perhydrol die Haut stark anätzen bzw. auf der Haut Blasenbildung verursachen, ist das Tragen von **Schutzbrille**, **Schutzhandschuhen** und **Schutzkleidung** unbedingt erforderlich! Die Herstellung von Thioxanthonsulfon ist unter einem **Abzug** durchzuführen.

So wird's gemacht

In einen 100-ml-Rundkolben bringen wir 40 ml Eisessig, 10 ml Wasserstoffperoxid (30%) und 4,25 g Thioxanthon. Wir kochen die Reaktionsmischung eine Stunde am Rückfluss unter permanentem Rühren mit einem Magnetrührer. Dann fügen wir 10 ml Wasser zu, erhitzen nochmals, um einen möglichen Niederschlag wieder aufzulösen und lassen dann das Ganze auf Raumtemperatur abkühlen. Man filtriert und wäscht die erkalteten gelben Kristalle mit Essigsäure/Wasser (1 : 1) nach. Anschließend bringen wir das Filterpapier mit den Kristallen auf ein Uhrglas und lassen es über Nacht im Abzug trocknen.
Mit dem so hergestellten Thioxanthonsulfon lässt nicht nun der eigentliche Versuch durchführen.

Entsorgung

Essigsäure-Wasser-Gemisch mit Natronlauge neutralisieren und danach mit viel Wasser in die Kanalisation entsorgen.

2 Ein „umgekehrter Blue-Bottle-Versuch"

Was wir brauchen

Kleines Erlenmeyerkölbchen (50 ml) mit passendem Gummistopfen; Waage.
Thioxanthonsulfon (selbst hergestellt), Ethanol (w = 96%) (F = leicht entzündlich), Natronlauge (w = 10%) (C = ätzend), Zinkstaub bzw. Natriumdithionit ($Na_2S_2O_4$) (Xn = mindergiftig).

So wird's gemacht

Wir füllen in ein kleines Erlenmeyerkölbchen (50 ml) 10 ml einer 0,1%igen Lösung von Thioxanthonsulfon in Brennspiritus (Ethanol (96%)). Dazu fügen wir 4 ml Natronlauge (10%) und 0,1 g Zinkstaub oder Natriumdithionit. Dann verschließt man das Erlenmeyerkölbchen mit einem Gummistopfen. Nach einigen Minuten färbt sich die Lösung intensiv blauviolett. Nun dekantieren wir die violette Lösung ab und bringen sie in ein Reagenzglas mit passendem Stopfen. Bei heftigem Schütteln wird die blauviolette Lösung farblos, um nach kurzer Zeit wieder blauviolett zu werden. Erneutes Schütteln sorgt für erneute Entfärbung usw. Die Reaktion ist viele Male reproduzierbar. Tritt die Blauviolettfärbung nach vielen Reaktionszyklen nicht mehr ein, genügt die Zugabe von wenig Zinkstaub, um die blauviolette Färbung wieder herzustellen.

Chemischer Hintergrund

Während beim Blue-Bottle-Versuch der blaue Farbstoff Methylenblau in alkalischer Lösung durch Glucose zum farblosen Leukofarbstoff reduziert wird und ein Einschütteln von Luft bewirkt, dass dadurch Leukomethylenblau wieder zum blauen Farbstoff reoxidiert wird (vgl. S. 105), führt in diesem Fall das Einschütteln von Luftsauerstoff zu einer Entfärbung der violetten Lösung. Hierbei kehrt nach Verbrauch des Luftsauerstoffs die ursprüngliche violette Farbe zurück.
Die beiden deutschen Chemiker Graebe und Schultess beobachteten 1891, dass alkalische Thioxanthonsulfonlösung bei der Umsetzung mit Zinkstaub oder Natriumdithionit eine blauviolette Färbung ergibt. Beim Schütteln an Luft wird die Lösung farblos, nach einiger Zeit regeneriert sich jedoch die blauviolette Färbung wieder.
1949 konnte Heymann nachweisen, dass die blauviolette Färbung auf ein semichinonähnliches freies Radikal, genauer das Thioxanthonsulfon-Radikal-Anion, ein relativ stabiles Ketyl, zurückzuführen ist.

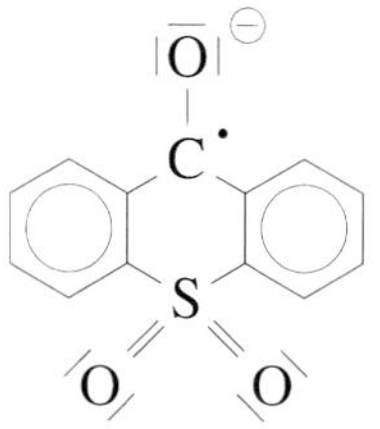

Thioxanthonsulfon-Radikal-Anion

Literatur:

(1) J. Castrillòn: J. Chem. Educ. Vol. 64,4, S. 352ff., (1987)

Erzeugung eines Silberspiegels mit Honig

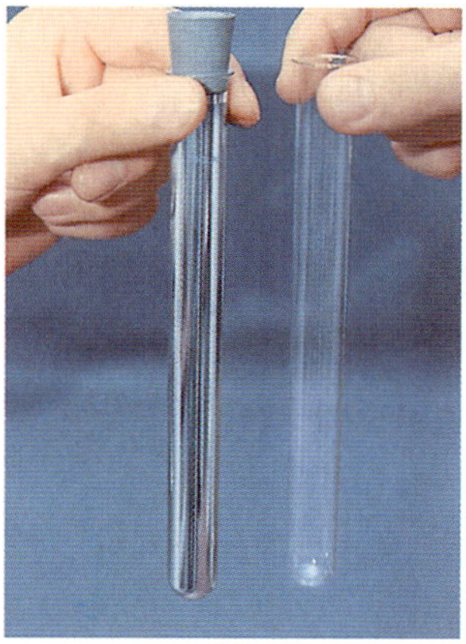

Abb. 1: Reagenzgläser mit und ohne Silberspiegel

Spieglein, Spieglein an der Wand, wer ist die Schönste im ganzen Land? Wohl jedem ist diese berühmt-berüchtigte Frage, die die eitle und böse Stiefmutter von Schneewittchen im Märchen der Gebrüder Grimm immer wieder stellt, vertraut. Die Biologen glaubten lange Zeit, der Mensch sei das einzige Lebewesen, das sein Spiegelbild als solches erkennt. Erst in jüngerer Zeit haben moderne Verhaltensforscher durch geniale Versuche zeigen können, dass auch Schimpansen dazu in der Lage sind.
Ohne Spiegel ist die moderne Zivilisation nicht denkbar: Wie könnten sich die Damen richtig schminken, maniküren, frisieren oder erkennen, ob die gewählte Garderobe ihnen auch gut steht? Wie sollten sich die Herren rasieren ohne sich zu schneiden, die Krawatte binden, ihr Toupet richtig plazieren etc.?
Im Altertum dienten auf Hochglanz polierte Metallplatten als Spiegel.
Im 15. Jahrhundert wurden Glasspiegel hergestellt, bei denen die Rückseite mit einer dünnen Zinnamalgamschicht versehen war (Amalgamspiegel). Wegen der hohen Toxizitat der Quecksilberdämpfe, die die Amalgamspiegel emittieren, werden diese schon lange nicht mehr verwendet. Die heutigen Spiegel sind Glasspiegel mit versilberter Rückwand (Silberspiegel). Solche Silberspiegel wurden erstmals von Drayton (1843) und dem bekannten deutschen Chemiker Justus von Liebig (1856) entwickelt.
Zur Herstellung von Silberspiegeln werden gründlich gereinigte, fettfreie Glasgefäße oder Glasplatten mit einer ammoniakalischen Silbernitrat-Lösung benetzt und mithilfe organischer Reduktionsmittel (zumeist Zucker) mit metallischem Silber überzogen.

Versilberung eines Rundkolbens

Was wir brauchen

Rundkolben (50 ml), 4 Erlenmeyerkolben (100 ml) mit passenden Gummistopfen, Messzylinder (10 ml), 50 ml und 100 ml), Waage, Spatel, Bunsenbrenner;
Honig (oder Glucose und Fructose), Weinsäure, Ethanol (w = 96%) (F = leicht entzündlich), Silbernitrat (C = ätzend), Ammoniumnitrat (O = brandfördernd), Natriumhydroxid (C = ätzend), Aqua dest.

So wird's gemacht

Man bereitet folgende vier Lösungen:

Lösung A: 5 g Honig (ersatzweise 2,5 g Glucose und 2,5 g Fructose) gelöst in 50 ml Aqua dest. und Zusatz von 0,6 g Weinsäure. Es wird bis zum Sieden erhitzt. Danach lässt man abkühlen. Nach Zusatz von 10 ml Ethanol als Stabilisator füllt man die Lösung mit Aqua dest. auf 100 ml auf.
Lösung B: 4 g Silbernitrat werden in 50 ml Aqua dest. gelöst.
Lösung C: Man löst 6 g Ammoniumnitrat in 50 ml Aqua dest.
Lösung D: 10 g festes Natriumhydroxid bringt man in 100 ml Aqua dest.

Hinweis: Die vier Lösungen lassen sich getrennt einige Monate in einem Kühlschrank aufbewahren.

Um einen kleinen Rundkolben (50 ml), der möglichst ungebraucht und völlig fettfrei sein soll, zu verspiegeln, verfahren wir wie folgt: Wir bringen in den Rundkolben 10 ml Lösung A. Dazu fügen wir ein Gemisch von 5 ml Lösung B und 5 ml Lösung C. Nach Zusatz von 10 ml Lösung D verschließen wir den Rundkolben mit einem passenden Stopfen und schwenken die Lösung kräftig um, sodass innerhalb weniger Sekunden alle Oberflächen des Rundkolbens mit der Lösung in Kontakt kommen und so eine gute Haftung des Silberspiegels garantieren. Man schüttelt ca. eine Minute um. Es bildet sich ein feiner Silberspiegel.

Entsorgung

Wir gießen den Inhalt des Rundkolbens in eine mit Wasser gefüllte Glaswanne und entsorgen danach in die Kanalisation. Wegen der Bildung explosiver Silberverbindungen dürfen ammoniakalische Silberrückstände nicht aufbewahrt werden.

Chemischer Hintergrund

In alkalischer Lösung laufen vereinfacht folgende Reaktionen ab:

(1) $2\ Ag^{+} + 2\ ^{-}|\overline{\underline{O}}-H \rightarrow Ag_2O\downarrow + H_2O$

(2) $Ag_2O + 4\ NH_3 + H_2O \rightarrow 2\ [Ag(NH_3)_2]^{+} + 2\ ^{-}|\overline{\underline{O}}-H$

Silberdiammin-Ion

Echter Bienenhonig entsteht im Bienenmagen aus Nektar durch enzymatische Spaltung von Saccharose.
Bienenhonig besteht aus etwa 10% Saccharose, 22–44% Glucose und 32–45% Fructose. Daneben sind noch Wasser, organische Säuren (Äpfel- und Citronensäure), Eiweiße usw. enthalten.
Die reduzierend wirkenden Substanzen des Bienenhonigs sind Glucose und Fructose. Sie reduzieren die Silberdiammin-Ionen zu metallischem Silber (Bildung eines Silberspiegels).
Die nachstehend formulierte Reduktion von Glucose mit Silberdiammin-Ionen verwendet man in der analytischen Chemie unter der Bezeichnung Tollens Reaktion zum Nachweis reduzierender Zucker.

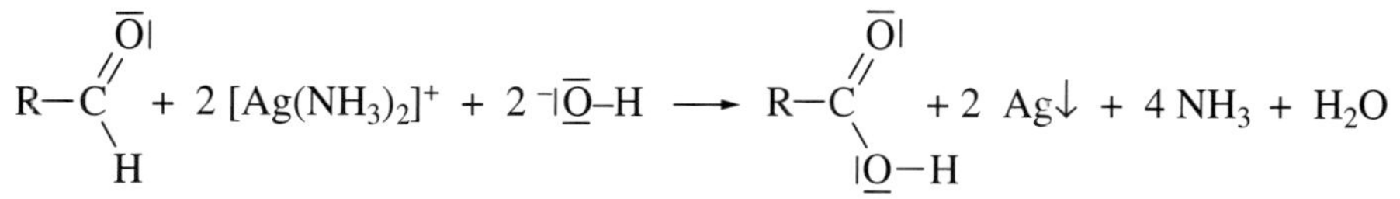

reduzierender Zucker — Silberdiammin-hydroxid — Zuckersäure, R = z. B. Glucoserest

Literatur:

(1) H. Römpp: „Chemie des Alltags", Franck'sche Verlagshandlung Stuttgart, S. 198–199, (1949)
(2) F. Bukatsch, W. Glöckner: „Experimentelle Schulchemie" Bd. 3, Aulis Verlag Deubner & Co. KG, Köln, S. 118ff., (1977)
(3) M. Kemp J.: Chem. Educ. Vol. 98/8, S. 655ff., (1981)

8 Experimente zur Katalyse

Wie viel Schaum liefert wohl eine „Elefantenzahnpasta"?
Warum dreht sich ein Mühlenrad ohne Wasserbewegung? Katalytische Prozesse stecken hinter diesen Geheimnissen. Die beschriebenen Versuche sind geradezu dafür prädestiniert, auch Ihre Lust am Experimentieren zu katalysieren!

Herstellung von „Elefantenzahnpasta“

Abb. 1 a–c: Reaktionsablauf bei der „Elefantenzahnpasta“-Herstellung

Beim Zähneputzen bildet Zahnpasta mit Wasser gemischt und mit der Zahnbürste gut verrieben einen mehr oder weniger kräftigen Schaum. Schäume sind kolloid-chemische Systeme, die durch Bildung von Gasblasen in bestimmten Flüssigkeiten entstehen. Grenzflächenaktive Stoffe, also Tenside (Detergentien) wie sie in unseren modernen Wasch- und Reinigungsmitteln vorkommen, können die sich bildenden Schäume stabilisieren, sodass sie über einen längeren Zeitraum erhalten bleiben.
Ein „Schaumberg“, wie ihn eine für das Putzen der Zähne eines ausgewachsenen Elefantenbullen erforderliche Zahnpastamenge liefern würde, lässt sich mit nachstehendem „Modellversuch“ plastisch demonstrieren.

Was wir brauchen

Hohes Becherglas (2 l), große Glaswanne mit Auffanggefäß, Messzylinder (10 ml u. 50 ml), Glasstab, Waage.
Wasserstoffperoxid-Lösung (w = 30%) (C = ätzend), Kaliumiodid, Geschirrspülmittel (enthält Detergentien).

So wird's gemacht

In eine große Glaswanne (als Auffanggefäß) stellen wir ein hohes Becherglas (2 l) und bringen in dieses 5 ml eines Geschirrspülmittels. Nach Zusatz von 50 ml Perhydrol (30%iges Wasserstoffperoxid) und 10 ml frisch bereiteter, wässriger Kaliumiodid-Lösung (10 g festes Kaliumiodid in 10 ml Aqua dest. lösen oder einen

Spatel festes Kaliumiodid), rühren wir mit dem Glasstab kräftig um. Die Lösung färbt sich sofort tiefbraun.
Simultan dazu setzt eine äußerst heftige Schaumbildung ein und eine zylindrische Schaumsäule steigt im Becherglas hoch und quillt über den Becherglasrand in das Auffanggefäß.

Chemischer Hintergrund

Der Zerfall von Wasserstoffperoxid in Wasser und Sauerstoff wird durch Iodidionen eindrucksvoll katalysiert. Da die katalytische Zersetzung des Wasserstoffperoxids stark exotherm verläuft, bilden sich als Zersetzungsprodukte Sauerstoff und Wasserdampf. Die in Spülmitteln enthaltenen Detergentien nehmen unter Bildung einer voluminösen, zähen, weißen Schaummasse die gasförmigen Produkte auf und erzeugen so den als „Elefantenzahnpasta“ bezeichneten Effekt.
Die katalytische Zersetzung von Wasserstoffperoxid durch Iodidionen stellt ein Paradebeispiel einer homogenen Katalyse in wässeriger Lösung dar. In allen gängigen Lehrbüchern wird dafür folgender vereinfachter Reaktionsmechanismus angegeben:

$$I^- + H_2O_2 \rightleftharpoons \underset{\text{Hypoiodit}}{IO^-} + H_2O$$

$$IO^- + H_2O_2 \rightleftharpoons I^- + H_2O + O_2\uparrow$$

$$2\,H_2O_2 \xrightarrow{I^-} 2\,H_2O + O_2\uparrow \qquad \Delta H = -100\ \text{kJ}$$

Daneben laufen aber noch eine Reihe von Nebenreaktionen ab, so die Oxidation von Iodid-Ionen zu elementarem Iod gemäß:

$$H_2O_2 + 2\,H_3O^+ + 2\,I^- \rightarrow 4\,H_2O + I_2$$

Das so gebildete Iod verursacht die anfänglich zu beobachtende Braunfärbung.

Literatur:

(1) P. Keller: J. Chem. Educ. 71,2, S. 109ff., (1994)
(2) A. Sae: J. Chem. Educ. 71,5, S. 43ff., (1994)

Ein „chemisches Mühlenrad“

Abb. 1: Rotierendes „chemisches Mühlenrad“

Auf vielen alten Postkarten sind sie zu bestaunen und in vielen alten Volksliedern werden sie besungen: schmucke Mühlen, deren Mühlenräder von der Wasserkraft des vorbeifließenden Baches oder Flusses angetrieben, sich klappernd drehen.
Heute ist diese Mühlenidylle leider fast völlig aus unserem Landschaftsbild verschwunden. Wer aber ein Freund alter Mühlenromantik ist, kann mit nachstehender Versuchsanordnung ein „chemisches Mühlenrad“ in Betrieb nehmen, das sich ohne strömendes Wasser, d. h. in einer ruhenden Flüssigkeit dreht und dreht und dreht. Ein Perpetuum mobile vielleicht?

Hinweis: Das chemische Mühlenrad ist leider nicht käuflich zu erwerben, es lässt sich jedoch von jedem einigermaßen handwerklich begabten Bastler nach folgender Bauanleitung selbst fertigen.

An dieser Stelle möchte ich Herrn Viktor Davydow, Pädagogische Hochschule, Tscheljabinsk, Russland, herzlichen Dank dafür sagen, dass er mir die Anleitung und auch ein Probeexemplar des von ihm konstruierten „chemischen Mühlenrades“ überlassen hat.

Bauanleitung und Einsatz des „chemischen Mühlenrades“

Wir schneiden aus Plexiglas drei Scheiben (80–150 mm Durchmesser) aus. Die erste Scheibe besitzt eine Dicke von 6–10 mm, die zweite eine Dicke von 0,5–1 mm. In die erste Scheibe bohren wir 5–15 symmetrisch angeordnete Öffnungen mit einem Durchmesser von 8–10 mm. Der Minimalabstand zwischen den Scheibenrändern und den Löchern beträgt 4–6 mm. Nun schneiden wir die Ausgänge in allen Löchern aus (siehe Abb. 2a). Darauf kleben wir mithilfe von Plexiglaslösung in Dichlorethan zwei andere Scheiben (siehe Abb. 2b). (Unter dem Abzug durchführen!) Wir bedecken danach den Reaktionskammerboden mit einer dünnen Schicht eines lange aushärtenden, wasserbeständigen Klebstoffes. Auf die Klebeschicht bringen wir pulverförmiges Mangandioxid (Braunsteinpulver) (siehe Abb. 2c). In die Achsenöffnung setzen wir dann einen Glasröhrenabschnitt ein, um die Achsenreibung zu verringern. Man befestigt das Rad mithilfe eines stabilen Metallstabs, der am unteren Ende waagerecht gebogen ist und durch die Radachsenöffnung geführt wird. Diese Radachse wird mit zwei geeigneten Hartgummischeibchen stabilisiert. Wir spannen den Metallstab mit dem daran befestigten Rad in eine Stativklemme und tauchen das Rad in eine Glas- oder Plexiglaswanne, die mit 3% bis 5%iger wäßriger Wasserstoffperoxid-Lösung gefüllt ist. Die Eintauchtiefe des Rades sollte etwa 2–3 cm betragen (siehe Abb. 1). Das chemische Mühlenrad beginnt sich kontinuierlich zu drehen, wobei man das Austreten von Gasblasen aus den „Reaktionskammern“ beobachten kann (Abb. 2d).

Chemischer Hintergrund

Auf den Flächen der Reaktionskammern im Innern des „Mühlenrades“ befindet sich großflächig verteilt Braunsteinpulver (angeklebt). Braunstein ist ein wirkungsvoller Katalysator für die Zersetzung von Wasserstoffperoxid gemäß

$$2\ H_2O_2 \rightarrow 2\ H_2O + O_2 \quad \text{(exotherm)}$$

in Wasser und Sauerstoff. Durch die sich entwickelnden Sauerstoffgasbläschen, die aus den Reaktionskammern ins Wasser übertreten, entsteht ein Torsionsmoment, sodass das Rad sich zu drehen beginnt.

Literatur:

(1) Viktor Davydow: Privatmitteilung. Pädagogische Hochschule, Kirovstr. 19a–141, 45408 Tscheljabinsk, Russland
(2) Viktor Davydow: MNU, 50, 2, S. 108 (1997)

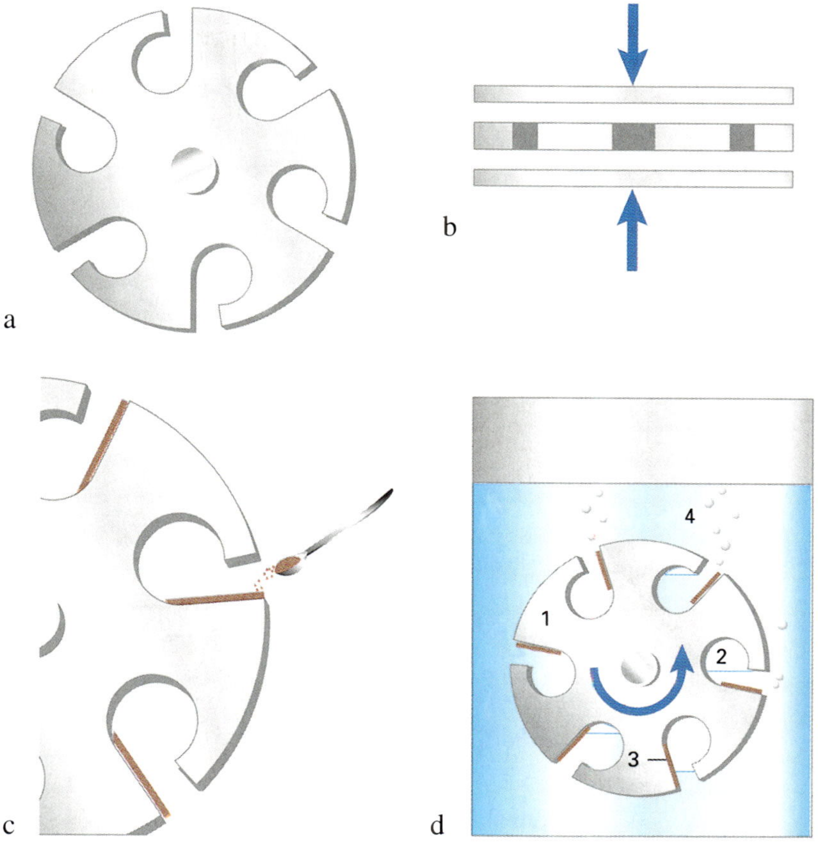

Arbeitsgänge bei der Herstellung des „chemischen Mühlenrades“

Abb. 2: „Mühlenrad“ mit Reaktions-(Katalysator-)kammern
a) „Mühlenrad“ aus Plexiglas
b) Reaktionskammern
c) Katalysatorschicht aus Braunstein
d) Sauerstoffgasblasen

9 Experimente zur Strukturbildung

Die Entstehung komplexer Strukturen scheint im Widerspruch zum 2. Hauptsatz der Thermodynamik zu stehen, demzufolge alles Komplexe einer Entropiezunahme und damit dem Zerfall (Zunahme von Chaos) zustrebt. Die Entstehung von Organismen und Leben zeigt aber, dass kurzzeitige Entropieabnahme, d. h. selbsttätige Entstehung von Ordnung oder sog. dissipativer Strukturen in lebenden wie in toten Systemen unter bestimmten Bedingungen möglich ist. Es muss nur Energie von außen in ein derartiges System einfließen. Sie haben es noch nicht verstanden? Nur dadurch, dass Sie die Energie aufbringen ihren Schreibtisch aufzuräumen, können Sie für kurze Zeit das Chaos unterbinden und an diesem Ort für Ordnung sorgen. Unterlassen Sie aber für einige Zeit das Aufräumen, so wird auf Ihrem Schreibtisch bald wieder Chaos herrschen.

Farbige Amöben in der Petrischale

Was wir brauchen

Overheadprojektor, Petrischale, Pipette, Erlenmeyerkolben (50 ml); Heptan-1-ol (Xn = mindergiftig), Kristallviolett (Xn = mindergiftig, N = umweltgefährlich) oder Öl-Rot EGN-Farbstoff (Matheson Colman und Bell).

So wird's gemacht

Auf einen Overheadprojektor bringen wir eine Petrischale, die etwa zur Hälfte mit Wasser gefüllt ist, und projizieren diese auf eine „Leinwand". Wir lösen in ca. 20 ml Heptan-1-ol etwas Kristallviolett bzw. Öl-Rot. Im abgedunkelten Raum lassen wir dann mithilfe einer Pipette einen Tropfen der Kristallviolett-Heptanol (oder Öl-Rot-)Heptanol-Lösung auf die Wasseroberfläche tropfen. Sofort setzt eine rasche Bewegung des Farbtropfens auf der Wasseroberfläche ein und der Tropfen teilt sich unter amöboiden Bewegungen in kleinere Tropfen, die sich – permanent um sich selbst kreisend – in alle Richtungen davon bewegen.
Die Ursache der Bewegung des Tropfens ist auf einen Wechsel in der Oberflächenspannung zurückzuführen, der auf einem Konzentrationswechsel der Lösung in der Nähe des Tropfens basiert.

Entsorgung

Das Öl-Wasser-Gemisch wird im Scheidetrichter getrennt. Das Öl wird in ein Sammelgefäß für organische Flüssigkeiten verbracht. Das Wasser wird in die Kanalisation entsorgt.

Literatur:

(1) W. H. Corkern, L. L. Munchhausen: J. Chem. Educ. 69,11, S. 928, (1992)
(2) W. H. Corkern, L. H. Holmes Jr., N. A. Higginbothem: J. Chem. Educ. 69, 12, S. 1025ff., (1992)

Fotochromie und Strukturbildung im D-Zug-Tempo

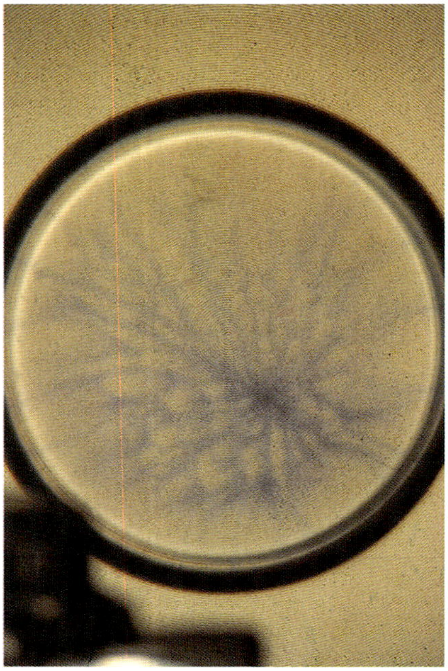

Abb. 1: Strukturbildungen in der Petrischale

Viele teure Sonnenbrillen sind heute mit so genannten fotochromen Gläsern ausgestattet, die eine selbstregelnde Anpassung der Stärke der Tönung (Abdunkelung bzw. Aufhellung) an die Intensität der Lichteinstrahlung ermöglichen.
Bei intensiver Sonneneinstrahlung sinkt beispielsweise die Lichtdurchlässigkeit (Transmission) der Brillengläser von 85% auf 32%. Mit wachsender Dunkelheit findet dagegen eine Aufhellung der Brillengläser statt, sodass jetzt mehr Licht zum Auge durchgelassen wird. Solche fotochromen Gläser enthalten Silberhalogenide, die im UV-Licht einer Fotolyse* unterliegen, wobei das dabei freigesetzte kolloidale Silber das Brillenglas verdunkelt. In der Dunkelheit ist dieser Vorgang jedoch reversibel, sodass eine Aufhellung der Brillengläser erfolgt. Man bezeichnet dieses Phänomen als Fotochromie.
Unter Fotochromie versteht man also eine durch sichtbares oder UV-Licht induzierte Umwandlung eines Feststoffes oder seiner Lösung in ein Fotoprodukt, das sich durch sein Absorptionsspektrum und

* Unter Fotolyse versteht man die chemische Zerlegung eines Stoffes durch Lichteinwirkung.

damit auch in seiner Farbe von ersterem unterscheidet. Die Rückreaktion kann spontan im Dunkeln erfolgen, ist aber auch durch Licht anderer Wellenlänge oder thermisch auslösbar.
Eine zur Demonstration der Fotochromie besonders geeignete Substanz, die zudem in einer Petrischale mit UV-Licht bestrahlt, gut sichtbare Kurzzeitstrukturen zeigt, ist Photorome(I) (1,3-Dihydro-1,3,3-trimethylspiro [2H-indol-2,3´-(3H)naphth(2,1-b)(1,4)oxazin]).

Was wir brauchen

Waage, Overheadprojektor, Petrischalen, Messzylinder (100 ml und 10 ml), Erlenmeyerkölbchen (100 ml);
Propan-2-ol (F = leichtentzündlich), Ethanol (F = leichtentzündlich), Xylol (F = leichtentzündlich, Xn = mindergiftig), Photorome(I) (Bezugsquelle: Sigma-Aldrich GmbH, 89555 Steinheim).

So wird's gemacht

In je einem Erlenmeyerkölbchen (100 ml) löst man je 10 mg Photorome(I) in je 70 ml Propan-2-ol, Ethanol und Xylol. Die gelblichen Lösungen werden möglichst hoch in Petrischalen gefüllt, die auf einem Overheadprojektor platziert sind. Ihre Projektion kann von den Zuschauern auf einer Filmleinwand verfolgt werden. Die Lösungen werden durch das Licht der Overheadprojektionslampen nicht verändert. Halten wir jedoch kurzzeitig (ca. 10–20 Sekunden) eine UV-Lampe (λ_{max} = 254 nm) über die Petrischalen, so treten spontan faszinierende blaue (mit Ethanol und Propan-2-ol als Lösungsmittel) und lilafarbene Strukturen (mit Xylol als Lösungsmittel) auf, die bei Wegnahme der UV-Lampe in Sekundenschnelle wieder völlig verschwinden. Man kann Bildung und Vergehen der Strukturen beliebig oft reproduzieren.

Chemischer Hintergrund

Photorome(I) ist ein so genanntes Spirooxazin. Nach Bayer (1900) versteht man unter Spiroverbindungen, Verbindungen „brezelartiger Struktur“, in denen ein C-Atom (das Spiroatom) zwei Ringen gemeinsam angehört.
Gemäß nachstehender Reaktionsgleichung induziert UV-Licht eine Ringöffnung des farblosen Spirooxazins unter Bildung eines tiefblauen fotoisomeren Farbstoffes mit Merocyanin-Struktur.

Reaktionsgleichung

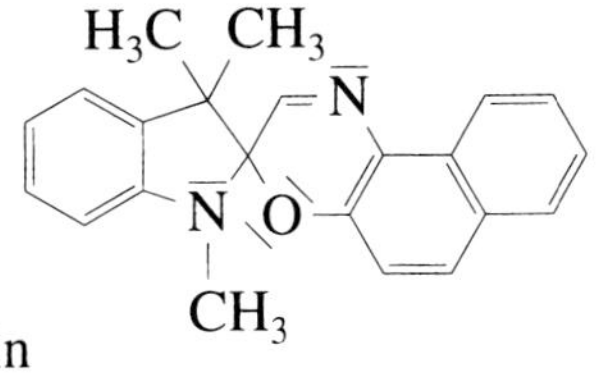

Spirooxazin

$C_{22}H_{20}N_2O$

Fotoisomerisierung:

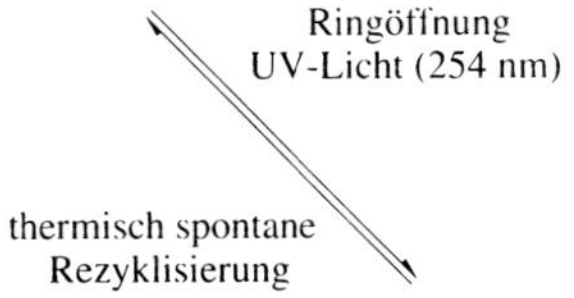

Reversible Umwandlung:

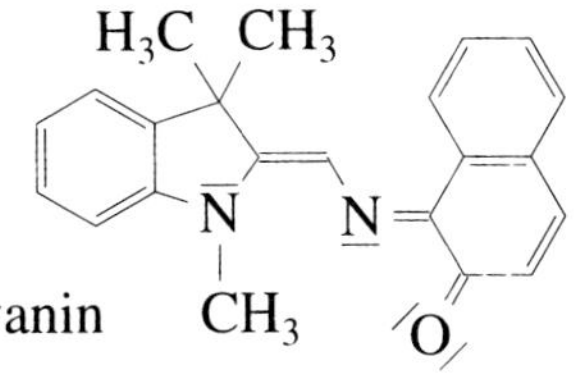

Spirooxazin ⇄ Merocyanin
(fotochromes System)

Merocyanin

$C_{22}H_{20}N_2O$

Nach Entfernung der UV-Quelle erfolgt im Licht des Overheadprojektors (Licht im sichtbaren Wellenlängenbereich und Wärme der Projektionslampen) eine spontane thermische Rezyklisierung.

Lässt man die Reaktionslösung im Kältefach eines Kühlschrankes stehen, so bleiben bei UV-Bestrahlung die blauen (bzw. lilafarbenen) Strukturen länger erhalten, was die thermisch bedingte Reversibilität der Fotoisomerisierung bestätigt.

Entsorgung

Die Lösungen werden nach Versuchsende mittels eines Trichters in Erlenmeyerkölbchen abgefüllt. Diese werden mit passenden Stopfen verschlossen und mit schwarzem oder Stanniolpapier (Verhinderung von Lichtzutritt) umwickelt und an einem dunklen Ort bis zur nächsten Demonstration aufbewahrt.

Literatur:

(1) Th. Oppenländer: CLB 1/46, S. 5ff., (1995)
(2) H. Brandl: PdN-Ch 6/41, S. 29ff., (1992)

Sternbildung in der Petrischale

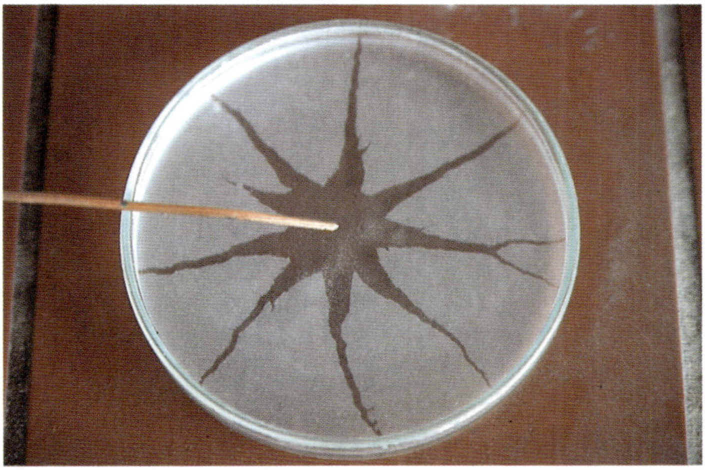

Abb. 1: Sternförmige Struktur

Manche unlöslichen festen oder flüssigen Stoffe, z. B. niedrig viskose Öle oder eine Lösung von Tensiden besitzen die Eigenschaft, sich auf einer Festkörper- oder Flüssigkeitsoberfläche (z. B. Wasser) unter Herabsetzung der Oberflächenspannung des Wassers zu einem monomolekularen Film auszubreiten. Diesen Vorgang bezeichnet man als Spreitung. Man benutzt dieses Phänomen u. a. dazu, um mithilfe von Stearinsäure und Wasser die Avogadro'sche Zahl zu bestimmen.
Bestimmten, am Wasser lebenden Käfern ermöglicht die Absonderung von Spreitungsalkaloiden die Rückkehr ans Ufer, wenn sie versehentlich ins Wasser fallen.
Mit nachstehendem Versuch lässt sich das Phänomen der Spreitung in einer Petrischale sehr anschaulich demonstrieren.

Was wir brauchen

Overheadprojektor, Petrischale, Eisendraht, Messzylinder (50 ml); Ölsäure (cis-9-Octadecensäure), Talkum, Aqua dest.

Strukturformel: $CH_3 - (CH_2)_7 \diagdown \quad \diagup (CH_2)_7COOH$

$C{=}C$

$H \quad H$

Ölsäure

So wird's gemacht

Wir bringen in eine Petrischale von 15 cm Durchmesser 25 ml destilliertes Wasser und streuen auf die Wasseroberfläche ca. 0,1–0,2 g Talkum. Durch mehrmaliges Darüberblasen von Luft verteilen wir das Talkum so, dass sich eine gleichmäßige Schicht bildet. Nun tauchen wir die Spitze eines Kupfer- oder Eisendrahtes in Ölsäure, sodass diese gerade benetzt wird. Berührt man nun mit der Drahtspitze für einen kurzen Moment die Talkumschicht in der Mitte der Petrischale, so bildet sich augenblicklich ein sternförmi-ges Muster in der Talkumschicht. Das so erhaltene sternförmige Muster lässt sich für längere Zeit „konservieren", wenn man die Petrischale mit einer Glasplatte bedeckt stehen lässt.

Entsorgung

Das Öl-Wasser-Gemisch wird im Scheidetrichter getrennt. Das Öl wird in ein Sammelgefäß für organische Flüssigkeiten verbracht. Das Wasser wird in die Kanalisation entsorgt.

Chemisch-physikalischer Hintergrund

Bei dem Versuch durch radiale Ausbreitung einen monomolekularen Ölsäurefilm auf der Wasseroberfläche auszubilden, stoßen die Ölsäuremoleküle die Talkumpartikel beiseite. Wenn jedoch, wie im vorliegenden Versuch, die Talkumteilchen so eng zusammengelagert sind, dass die Spreitungskraft der sich expandierenden Ölsäuremoleküle diese nicht mehr beiseite schieben kann, sorgt die Spreitungskraft für ein Aufbrechen der dichten Talkumschicht. Ist die Menge des auf der Wasseroberfläche verteilten Talkums nicht groß genug, um eine dichtgepackte Schicht zu bilden und schwimmen Talkumteilchen individuell oder als getrennte Inseln herum, stößt der sich ausbreitende Ölsäurefilm die Teilchen größtenteils beiseite und das Ausbreitungsmuster ist kreis- und nicht sternförmig.
Ist umgekehrt zu viel Talkum auf der Oberfläche, so reicht die Spreitungskraft der Ölsäuremoleküle nicht aus, die dichte Talkumschicht zu durchbrechen. Die Säure kann sich nicht ausbreiten und folglich treten auch keine Muster auf.

Hinweis: Obiger Versuch lässt sich auch sehr schön mit Graphitpulver anstelle von Talkum durchführen.

Literatur:

(1) J. Ahmad: J. Chem. Educ. 69, S. 1028–1030, (1992)

10 Experimente mit organischen Farbstoffen

Gehören Sie auch zu jenen Unholden, die in die Rinde unschuldiger Kastanienbäume Herzen oder Ähnliches schnitzen? Haben Sie nie gesehen, dass der Baum blutet? Schneiden sie einen Kastanienzweig ab, stellen Sie Ihn ins Wasser und beleuchten Sie Ihn mit einer UV-Lampe. Sie werden Ihr blaues Wunder erleben! Noch mehr werden Sie staunen, wenn wir Ihnen ein Rezept verraten, wie Sie einen Regenbogen in Tomatensaft erzeugen können.

Das „blaue Blut“ der Rosskastanie

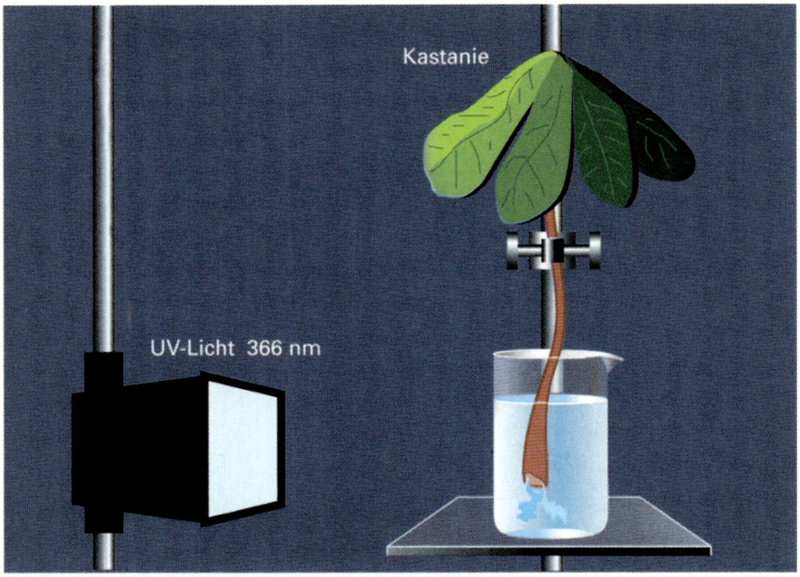

Abb. 1: Versuchsdurchführung

Schon seit dem Mittelalter behauptet der Volksmund, Menschen adeliger Herkunft hätten blaues Blut. Natürlich besitzen selbst die ältesten Adelsgeschlechter wie alle „gewöhnlichen Sterblichen“ rotes Blut. Die rote Farbe des Blutes bei Menschen und Säugetieren wird durch den Blutfarbstoff Hämoglobin verursacht. Mollusken (Schnecken, Muscheln und Tintenfische), Spinnen und Krebse hingegen besitzen den kupferhaltigen Blutfarbstoff Hämocyanin. Dieser Farbstoff ist in sauerstofffreiem Zustand farblos, nimmt aber bei Bindung von Luftsauerstoff eine himmelblaue Farbe an. Die genannten Tiergruppen besitzen also tatsächlich „blaues Blut“.
Die Rosskastanie (Aesculus hippocastanum), ein prachtvoller und stattlicher Laubbaum, ist vor allem bei Biergartenbesuchern wegen seines ausladenen grünen Blätterdaches, das wohltuend Schatten spendet, sehr beliebt. Aber auch ihre Samen, die glänzend rotbraunen Kastanien, erfreuen im Herbst jung und alt. Die Rosskastanie wird daher als edler Laubbaum betrachtet, der zudem noch „blaues Blut“ zu besitzen scheint.

1 Das „blaue Blut“ eines abgeschnittenen Kastanienzweiges

Was wir brauchen

1 Messer, hohes, schmales Becherglas (500 ml), UV-Lampe (λ = 366 nm), frisch abgeschnittener Rosskastanienzweig (alternativ: Eschenzweig).
Rohe Salpetersäure (mit Eisenverunreinigungen) (C = ätzend), konz. Ammoniak-Lösung (C = ätzend, N = umweltgefährlich).

Gefahrenhinweis

Beim Arbeiten mit roher Salpetersäure und konz. Ammoniak muss wegen der Giftigkeit der Dämpfe unter dem **Abzug** gearbeitet werden. **Schutzbrille** und **Schutzhandschuhe** tragen!

So wird's gemacht

Wir stellen einen frisch abgeschnittenen Rosskastanienzweig in ein hohes, halb mit Wasser gefülltes Becherglas. Bei Tageslicht ist nichts Auffälliges zu bemerken. Bestrahlen wir aber die Lösung im Dunkeln mit einer UV-Lampe (366 nm), sehen wir prächtige, blaufluoreszierende Schlieren unter der Rinde des Zweiges hervorquellen und ins Wasser diffundieren. Es hat den Anschein, als ob „blaues Blut“ aus der Rinde des „verletzten“ Kastanienzweiges ins Wasser fließen würde.

Chemischer Hintergrund

Natürlich handelt es sich bei der blau fluoreszierenden Substanz nicht um Blut. Pflanzen besitzen kein Blut, sondern Zellsäfte. Der blau fluoreszierende Stoff ist vielmehr Aesculin (6,7-Dihydroxycumarin-6β-glucosid).

Strukturformel:

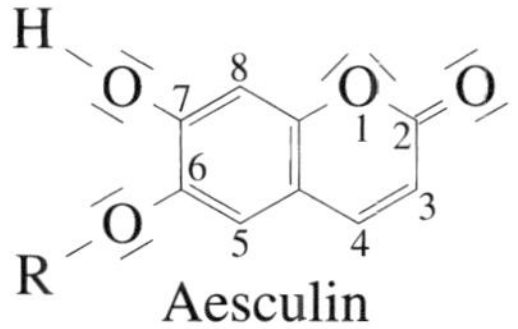

Aesculin

R = Glucose-Rest

Aesculin gehört chemisch gesehen zu den so genannten Glycosiden. Dies sind Stoffe, bei denen ein Zuckerrest über eine Sauerstoffbrücke mit einem nichtzuckerartigen Molekülteil, dem Aglykon, verknüpft ist.
Aesculin wird, da es sich bei seinem Zuckerrest um Glucose (Traubenzucker) handelt, in die Untergruppe der Glucoside eingeordnet. In festem Zustand bildet es farblose, bitterschmeckende Kristalle mit einer Schmelztemperatur von 212 °C. Es ist sowohl in Wasser als auch in Alkohol gut löslich.
Bei der Hydrolyse von Aesculin entsteht Glucose und das Aglykon Aesculetin-ein 6,7-Dihydroxycumarin. Die wässerige Lösung von Aesculin fluoresziert bei einem pH-Wert > 5,8 azurblau.
Das Aglykon Aesculetin wird sowohl als Licht- und Sonnenschutzmittel als auch als Heilmittel gegen Krampfadern, Hämorrhoiden und Thrombosen aufgrund seines kapillarabdichtenden Effekts in der Medizin eingesetzt.

2 Nachweis von Aesculin

Was wir brauchen

Reagenzglas, Pipette, Reagenzglashalter, Brenner, rohe Salpetersäure (C = ätzend), konz. Ammoniaklösung (C = ätzend, N = umweltgefährlich), Rosskastanienextrakt aus Versuch 1.

Gefahrenhinweis

Siehe Versuch 1!

So wird's gemacht

In einem Reagenzglas versetzen wir einige ml des obigen Rosskastanienextraktes mit der gleichen Menge roher Salpetersäure und fügen dann vorsichtig (!) mit einer Pipette konzentrierte Ammoniaklösung zu. Beim Erwärmen unter dem Abzug (Reagenzglashalter verwenden!) tritt eine blutrote Färbung ein.

Entsorgung

Lösung neutralisieren und dann mit viel Wasser in die Kanalisation entsorgen.

3 Alternativversuch mit einem Eschenzweig

Taucht man anstelle eines Rosskastanienzweiges einen frisch abgeschnittenen Eschenzweig (Fraxinus excelsior) in ein mit Wasser gefülltes Glas und bestrahlt dieses im Dunkeln mit einer UV-Lampe (366 nm), so lässt sich auch hier das Austreten fluoreszierender Schlieren aus der Rinde beobachten. Die Fluoreszenzfarbe ist in diesem Fall deutlich grünblau. Bei dem fluoreszierenden Glycosid der Esche handelt es sich um Fraxin. Dieses kommt auch in der im Mittelmeergebiet beheimateten Manna-Esche vor.
Fraxin ist 7,8-Dihydroxy-6-methoxycumarin-8 β-glucosid.

Entsorgung

Extrakte in Kanalisation verbringen!

Literatur:

(1) H. Molisch, K. Dobat: „Botanische Versuche und Beobachtungen mit einfachen Mitteln". Gustav Fischer Verlag, Stuttgart. 5. Auflage (1979)

4 Aesculin als optischer Aufheller

Wenn eine moderne Hausfrau heute noch die Wäsche wie zu Großmutters Zeiten waschen würde, müsste sie dann ein „schlechtes Gewissen" haben?
Im Laufe der Zeit nimmt auch die weißeste Wäsche einen so genannten Gelbstich an. Zu „Großmutters Zeiten" wurde der „Gilb" durch Zusatz von „Wäscheblau" (Farbstoffe Ultramarin und Indigocarmin) im letzten Spülwasser optisch kompensiert. Dabei ergänzt die Komplementärfarbe Blau das Gelb zu einem allerdings „graustichigen" Weiß (subtraktive Farbmischung).
Doch schon zu Großmutters Zeiten war eine Methode bekannt, um beim Waschen „weißere Wäsche" zu erhalten. Man setzte dem Waschwasser „Aesculin-Lösung" zu (Herstellung siehe Versuch „Das blaue Blut der Rosskastanie").

Was wir brauchen

Baumwolltücher, Papiertaschentücher ohne Weißmacherzusatz (mit der UV-Lampe prüfen!), UV-Lampe (366 nm), Plastikwannen, Vollwaschmittel, Aesculin-Lösung.

So wird's gemacht

Man taucht je ein Baumwolltuch bzw. ein Papiertaschentuch in obige Aesculin-Lösung. Nach dem Aufziehen des optischen Aufhellers vergleicht man sie mit je einem unbehandelten Baumwolltuch bzw. Papiertaschentuch. Im UV-Licht zeigen nur die imprägnierten Exponate eine helle blaue Fluoreszenz.
Man kann den Versuch natürlich auch mit einer ca. 70 °C warmen Lösung eines käuflichen Vollwaschmittels (enthalen allesamt Weißtöner) anstelle von Aesculin durchführen. Das Ergebnis ist das Gleiche. Allerdings variiert die Farbe der Fluoreszenz im UV-Licht je nach Art des verwendeten optischen Aufhellers leicht.
Wenn die moderne Hausfrau, wie zu Omas Zeiten zur Beseitigung des „Gilbs" in der Wäsche, diese mit einer Aesculin-Lösung imprägnieren würde, müsste sie kein schlechtes Gewissen haben. Die Wirkungsweise von Aesculin-Lösung und des synthetischen optischen Aufhellers ist dieselbe.

Chemischer Hintergrund

Heute sind in den modernen Waschmitteln optische Aufheller oder Weißtöner (Blankophore) enthalten. Das sind farblose organische Verbindungen, die gut auf die Faser aufziehen und UV-Licht absorbieren. Gemäß der Stokes'schen Regel wird das absorbierte UV-Licht als längerwelliges Fluoreszenzlicht (im Blau- bis Grünbereich des Spektrums) wieder emittiert. Durch additive Farbmischung wird aus gelbstichigen Fasern ein blaustichiges Weiß, das von unserem Auge als besonders weiße Farbnuance empfunden wird. Während beim Wäschebläuen die Helligkeit des Waschgutes abnimmt, nimmt sie mit optischen Aufhellern zu.
Als ersten optischen Aufheller verwendete Krais 1929 Aesculin. Heute werden optische Aufheller der verschiedensten chemischen Provenienz verwendet. Als Beispiele seien genannt: Stilben-, Cumarin-, Carbostyryl-, Benzimidazol-, Benzoxazol-, Pyrazolinderivate u. a.

Ein chemischer Regenbogen im Tomatensaft

Wenn die Sonne nach einem starken Gewitterregen plötzlich durch die Wolken bricht, bildet sich schnell ein schillernder Regenbogen. Ein Naturschauspiel, das seit altersher die Menschen fasziniert und Anlass für zahllose Mythen, Märchen, Erzählungen und Gedichte war und ist.
Mit nachstehendem einfachen Experiment ist es uns möglich, vor den Augen der staunenden Zuseher einen „chemischen Regenbogen“ in einem hohen, schmalen mit käuflichem Tomatensaft gefüllten Glasgefäß entstehen zu lassen (siehe Abb. 1).

Was wir brauchen

Schmaler, hoher Standzylinder (200 ml), Pipette mit Peleusball, Glasstab zum Umrühren, Tomatensaft, Bromwasser (gesättigt, T = giftig, Xi = reizend)

Gefahrenhinweis

Bromdämpfe sind äußerst **giftig**. Sie dürfen auf keinen Fall eingeatmet werden! Zudem darf Bromwasser nicht auf die Haut gelangen, da es schnell das Hautgewebe angreift. Der Versuch muss also unter einem gut funktionierenden **Abzug** oder im Freien durchgeführt werden. Das Tragen von **Schutzkleidung**, **Schutzhandschuhen** und **Schutzbrille** ist unerlässlich.

So wird's gemacht

In einen schmalen, hohen Standzylinder (200 ml) geben wir etwa 100 ml Tomatensaft. Mit einer Pipette mit Peleusball bringen wir vorsichtig 10–15 ml gesättigtes Bromwasser auf den Tomatensaft und rührt es mit einem langen Glasstab in den Tomatensaft ein. Der Regenbogeneffekt tritt in weniger als einer Minute ein und die Farben bleiben dann über Stunden erhalten. Wir verschließen den Standzylinder mit einem geeigneten Stopfen und können ihn so ohne Geruchsbelästigung unseren Zuschauern vorzeigen.

Abb. 1a, b: Versuchsaufbau und Versuchsergebnis

Entsorgung

Man füllt den bromwasserhaltigen Tomatensaft unter dem Abzug in ein großes Becherglas (500 ml) und gibt konzentrierte Natronlauge und Wasserstoffperoxid (30%) zu. Nach Beendigung der Gasentwicklung und nachdem kein Bromgeruch mehr wahrnehmbar ist, kann mit verdünnter Salzsäure neutralisiert werden und in einen Behälter für nicht halogenierte organische Flüssigkeiten entsorgt werden.

Chemischer Hintergrund

Die charakteristische rote Farbe der Tomaten beruht in der Hauptsache auf dem Gehalt an Lycopen (einem langkettigen, konjugierten ungesättigten Kohlenwasserstoff, Alken).

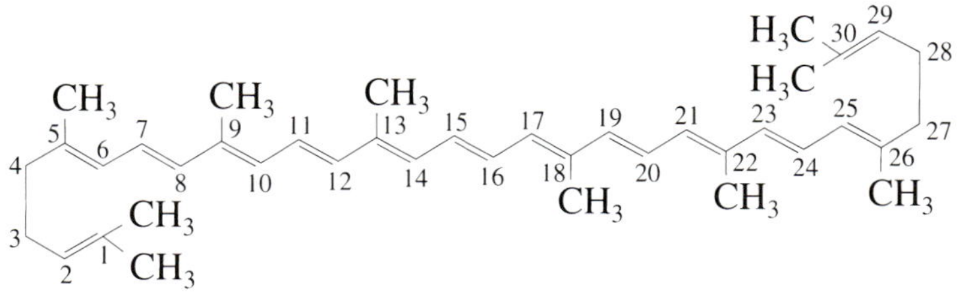

Strukturformel von Lycopen

Die Länge des konjugierten π-Elektronensystems im Lycopen ist für seine Absorption in der blauen Region des sichtbaren Spektrums verantwortlich und damit auch für seine rote Farbe. Bei einer nucleophilen Addition an eine π-Doppelbindung verkürzt sich die Länge der konjugierten Doppelbindungen und dies wirkt sich in einer Verkürzung der absorbierten Wellenlänge aus. Die Absorption verschiebt sich also in die Richtung des UV-Spektralbereiches und die Verbindung erscheint nun farblos.
Dies geschieht, wenn man eine Lösung von Lycopen (in den meisten Solventien) mit Bromwasser versetzt. Wie entstehen dann aber die zu beobachtenden blauen und grünen Farben? Einen Hinweis gibt uns der Reaktionsmechanismus der nucleophilen Addition von Brom an eine π-Doppelbindung eines Alkens.
Nachstehender Reaktionsmechanismus ist stark vereinfacht.

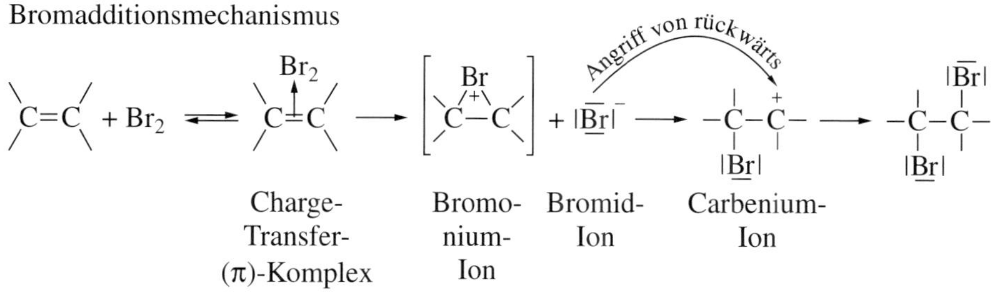

Zuerst bildet das Brommolekül einen Charge-Transfer-Komplex (π-Komplex) mit einem Alken, welcher danach in das Bromonium-Ion (Elektrophil) und das Bromid-Ion (Nucleophil) dissoziiert. Der Angriff des Bromid-Ions erfolgt von der Rückseite aus, also in trans-Stellung, und führt zur Eliminierung der Doppelbindung. Diese Additionsreaktionen werden durch polare Strukturen, Licht und Glasoberflächen katalysiert.
Charge-Transfer (CT)-Wechselwirkungen erfolgen bei Bildung des Komplexes zwischen einem Molekül, welches dazu tendiert, ein Elektronendonor zu sein (hier das Alken) und einem Akzeptor-Molekül wie Brom. Absorbiert ein solcher CT-(Donor-Akzeptor-) Komplex Licht, geht er in einen angeregten Zustand über, wobei ein π-Elektron vom Donor auf den Akzeptor übergeht. Das Erscheinen eines neuen Absorptionsbandes bei längeren Wellenlängen als der des Donors ist charakteristisch für solche Absorptionen.

Wenn nun aber Moleküle immobilisiert sind und nahe zusammengehalten werden, wie dies hier bei Lycopenmolekülen in Lipidaggregaten der Zellmembran des Fruchtfleisches der Tomate der Fall ist, ist die Zersetzungsrate für die gebildeten Komplexe stark reduziert, das bedeutet der CT-Komplex weist eine ungewöhnlich lange Lebensdauer auf. Dies führt zum Vorherrschen der CT-Absorptionsbanden im vorliegenden Versuch. Da diese im roten Spektralbereich liegen, weist der CT-Komplex eine blaue Farbe auf.
Das Auftreten der Regenbogenfarben bei der Bromierung von Tomatensaft wird damit erklärt, dass die Reaktion in den Lipiden der Pflanzenmembranen der zerquetschten Tomaten, welche den Saft ausmachen, stattfindet.
Die unterschiedlichen Farben beruhen auf der steigenden Bromkonzentration. So ergibt der Zusatz von 4 ml Bromwasser zu 20 ml Tomatensaft eine blaue Farbe. Bei weiterem Zusatz von je 1 ml Bromwasser ändert sich die blaue Farbe über blaugrün nach grün und schließlich nach gelb.
In der blauen Schicht herrschen die CT-Komplexe vor. Dort, wo die grüne Farbe auftritt, ist die Konzentration des gelbbraunen Bromwassers so hoch, dass es sich mit der blauen Farbe zu einem dunklen Grün vermischt. Wird die Konzentration des Bromwassers noch höher, tritt eine gelbe Farbe und schließlich eine orange Farbe auf. Die rote Farbe beruht auf Tomatensaft, der noch nicht mit Bromwasser reagiert hat. Daher bleibt die rote Farbe des Lycopens sowohl an der Oberfläche der Flüssigkeitssäule (das schwere Bromwasser diffundiert schnell in den Tomatensaft ein, daher keine Reaktion an der Oberfläche) als auch am Boden (das Bromwasser ist durch Reaktion mit dem Lycopen weitgehend aufgebraucht) erhalten.

Entsorgung

Die Reaktionslösung mit Natronlauge versetzen um vorhandenes elementares Brom in ungiftiges Natriumbromid zu überführen. Danach kann die Lösung mit viel Wasser verdünnt, in die Kanalisation entsorgt werden.

Literatur:

(1) D. Kolb: J. Chem. Educ. Vol. 65,11, S. 1004ff., (1998)

11 Experimente mit Säure-Base-Indikatoren

Spielen Sie doch einmal mit Chamäleon-Bällchen. Betätigen Sie sich als Graffiti-Künstler mit Rotkohlsaft und Alltags-chemikalien.
Und wie wär's mit Curry-Soße als einem natürlichen Säure-Base-Indikator? Beim Barte des Professors – probieren Sie es einfach aus!

Chamäleonbällchen und chemische Graffiti

Rotkohlsaft als natürlicher Säure-Base-Indikator

Schon früh wurde die Beobachtung gemacht, dass bestimmte Pflanzenfarbstoffextrakte sich als Säure-Base-Indikatoren eignen. So verwendete der Arzt und Alchemist Amaldus de Villanova um 1300 n.Chr. erstmals Lackmusfarbstoff. Dieser wohl bekannteste aller natürlichen Indikatorfarbstoffe wird aus verschiedenen Flechtenarten Nordafrikas und der kanarischen Inseln, z. B. Lecanora, Rocella oder Variolaria gewonnen. Im 17. Jahrhundert benutzte der bekannte englische Naturforscher Robert Boyle Veilchenpresssaft, Extrakte von Rosen und anderen Pflanzen und natürlich auch Lackmusfarbstoff, mit denen er saugfähiges Papier tränkte, als Säure-Base-Indikator-Papier.

Zur Demonstration der Wirkungsweise eines pflanzlichen Indikatorfarbstoffes eignet sich insbesondere frisch zubereiteter Blaukrautsaft hervorragend. Kocht man Blaukraut (süddeutsche Bezeichnung) mit sauren Äpfeln oder einem „Schuss“ Essig, färbt es sich rot. Daher rührt die in Norddeutschland übliche Bezeichnung Rotkraut oder besser Rotkohl.

Blaukrautsaft zeigt im sauren Bereich eine hellrote bis blaurote Farbe. Im neutralen Milieu ist seine Farbe blau, im alkalischen Bereich schlägt sie mit steigendem pH-Wert von türkis über grün nach gelborange um.

Der Blaukrautfarbstoff gehört chemisch zu den im Pflanzenreich weit verbreiteten Anthocyanen (gr. anthos = Blüte, gr. kyanos = blau). Der Begriff Anthocyane wurde 1835 von Marquart für eine Gruppe von chemisch nah verwandten und weit verbreiteten blauen, violetten und roten Pflanzenfarbstoffen geprägt. Sie kommen im Zellsaft von Blüten und Früchten und manchmal auch in den Blättern einiger Pflanzen vor.

Anthocyane sind chemisch gesehen Glycoside, also Verbindungen eines Zuckers mit einem Chromophor, dem Aglykon. Als Aglykone fungieren hier die sog. Anthocyanidine, deren gemeinsamer Grundbaustein das 2-Phenylbenzo[b]pyran darstellt. Dieses ist meist in der 3, 4, 5 und 7-Position durch Hydroxy-Gruppen substituiert.

Isoliert werden die Anthocyanidine gewöhnlich als Pyryliumchloride (Flavyliumchoride), die man als Oxoniumsalze betrachten kann.

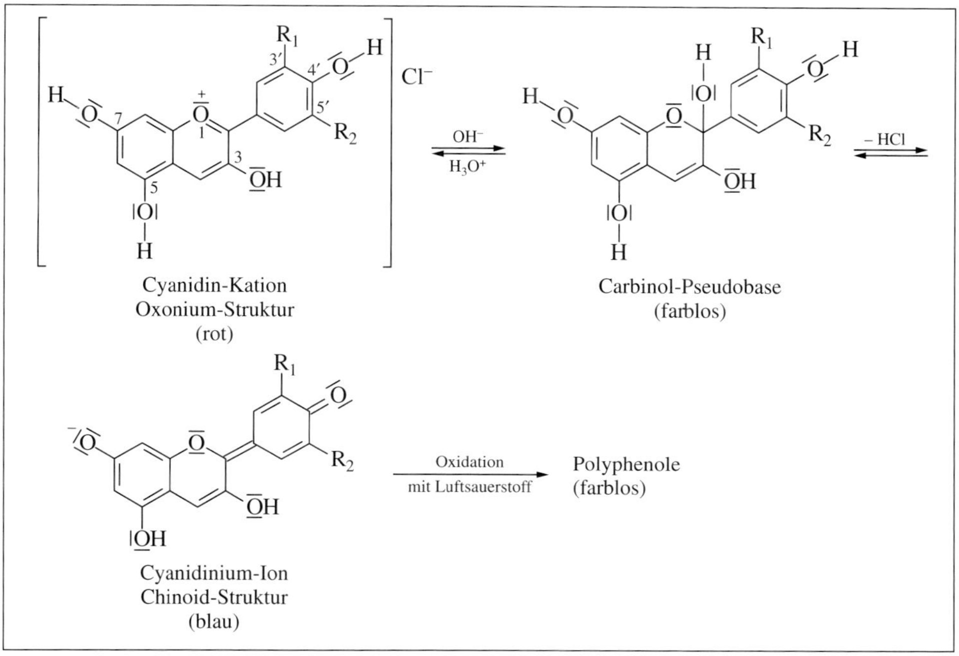

Als Beispiele für Anthocyanidine seien Pelargonidin (a), Cyanidin (b), Delphinidin (c) und Malvidin (d) genannt.
Beispiele für das Vorkommen von

(a): Rote Johannisbeeren, Bläuliche Kartoffelblüten, Kapuzinerkresse.
(b): Kornblumen, Pflaumen, Mohn-Arten, Kirschen, Preiselbeeren, rote Rosen.
(c): Rittersporn, Eisenhut, Astern- und Clematis-Arten.
(d): Wilde Malve, Primula-Arten, blaue Weintrauben.

Zwischen der Oxonium-Form und der chinoiden Form der Anthocyanidine besteht ein pH-abhängiges Gleichgewicht, d. h. die Reaktion ist reversibel. Allerdings lässt sich normalerweise, wenn man nach Zugabe von Lauge zur roten Oxonium-Form die blaue Chinoid-Form erhalten hat, durch Säurezusatz im Überschuss die rote Farbe des Oxonium-Ions nicht mehr regenerieren. Der Grund dafür besteht darin, dass die Chinoid-Form in wässrigem alkalischem Milieu durch Luftsauerstoff rasch zu braunen polymeren Polyphenolen weiteroxidiert wird.
Um diese Weiteroxidation der Chinoid-Form zu verhindern, kann man den Anthocyanidin-Farbstoff in ein Polysaccharid ein-

schließen. Auf diese Weise lassen sich Polysaccharid-„Bällchen“ aus Calciumalginat herstellen, die selbst einen wässrigen Extrakt von Blaukrautsaft enthalten. Im sauren Milieu besitzen diese „Bällchen“ eine faszinierende rote Farbe, die bei neutralem pH-Wert in Blau und bei einem pH-Wert von 13 in Gelborange umschlägt. Dieser Farbwechsel lässt sich mehrere Male hintereinander demonstrieren.

1 Herstellung eines wässrigen Blaukrautextraktes

Was wir brauchen

Blaukraut (Brassica oleracea), Messer, große Bechergläser (1000 ml, 500 ml), Messzylinder (500 ml), Herdplatte oder Heizplatte eines Magnetrührers, Filtertrichter, Filterpapier, Eis-Kochsalz-Kältebad.

So wird's gemacht

Mit einem Messer schneiden wir ca. 100 g Blaukrautblätter in kleine, dünne Streifen und bringen sie zusammen mit 400 ml Wasser in ein 1000 ml Becherglas. Diese erhitzen wir auf der Heizplatte eines Magnetrührers oder einer Herdplatte. Nachdem das Wasser ca. 10 Minuten lang bis zum Sieden erhitzt wurde, lassen wir den entstandenen violetten Extrakt in einem Eis-Kochsalz-Kältebad abkühlen (Dauer: ca. 10–15 Min.). Durch die Hitze werden die Zellen des Blaukrauts zerstört (die Zellmembranen werden denaturiert), sodass der Farbstoff aus den Zellen austreten kann und das Kochwasser violett färbt.

2 Herstellung von Chamäleon-Bällchen

Was wir brauchen

Magnetrührer, Bechergläser (50 ml und 200 ml), Messzylinder (10 ml, 100 ml), Waage, Tropfpipette, Petrischalen, Overheadprojektor, Natriumalginat, Calciumchlorid, Wasser, konz. Salzsäure bzw. verd. Salzsäure (w = 10%, C = ätzend), konz. Natronlauge bzw. verd. Natronlauge (w = 10%, C = ätzend).

Gefahrenhinweis

Beim Arbeiten mit Säuren und Laugen **Schutzbrille** und **Schutzhandschuhe** verwenden!

Abb. 1: Unterschiedlich gefärbte Chamäleon-Bällchen
a) in neutralem Blaukrautextrakt b) in alkalischer Lösung von Blaukrautextrakt

So wird's gemacht

Wir lösen 2 g Natriumalginat in 100 ml Wasser und vermischen 20 ml davon mit 30 ml Blaukrautextrakt. Diese Mischung geben wir tropfenweise mittels Pipette zu 100 ml Calciumchlorid-Lösung (1 g Calciumchlorid in 100 ml Wasser gelöst). Dabei lassen wir die Calciumchlorid-Lösung permanent mit einem Magnetrührer auf kleiner Stufe durchrühren. Es bilden sich sofort kleine blassviolett gefärbte „Bällchen". Der Magnetrührer sollte ständig weiterrühren, sodass die „Bällchen" in der Lösung umher gewirbelt werden.
Nun fügen wir mit einer Pipette konz. Salzsäure zu. Zuerst können wir beobachten, dass sich der Rand der blassvioletten „Bällchen" rot färbt. Kurze Zeit später sind dann alle „Bällchen" durchgehend hellrot gefärbt.
Die Säure-Ionen diffundieren also durch den „Alginatmantel" ins Innere der Bällchen. Hier treffen sie auf die Anthocyanmoleküle und bewirken durch Bildung von Pyrylium-Kationen die Rotfärbung. Setzen wir nun konz. Natronlauge mit einer Tropfpipette im Überschuss zu, so können wir beobachten, dass sich um die roten Bällchen zuerst außen ein grüner Saum legt. Schließlich nehmen die Bällchen vollständig eine schöne grüne Farbe an. Die überschüssigen Hydroxid-Ionen der Lauge führen die Pyrylium-Kationen in die grüne Chinoid-Form über. Bei weiterer Laugenzugabe erhalten wir schließlich gelborange gefärbte Bällchen. Setzen wir nun wieder

konz. Salzsäure zu, kehrt sich das geschilderte Farbenspiel wieder um. Dies lässt sich einige Male wiederholen. Da die „Alginat-Bällchen“ je nach vorliegendem pH-Wert des Mediums ihre Farbe wie ein Chamäleon ändern, könnte man sie auch als „Chamäleon-Bällchen“ bezeichnen.

Alternativvorschlag:

Dieser Versuch lässt sich auch sehr schön in einer Petrischale mithilfe eines Overheadprojektors demonstrieren.
Hierbei sollte am allerdings die „Bällchen“ aus der Calciumchlorid-Lösung auf einem feinen Teesieb sammeln und mehrfach mit Wasser auswaschen. Anschließend gibt am einige in eine Petrischale mit 10%iger Salzsäure und einige in eine Petrischale mit verdünnter Natronlauge (10%ig). In saurer Lösung sind die Chamäleon-Bällchen hellrot, in verdünnter Lauge blau und bei einem pH-Wert von 13 gelborange gefärbt.
Man kann auch bei dieser Versuchsdemonstration durch Laugen- bzw. Säurezusatz eine wiederholte Farbänderung erzielen.

Entsorgung

Saure und alkalische Lösungen werden vermischt und so neutralisiert. Mit viel Wasser verdünnt wird die Lösung in die Kanalisation entsorgt.
Die Chamäleon-Bällchen werden mit reichlich Wasser ausgewaschen und danach in den Hausmüll verbracht.

3 Herstellung eines roten „Gummibärchens“ im Reagenzglas

Was wir brauchen

Natriumalginat-Blaukrautsaft-Mischung aus Versuch 2, großes Reagenzglas, konz. Salzsäure (C = ätzend), Tropfpipette, Leitungswasser.

Gefahrenhinweis

Siehe Versuch 2!

So wird's gemacht

Wir bringen obige Natriumalginat-Blaukrautsaft-Mischung in ein großes Reagenzglas und lassen darauf mit einer Pipette 4–5 Tropfen konz. Salzsäure fallen. Es entsteht eine tiefrote gelatineartige Masse in der blauvioletten Lösung, die mit einiger Phantasie als „rotes Gummibärchen" angesehen werden kann.
Nun können wir die blauviolette Lösung abgießen und das „Gummibärchen" in kaltes Leitungswasser überführen, wo es nach einiger Zeit durch Osmose zu einem „Riesengummibärchen" aufquillt.

Chemischer Hintergrund

Natriumalginat bildet mit konz. Säure ein Gel. Die blaue Farbe des Anthocyanidins wird durch die Säure in die rote Oxoniumverbindung überführt.
Es gibt einige Pflanzenarten, bei denen temperaturabhängige, reversible Umfärbungen des Anthocyans in lebenden Blüten erfolgen.
J. Gicklhorn berichtete 1953/54, dass sich bei dem in Brasilien beheimateten und in unseren Breiten als Gartenform kultivierten „Glänzenden Salbei" (Salvia splendens) die Farbe der Blüten von rot spontan in ein dunkles Blauviolett ändert, wenn man sich einer Blüte von unten her mit einer glimmenden Zigarette oder einem brennenden Streichholz nähert. Wird die Wärmequelle wieder entfernt, so kehrt augenblicklich die ursprüngliche rote Farbe zurück. Man könnte dieses Phänomen daher als eine Art „botanische Thermochromie" bezeichnen.

Entsorgung

Saure und alkalische Lösungen werden vermischt und so neutralisiert. Mit viel Wasser verdünnt wird die Lösung in die Kanalisation entsorgt.
Die Chamäleon-Bällchen werden mit reichlich Wasser ausgewaschen und danach in den Hausmüll verbracht.

Literatur:

J. Gicklhorn: „Die Blaufärbung der scharlachroten Blüten von Salvia splendens nach rascher kurzer Erwärmung", Phyton 5, S. 315–323, (1953(54)

Abb. 1: Chemische Graffiti

4 Chemische Graffiti

Was wir brauchen

Stücke von weißen Bettlaken, leere Parfümflaschen mit Spraydüse oder leere Haushaltsreinigerflaschen mit Sprühdüse, Petrischalen, Overheadprojektor, Tropfpipetten. Frisch hergestellter Blaukrautextrakt, Zitronensaft, Essig, Salzsäure (w = 10%, C = ätzend), Natronlauge (w = 10%, C = ätzend), verd. wässrige Ammoniaklösung (Xi = reizend).

Gefahrenhinweis

Beim Arbeiten mit Säuren und Laugen **Schutzbrille** und **Schutzhandschuhe** verwenden!

So wird's gemacht

Wir tränken Stücke von weißen Bettlaken mit frisch hergestelltem Blaukrautextrakt (vgl. Versuch 1!) und lassen sie anschließend trocknen. Nun befestigen wir das mit Blaukrautsaft imprägnierte Bettlaken an einer im Freien gespannten Wäscheleine. Zum Sprühen verwendet man leere Parfümflaschen oder Haushaltsreinigerflaschen mit Sprühdüse, die mit Zitronensaft, Essig, Salzsäure (verd.), Natronlauge (verd.) und Ammoniaklösung (verd.) gefüllt werden. Nach Aufsetzen einer Schutzbrille kann jeder seiner künstlerischen Phantasie

freien Lauf lassen und farbenprächtige Graffitis auf „Leinwand" zaubern. Besonders beeindruckend lassen sich farbliche Übergänge gestalten. Die so geschaffenen Kunstwerke können nach dem Trocknen in leeren großen Chemikalienflaschen längere Zeit aufbewahrt werden.
Hinweis: Dieses Graffiti-Sprayen ist gesetzlich erlaubt, es sei denn, die Graffiti-Künstler besprühen fremde Bettlaken!
Vergängliche Graffitis erhalten wir, wenn wir Blaukrautextrakt in Petrischalen füllen und diese mit einem Overheadprojektor auf eine Dialeinwand projizieren. Durch tropfenweise Zugabe von verdünnten Säuren, Laugen oder Apfelsaft, Zitronensaft, Weinessig, Sauerkrautsaft, Pottaschelösung, Haushaltsreiniger etc. können wir bei leichtem Durchmischen herrliche Farbkompositionen erzeugen.

Chemischer Hintergrund

Die zugesetzten Flüssigkeiten verändern den pH-Wert der Lösung, auf den der Indikator „Blaukrautsaft" mit den zu beobachtenden Farbänderungen reagiert.

Literatur:

(1) J. Falbe, M. Regitz: „Chemie-Lexikon", 9. Auflage, Thieme Verlag, Stuttgart, New York, Bd. 1, (1989)

(2) N. Kanda, T. Asano, T. Itoh, M. Onada: J. Chem. Educ. 72/12 S. 1131ff., (1995)

(3) H. Molisch, F. Dobat: „Botanische Versuche und Beobachtungen mit einfachen Mitteln", Gustav Fischer Verlag, Stuttgart, 5. Auflage. S. 169–174, (1979)

(4) B. Schumacher: „Neue und allseits bekannte Versuche, Anregungen zum Chemieunterricht der Sekundarstufe I" – Vortrag auf der MNU/IPTS-Tagung des Landes Schleswig-Holstein in KIel (10. 9. 96)

Beim Barte des Professors – oder Curry-Soße als Säure-Base-Indikator

Abb. 1: Färbung der ursprünglich weißen Barthaare in alkalischer Curry-Lösung

Obwohl in Deutschland täglich zigtausende von Currywürsten verspeist, unzählige Curry-Reisgerichte serviert und eine riesige Anzahl von Weißwürsten in Senf getaucht werden, wissen die wenigsten „Feinschmecker", welche Substanz dem Currypulver bzw. den Senfkörnern die gelbe Farbe verleiht. Es ist Curcuma, der Farbstoff der Gelbwurz bzw. des Gelben Ingwer. Die Rhizome der in Indien und China angebauten Pflanze Curcuma longa riechen wie Ingwer und enthalten neben dem Farbstoff Curcumin noch ein etherisches Öl, das größtenteils aus einem alicyclischen und einem aromatischen Sesquiterpen (Turmeron) sowie Zingiberen besteht.

Die gelbe Farbe von Senf und Curcuma-Pulver ist auf den Gehalt an Curcumin(1,7-Bis(4-hydroxy-3-methoxyphenyl)1,6-heptadien-3,5-dion) zurückzuführen, das gelbrote Kristalle der Schmelztemperatur 183 °C bildet (Formel S. 172).

So manches „Leckermäulchen" musste schon die leidvolle Erfahrung machen, dass bei unachtsamem oder ungeschicktem Hantieren mit Senf oder Curry-Soße der gelbe Farbstoff Curcumin Mundpartien, Finger, Kleidungsstücke etc. nachhaltig gelb färbt.

Über ein Erlebnis der besonderen Art berichtet der Chemie-Professor C. H. Breedlove vom Montgomery Community College in Rockville in Amerika. Besagter Herr Professor, den ein stattlicher, schneeweißer Schnurr- und Rauschebart zierte, stärkte sich eines Tages kurz vor Beginn seiner Chemie-Vorlesung mit warmer Fischsuppe, die u. a. mit Curry gewürzt war. Etwas in Eile schluckte der

Professor den Rest seiner in einer Thermoskanne mitgebrachten Fischsuppe hinunter, wobei etwas Suppe über seinen Bart schwappte und diesen gelb färbte, ohne dass der Professor es bemerkte.
Seine Studenten empfingen ihn mit süffisantem Lächeln und auffälligem Getuschel. Als der Professor sie zur Rede stellte, empfahlen sie ihm, sich im Spiegel zu betrachten. Als Professor Breedlove seines gelbgefärbten Bartes ansichtig wurde, begab er sich in den Waschraum, um seinen Bart mit flüssiger Seife aus einem Seifenspender zu reinigen. Doch welch Entsetzen erfasste ihn, als er erneut in den Spiegel blickte. Der eben noch gelbe Bart präsentierte sich nun in einem brillanten Orange.
Professor Breedlove kehrte nach dem ersten Schrecken entschlossen in den Hörsaal zurück und hielt kurzerhand seinen „vor Vergnügen wiehernden“ Studenten einen Vortrag über den alkalischen Charakter von Seife und seine Auswirkung auf Curcumin als einem natürlichen Säure-Base-Indikator.

Versuche mit Curcuma-Pulver als Säure-Base-Indikator

Was wir brauchen

Reagenzgläser mit Reagenzglasständer, Pinzette;
Curcuma-Pulver, Seifenlösung, Zitronensaft, Aqua dest.

So wird's gemacht

Wir bringen in ein Reagenzglas ca. 15 ml Aqua dest. und fügen einige Körnchen Curcuma-Gewürz zu. Die Lösung färbt sich beim Umschütteln gelb. Bei Zugabe von saurem Zitronensaft (oder Weinessig etc.) bleibt die gelbe Farbe erhalten. Fügt man jedoch konzentrierte Seifenlauge oder etwas flüssige Seife (aus einem Seifenspender) zu, tritt nach kurzem Umschütteln eine spontane Umfärbung nach orange ein.
Bei Zugabe von einigen Tropfen Zitronensaft etc. kehrt die gelbe Farbe zurück. Mit weißen Barthaaren eines freiwilligen Spenders lässt sich der oben geschilderte unfreiwillige Breedlove'schen Selbstversuch wirklichkeitsgetreu nachstellen.

Chemischer Hintergrund

Curcumin ist in Alkohol und Alkalien gut löslich. Mit letzteren tritt eine charakteristische rotbraune Färbung auf. Daher verwendet man mit alkoholischem Curcuma-Extrakt getrocknetes, saugfähiges Papier als Indikator für Laugen (Umschlagbereich pH 8–9). Mit diesem Curcuma-Papier lassen sich auch Borsäure und Borate nachweisen, die mit Oxalsäure zusammen in alkalischer Lösung eine Grün-Schwarz-Färbung ergeben.

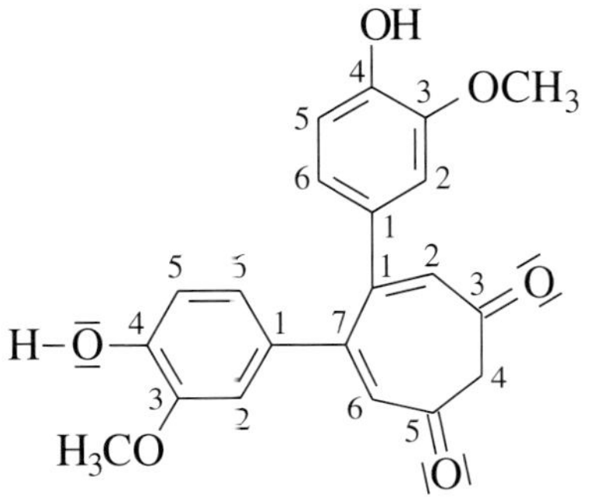

Strukturformel von Curcumin

Literatur:

C. H. Breedlove: J. Chem. Educ., Vol. 72, 6, S. 540, (1995)

12 Experimente mit Metallen und Legierungen

Wie stellt man blaues oder rotes Gold her? Wie weist man allergieauslösendes Nickel als Legierungsbestandteil nach? Wie stellt man aus Cent-Stücken Silbertaler oder Golddukaten her? Hier in diesem Kapitel erfahren Sie es. Aber Vorsicht! Es ist nicht alles Gold, was glänzt!

Ein qualitativer Nickelschnelltest für Jedermann

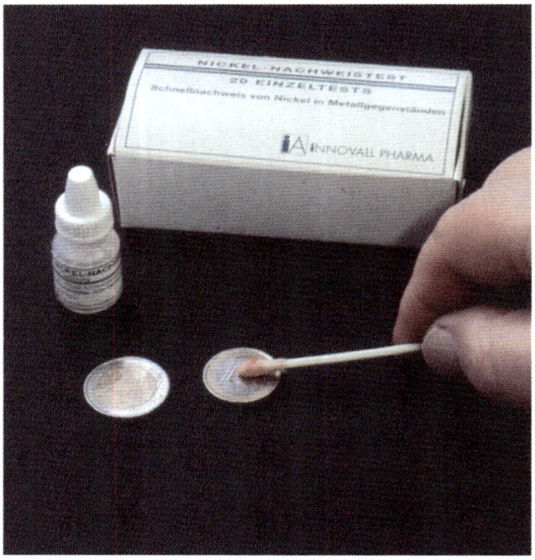

Abb. 1: Versuchsdurchführung

Das von dem schwedischen Forscher Alexander Cronstedt 1751 erstmals aus Nickelin (Rotnickelkies) isolierte Metall Nickel gehört zu den im menschlichen Körper vorkommenden Spurenelementen. Unser Organismus enthält etwa 10 mg Nickel. Der Tagesbedarf liegt bei 0,1 mg.

Die biologische Funktion des Elements Nickel für unseren Organismus ist noch weitgehend unbekannt, jedoch kommt ihm eine gewisse Bedeutung beim Kohlenhydratstoffwechsel zu. Nickel gehört jedoch auch zu den Metallen, die bei einer Reihe von Menschen eine Allergie auslösen. Unter einer Allergie versteht man eine immunologisch bedingte Überempfindlichkeit (Hypersensibilisierung) gegenüber bestimmten Substanzen (Allergenen). Solche Allergene rufen besonders im Bereich der Haut, der Schleimhäute und der Atemwege (auch Magen-Darm-Trakt) charakteristische Symptome wie Urticaria (Nesselsucht), Ekzeme, Heuschnupfen u. a. hervor. Als Allergene können Blütenstaub (Pollen), bestimmte Nahrungsmittel (Erdbeeren, Pilze, Muscheln), Hausstaubmilben, bestimmte Arzneimittel, Kosmetika, Farbstoffe, Kunststoffe und auch Metalle, speziell Nickel wirken. Die Nickelallergie gehört zu den sog. Kontaktallergien, d. h. durch Kontakt mit der Haut werden bei empfindlichen Personen Dermatitiden (Hautausschläge, Ekzeme) ausgelöst. Nun ist Nickel als Legierungsbestandteil in vielen metallischen Küchengeräten, in Münzen und besonders häufig in Modeschmuck-

stücken, in Silber- und Weißgoldschmuck, Uhren, Uhrenarmbändern, Essbestecken, Scheren etc. enthalten.
Personen, die an Nickelallergie leiden, können jedoch leicht mithilfe käuflicher oder billiger mit selbst gefertigten Teststäbchen schnell und zuverlässig besagte Gegenstände auf einen etwaigen Gehalt an Nickel überprüfen.
Dieser Nickelschnelltest spricht schon auf geringste Spuren von Nickel an, die mittels imprägnierter Wattestäbchen von der Oberfläche der Gegenstände abgerieben werden können. Eine Beschädigung z. B. der Schmuckgegenstände erfolgt dabei also nicht.
Nickel findet seit der Antike breite Anwendung als Münzmetall. Ein- und Zwei-Euromünzen enthalten neben anderen vor allem Kupfer-Nickellegierungen z. B. Magnimat®, ein Münzmetall aus CuNi25, d. h. aus 75% Kupfer und 25% Nickel. Für die Durchführung des Nickelschnelltests in der Schule verwendet man daher als Untersuchungsmaterial am besten besagte Geldstücke.

Was wir brauchen

Ein- und Zwei-Euro-Stücke, saugfähiges Papier, käufliches Nickel-Test-Set, bestehend aus 10 oder 35 doppelseitig mit getrockneter alkoholischer Dimethylglyoxim-Lösung imprägnierten Wattestäbchen, ein Plastiktropffläschchen mit 3 ml bzw. 10 ml 10%iger Ammoniumhydroxid-Lösung.
Bezugsquelle: Nickel-Nachweistest Innoval Pharma Vertriebs GmbH & Co. KG, Harffstr. 43, 40591 Düsseldorf (über Apotheken beziehbar).
Ethanol (w = 96%, F = leicht entzündlich), Dimethylglyoxim (Diacetyldioxim oder 2,3-Butandioxim) (Xn = mindergiftig), wässrige Ammoniaklösung (w = 10%, Xi = reizend), käufliche Kosmetik-Wattestäbchen.

Herstellung selbst gefertigter Nickel-Teststäbchen

Wesentlich billiger als die im Handel erhältlichen Teststäbchen kommen selbst gefertigte. Dazu stellt man 50 ml einer gesättigten Lösung von Dimethylglyoxim in 96%igem Ethanol her. Käufliche Kosmetik-Wattestäbchen werden mit je 2 ml dieser Lösung an den mit Watte besetzten Enden getränkt und auf saugfähigem Papier oder auf einem großen Uhrglas zum Trocknen ausgelegt. Die getrockneten, imprägnierten Stäbchen werden mit je drei Tropfen 10%iger Ammoniumhydroxid-Lösung pro Wattebausch befeuchtet (Tropfpipette verwenden!). Die selbst gefertigten Teststäbchen sind nun einsatzfähig.

So wird's gemacht

Mithilfe der mit 10%iger Ammoniumhydroxid-Lösung angefeuchteten Teststäbchen reibt man etwa 20–30 Sekunden lang kräftig die Oberfläche eines Ein-Euro-Stückes ab:
Das Wattestäbchen färbt sich rosa bis himbeerrot. Dies ist ein positiver Nachweis auf Nickel.

Hinweis: Ist Nickel in einer Legierung so fest gebunden, dass es an der Oberfläche des geprüften Gegenstandes durch den beschriebenen Test nicht erfasst werden kann, vermag dieser Gegenstand auch keine Allergien auszulösen.

Entsorgung

Die verwendeten Münzen oder Schmuckgegenstände werden mit feuchtem, saugfähigem Papier gut trocken gerieben. Die Teststäbchen können unter fließendem Wasser ausgewaschen und dann in den Hausmüll entsorgt werden.

Chemischer Hintergrund

Dimethylglyoxim (2,3-Butandiondioxim = Diacetyldioxim) in alkoholischer Lösung stellt ein hochsensibles Nachweis-Reagenz zum Nachweis von Nickel dar (Tschugaeffs-Reagenz), Nickel(II)-Ionen bilden in ammoniakalischer Lösung mit dem Tschugaeff-Reagenz einen charakteristischen, himbeerfarbenen, in Wasser schwer löslichen Bis(2,3-butandiondioximato)nickel-Chelatkomplex (noch in einer Verdünnung von $1 : 10^6$ gut sichtbar). Als Chelate (gr. chelae = Krebsschere) bezeichnet man nach Morgan und Drew (1920) cyclische Verbindungen, bei denen ein einzelner Ligand mehr als eine Koordinationsstelle an einem Zentralatom (hier 2,3-Butandioxim am Nickelatom) besetzt. Man bezeichnet solche Liganden als mehrzähnig. Die Zahl der gebundenen Liganden hängt von der Koordinationszahl des zentralen Metalls ab. Voraussetzung ist, dass die mit dem Metall reagierende Verbindung

zwei oder mehrere Atomgruppen enthält, die als Elektronendonatoren wirken.
Durch Röntgenstrukturanalyse konnte Rundle (1953) nachstehende Struktur für den roten Nickel-Chelatkomplex ermitteln.

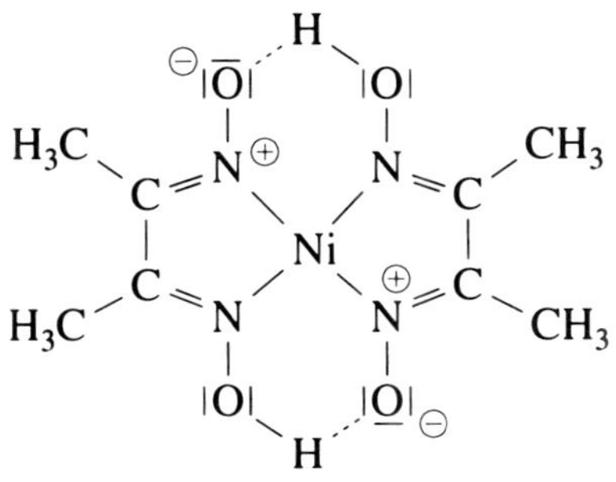

Struktur des roten Nickel-Chelatkomplexes

Literatur:

G. Probeck: PdN-Ch. 2/45, S. 40, (1996)

Blaues und rotes Gold

Gold hat durch seine goldgelbe Farbe und seinen herrlichen Metallglanz die Menschen seit Urzeiten in seinen Bann gezogen. Die Goldverarbeitung wurde im alten Ägypten schon vor etwa 4000 Jahren betrieben. Die Ägypter beschafften sich das Gold aus Nubien. Nub ist die altägyptische Bezeichnung für Gold. Die ältesten, in großer Zahl aufgefundenen Kunst- und Kultobjekte aus Gold wurden in den Königsgräbern von Ur in Mesopotamien (Alter etwa 2500 v. Chr.) entdeckt.
Die größten Goldfunde der Frühkultur des Menschen stammen jedoch aus Ägypten. So fanden sich in den Schatzhäusern der Pharaonen und in den Tempeln riesige Goldschätze.
Nach der Entdeckung Amerikas durch Christoph Kolumbus (1492), führte die Gier nach Gold Spanier und Portugiesen in die indianischen Hochkulturen Mittelamerikas. Der spanische Konquistador Hernàn Cortèz erklärte 1519 dem Inkakönig Montezuma die „Notwendigkeit Gold für sein Land zu beschaffen" mit den Worten: „Die Spanier leiden an einer Herzkrankheit, gegen die Gold ein besonderes Mittel ist." Diese Herzkrankheit aber war nichts anderes als besagte blanke Gier nach Gold. Als Montezuma sich einer Abtretung der Goldschätze seines Reiches an die Spanier widersetzte, wurde das Volk der Azteken niedergemetzelt.
Doch wenden wir uns von der leidvollen Historie des Goldrausches ab und dem Element Gold selbst zu.
Reines Gold ist äußerst duktil und lässt sich bereits kalt verformen. Aufgrund seiner Duktilität kann man z. B. Gold zu Blattgold von 0,1 µm Dicke auswalzen oder „ausschlagen".
Da reines Gold sehr weich ist (Härte 2,5–3 auf der Mohs'schen Härteskala), muss es durch Zusätze von anderen Metallen, also durch Legierungsbildung „gehärtet" werden, um zu Münzen, Schmuck, Kunstgegenständen usw. verarbeitet werden zu können.
Reines Gold ist aufgrund seines Edelmetallcharakters gegen die meisten chemischen Agenzien inert. Es läuft an der Luft nicht an, erleidet also keine Korrosion und behält seinen strahlend gelben Metallglanz bei.

Abb. 1: Cassius'scher Goldpurpur

Gold ist eines der seltensten, in gediegener Form in der Lithosphäre vorkommenden Elemente. Pro Tonne Gesteinsmaterial enthält die Erdkruste 0,005 Gramm (5 ppb = 5 Teile pro Milliarde Teile). Man hat errechnet, dass das gesamte, bisher weltweit gewonnene Gold einen Würfel von nur 18 m Kantenlänge ergäbe. In der heutigen Zeit beträgt die bergmännisch produzierte Goldmenge weltweit ca. 1600 t pro Jahr. Rund 30% der jährlichen Goldgewinnung wird als Goldwährung gehortet (in Form von Goldmünzen und Goldbarren), obwohl Gold seit 1978 kein offizieller Bestandteil nationaler Währungsreserven mehr ist.
Würde man den Leuten auf der Straße erzählen, dass Gold auch in roter, blauer und violetter Farbe auftreten kann, würde man wohl entweder als „Spinner“ belächelt, oder für verrückt erklärt werden. Gold absorbiert blaues und violettes Licht und reflektiert gleichzeitig gelbes und rotes Licht, dadurch kommt die rötlich bis goldgelbe Farbe zustande.
Blattgoldfolien von 10^{-5} cm Dicke zeigen noch die typische Goldfarbe. Wird Gold dagegen in sehr dünnen Schichten auf Glasplatten aufgedampft, verändert sich mit abnehmender Schichtdicke die Farbe über Grün (4 nm) und Blau nach Rotviolett (1,5 nm).

1 Herstellung von Cassius'schem Goldpurpur

1663 beobachtete der holländische Arzt Cassius beim Zusammengeben einer schwach sauren Zinn(II)salz-Lösung mit einigen Tropfen einer Gold(III)chlorid-Lösung das Auftreten einer tiefpurpurroten bis violettroten Färbung je nach Konzentration der beiden Lösungen. Diese Purpurfärbung beruht auf gebildetem kolloidalem Gold, das an ebenfalls als Kolloid vorliegendem Zinndioxidhydrat adsorbiert ist.

$$3\ SnCl_2 + 2\ AuCl_3 + 6\ H_2O \rightarrow 2\ Au + 3\ SnO_2 + 12\ HCl$$

Obige Reaktion wird in der analytischen Chemie zum Nachweis von Gold genützt.
Als Kolloide bezeichnet man Stoffe, die sich in einem bestimmten Zerteilungszustand der Materie befinden. Kolloide Teilchen besitzen im Allgemeinen Abmessungen zwischen 10^{-5} und 10^{-7} cm, entsprechen also Atomansammlungen mit etwa 10^3–10^9 Atomen. Kolloidteilchen passieren Papierfilter ungehindert, werden jedoch von Membranfiltern zurückgehalten.
Kolloide (Dispersionen) in denen die dispergierten Teilchen relativ frei beweglich sind, befinden sich im Sol-Zustand. Sind die dispergierten Teilchen dagegen netzartig miteinander verbunden und daher schwer gegeneinander verschiebbar, liegt ein Gel-Zustand vor.
Hinweis: Der Begriff Kolloide wird nur noch historisch gebraucht. Heute bezeichnet man Kolloide als nanoskalige Stoffe. Die Kolloidchemie bezeichnet man neuerdings als Nanochemie. Sie ist ein Zweig der modernen Nanotechnologie

Was wir brauchen

Zwei Erlenmeyerkolben (100 ml), zwei Messzylinder (500 ml, 50 ml), Rundkolben (1 l) und passende Gummistopfen, Waage.
Tetrachlorogoldsäure-Lösung ($H[AuCl_4]$, w = 0,2%), Zinn(II)chlorid-Lösung (w = 0,3%, Xn = mindergiftig), Aqua dest.

So wird's gemacht

Wir gießen 50 ml Tetrachlorogoldsäure-Lösung (w = 0,2%) und 50 ml Zinn(II)chlorid-Lösung (w = 0,3%) in 500 ml Aqua dest. und mischen durch Umschwenken des Rundkolbens gut durch. Es bildet sich zunächst eine braunviolette kolloidale Lösung, die nach dem Verschließen des Kolbens mit einem geeigneten Stopfen stehengelassen wird. Allmählich nimmt die kolloidale Lösung eine purpurviolette Farbe an. Den so erhaltenen Cassius'schen Goldpurpur bewahren wir zu Demonstrationszwecken auf.

Chemischer Hintergrund

Die Färbekraft des Cassius'schen Goldpurpurs ist so groß, dass sich mit dieser Reaktion noch 1 Teil Gold in 100 Millionen Teilen Wasser nachweisen lässt.
Speziell bleihaltige Glasflüsse lösen kolloidales Gold auf. Nach schnellem Abkühlen erhält man eine farblose feste Lösung, die beim Erwärmen auf 390 °C prachtvoll anläuft: 1 Teil Gold auf 50 000 Teile Glas liefert schönes Goldrubinglas. Bei einem Verhältnis von 1 Teil Gold auf 100 000 Teile Glas ist das erhaltene Glas leuchtend rosa gefärbt.

2 Herstellung von blauem Goldsol

Was wir brauchen

Zwei Erlenmeyerkolben (50 ml), Reagenzglas mit passendem Stopfen, Tropfpipette.
Tetrachlorogold(III)säure-Lösung (w = 3%), Phenylhydrazin-Hydrochlorid (T = giftig; N = umweltgefährlich), Aqua dest.

So wird's gemacht

Wir fügen zu 50 ml destilliertem Wasser 6 Tropfen dreiprozentige Tetrachlorogold(III)säure-Lösung und setzen einige Körnchen Phenylhydrazin-Hydrochlorid zu. Nach kräftigem Umschütteln erhält man schon bei Raumtemperatur ein prachtvolles blaues Goldsol.

Entsorgung

Das Goldsol wird in ein verschließbares Glasgefäß verbracht und als Demonstrationsobjekt in der Chemikaliensammlung aufbewahrt. Man könnte aber auch das Goldsol mit Königswasser in Goldchlorid überführen.

Chemischer Hintergrund

Phenylhydrazin-Hydrochlorid reduziert die Au^{3+}-Ionen zu kolloidalem Gold. Fügen wir zu obiger Tetrachlorogold(III)säure-Lösung nur 4–5 Tropfen Phenylhydrazin-Hydrochlorid zu, so erhalten wir ein violettes Goldsol.
Auch nach folgender Vorschrift kann man blaues Goldsol erhalten:

Abb. 1: Sie zeigt rotes und blaues Goldsol. Die gelbe Flüssigkeit im mittleren Reagenzglas ist wässrige Tetrachlorogold(III)säure-Lösung.

Man löst 2 ml 0,2%ige Tetrachloro(III)goldsäure in 150 ml dest. Wasser. Nach Zufügen von 10 ml Ethanol (w = 96%) wird bis zum Sieden erhitzt. Nach einigen Minuten bildet sich blaues Goldsol, das aber nach geraumer Zeit eine rote Färbung annimmt.

3 Herstellung von rotem kolloidalem Gold

Was wir brauchen

Erlenmeyerkolben (250 ml), Messzylinder (100ml), Tropfpipette, Waage, Brenner.
Tetrachlorogold(III)säure-Lösung (w = 3%), Tannin in Wasser suspendiert (w = ca. 1%), Aqua dest.

Gefahrenhinweis

Es müssen **Schutzhandschuhe** und **Schutzbrille** getragen werden!

So wird's gemacht

Wir fügen zu 100 ml Aqua dest. einige Tropfen Tetrachlorogold(III)säure-Lösung. Unter Umschütteln werden einige Tropfen einer wässrigen Tannin-Suspension zugesetzt. Die fertige Reaktionsmischung muss farblos sein. Erhitzen wir sie 1–2 Minuten, so tritt schon vor Erreichen des Siedepunktes eine kirschrote Färbung auf. Die Tannin-Lösung reduziert die Gold(III)-Lösung zu rotem kolloidalem Gold.

Entsorgung

Das Goldsol wird in ein verschließbares Glasgefäß verbracht und als Demonstrationsobjekt in der Chemikaliensammlung aufbewahrt. Man könnte aber auch das Goldsol mit Königswasser in Goldchlorid überführen.

4 Herstellung von rotem Goldsol nach Zsigmondy

Was wir brauchen

Zwei Erlenmeyerkolben (1 l und 300 ml), drei Meßzylinder (10 ml, 50 ml und 200 ml), Brenner, Pipette.
Tetrachlorgold(III)säure, Kaliumcarbonat, Formalin-Lösungen (w = 1% und w = 35%) (T = giftig).

Gefahrenhinweis

Siehe Versuch 3!

So wird's gemacht

25 ml einer Lösung von 0,6 g Tetrachlorogold(III)säure in 1 l Wasser werden mit 100–150 ml Wasser verdünnt. Daraufhin setzen wir 2–4 ml einer wässrigen Kaliumcarbonat-Lösung (c = 0,2 mol/l) zu und erhitzen bis zum Sieden. Unmittelbar nach dem Sieden entfernt man die Flamme und fügt tropfenweise 4 ml einer stark verdünnten Formalin-Lösung (1 ml Formaldehyd in 100 ml Wasser) zur Goldlösung. Nach kurzer Zeit beobachten wir in der ursprünglich farblosen Lösung das vorübergehende Auftreten einer prachvollen hellroten Färbung, die sich schnell nach tiefrot verändert. Konzentrierte Formalinlösungen bei Raumtemperatur zugesetzt, ergeben blaue Lösungen.

Entsorgung

Das Goldsol wird in ein verschließbares Glasgefäß verbracht und als Demonstrationsobjekt in der Chemikaliensammlung aufbewahrt. Man könnte aber auch das Goldsol mit Königswasser in Goldchlorid überführen.

Chemischer Hintergrund

Die Farbe der Goldsole ist abhängig vom Dispersisonsgrad der Goldteilchen. Rote Goldsole bestehen aus feineren Teilchen als violette und blaue Goldsole. Die Teilchen von rotem Goldsol weisen einen Durchmesser von ~ 20 µm auf, die von blauem Goldsol von ~ 50 µm. Die Farben kolloidaler Lösungen hängen in erster Linie von der Teilchengröße der dispersen Phase ab.
Unter einer dispersen Phase versteht man eine möglichst feine Verteilung (lat. dispergere = verteilen) eines Stoffes, hier der Goldteilchen in einer anderen kontinuierlichen Phase, dem Dispersionsmittel, hier z. B. Formalin-Lösung.

Literatur:

(1) Autorenkollektiv: „Gold, Macht und Illusion – 500 Jahre Goldrausch", Extra Lapis No. 2, Christian Weise Verlag München, ISBN 3-921656-23-0, (1992)
(2) W. Ostwald: „Die Welt der vernachlässigten Dimensionen", Theodor Steinkopf-Verlag Dresden und Leipzig, 12. Auflage, S. 23–28, (1944)
(3) R. Zsigmondy: Liebigs Ann. 301, S. 29 ff., (1898)

Wie aus Kupfermünzen Silbertaler und Golddukaten werden

Abb. 1: Centstücke aus Kupfer werden zu Silber- und Goldmünzen

Wer hat nicht schon einmal beim „Zusammenkratzen" seiner letzten Cents davon geträumt, er könne auf magische Weise aus ihnen wertvolle Silber- oder gar Goldmünzen machen?
Wie man Ein- oder Zwei-Cent-Münzen in kurzer Zeit in „Silberlinge" oder sogar in Goldstücke verwandeln kann, zeigt das folgende, alchimistisch anmutende Experiment.

Was wir brauchen

2 Bechergläser (100 ml), Messzylinder (100 ml), Dreifuß mit Keramiknetz, Tiegelzange, Bunsenbrenner, Glasstab, Kupfermünzen (Ein- und Zweipfennig- bzw. Centstücke).
Konz. Kalilauge (w = 30%) (C = ätzend), Zinkpulver oder Zinksulfatheptahydrat ($ZnSO_4 \cdot 7\ H_2O$, Xi = reizend, N = umweltgefährlich), dest. Wasser

Gefahrenhinweis

Heiße, konzentrierte Lauge wirkt stark ätzend auf der Haut. Spritzer, die ins Auge gelangen, können zur Erblindung führen! Daher unbedingt **Schutzkleidung** (Laborkittel), **Schutzhandschuhe** und **Schutzbrille** tragen!
Um beim Erhitzen der Lauge einen Siedeverzug und somit ein Herausspritzen der Lauge aus dem Becherglas zu vermeiden, müssen vor Beginn des Erhitzens unbedingt **Siedesteinchen** zugesetzt werden.

So wird's gemacht

Wir lösen in einem Becherglas 1 g Zinksulfatheptahydrat in 70 ml destilliertem Wasser. Unter Erhitzen (Siedesteinchen!) setzen wir konzentrierte Kalilauge zu, bis sich der anfänglich bildende Niederschlag von Zinkhydroxid ($Zn(OH)_2$) wieder auflöst. Wir können aber auch eine Suspension von Zinkstaub in konzentrierter Kalilauge erhitzen.
Es bilden sich in beiden Fällen zunächst Tetrahydroxozinkat-Ionen, die aber nach:

$$[Zn(OH)_4]^{2-} \rightleftharpoons Zn^{2+} + 4\ OH^-$$

dissoziieren.
Nun bringen wir mit einer Tiegelzange einige Kupfermünzen in die siedende Flüssigkeit und belassen sie darin für ca. ein bis zwei Minuten. Mittels Tiegelzange holen wir alle Münzen langsam aus dem Becherglas und tauchen sie in ein zweites, mit kaltem Wasser gefülltes Becherglas. Mit einem Poliertuch reiben wir die Münzen anschließend trocken. Die Kupfermünzen sind nun mit einer silbern glänzenden, festen Schicht überzogen. Nun ziehen wir die „Silberstücke" mit einer Tiegelzange einige Male durch die heiße, nichtleuchtende Bunsenflamme bis die Schicht auf der Münze einen goldfarbenen Glanz angenommen hat.

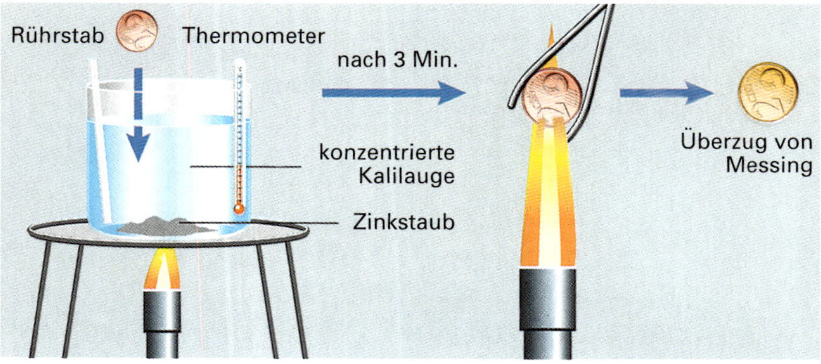

Abb. 2: Reaktionsablauf (schematisch)

186

Entsorgung

Die heiße Zink-Kalilauge-Suspension lassen wir abkühlen. Danach filtrieren wir das überschüssige Zinkpulver ab. Wir lassen es im Abzug trocknen und können es dann für weitere Versuche wieder verwenden. Die Kalilauge wird mit Leitungswasser stark verdünnt und dann mit verdünnter Säure neutralisiert (pH-Prüfung!). Nach erneuter starker Verdünnung mit Wasser kann sie in die Kanalisation entsorgt werden.

Chemischer Hintergrund

Der auf den Kupfermünzen entstandene Überzug besteht aus einer dünnen, festhaftenden Zinkschicht. Die Kupfermünzen sind also verzinkt worden. Beim Erhitzen des verzinkten Kupfers bilden Zink und Kupfer eine goldfarben glänzende Legierung, das Messing.
Gemäß der Reaktion

$$[Zn(OH)_4]^{2-} \rightleftharpoons Zn^{2+} + 4\ OH^- \quad (1)$$

dissoziieren die anfänglich gebildeten Tetrahydroxozinkat-Ionen in Zink-Ionen, die an der Oberfläche der Kupfermünzen gemäß

$$Zn^{2+} + 2\ e^- \rightarrow Zn \quad (2)$$

entladen werden und sich als metallische Schicht abscheiden.
Simultan geht weiteres Zink aus der Suspension, das Kontakt zum Kupfer hat, gemäß

$$Zn \rightarrow Zn^{2+} + 2\ e^- \quad (3)$$

in Lösung.
Die dabei frei werdenden Elektronen fließen zum Kupfer. Kupfer und Zink besitzen ein gemeinsames Potential. Da speziell in der Siedehitze die potentialbestimmenden Reaktionen im Sinne eines dynamischen Gleichgewichtes ablaufen und die Potentiale von Kupfer und Zink gleich groß sind, scheidet sich auf der Kupferoberfläche Zink gemäß Gleichung (2) ab.

Die Bildung der Legierung Messing in der heißen Bunsenflamme ist darauf zurückzuführen, dass schon bei 600 °C – also unterhalb der Schmelztemperatur von Kupfer (ca. 1083 °C) – die kinetische Energie der Atome beider Metalle bereits so groß ist, dass diese in das jeweils andere Metallgitter einzudiffundieren vermögen und so zur Legierungsbildung führen.
Unter Messing versteht man binäre Kupfer-Zink-Legierungen. Die Messingfarbe ist vom Zinkgehalt abhängig und variiert zwischen rotgelb (>18%) und goldgelb (20–40% Zink). Der Kupfergehalt beträgt in der Regel über 55%.

Literatur:

(1) F. Bukatsch, W. Glöckner (Hrsg.): „Experimentelle Schulchemie", Bd. 3, S. 138, Aulis Verlag Deubner & Co., (1977)
(2) W. Jansen: Chemkon 1/2, S. 85f., (1994)

Silberblitze im Reagenzglas

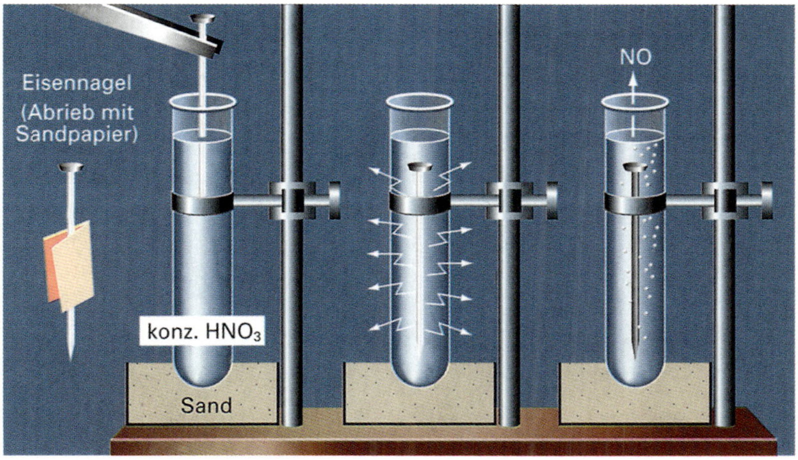

Abb. 1: Versuchsdurchführung (schematisch)

Im Jahre 1828 publizierte der deutsche Chemiker Fechner folgenden interessanten Versuch: In Silbersalz-Lösung passiviertes Eisen, das mit Salpetersäure einer bestimmten Konzentration versetzt wird, zeigt die Eigenschaft, dass das passivierte Eisen (also ein Eisen, das nicht wie gewöhnlich mit Säure reagiert) wieder aktiv wird, um sich kurze Zeit später erneut in die passivierte (gegenüber Säuren inaktive) Form zurückzuverwandeln und so weiter. Im Experiment stellt sich das Phänomen so dar:
Das Eisen beginnt sich unter Gasentwicklung aufzulösen. Plötzlich stoppt die Gasentwicklung und es tritt die blanke, silbrig glänzende Oberfläche des Eisens zutage. Nach kurzer Zeit verschwindet der „Silberblitz“ und es setzt erneut eine heftige Gasentwicklung ein usw.
Der deutsche Forscher Herschel beobachtete 1833 ein ähnliches Verhalten von Eisen mit Salpetersäure ohne vorherige Passivierung in einer Silbersalz-Lösung.
Wie der Autor bei eigenen Versuchen feststellte, lässt sich eine intermittierende Gasentwicklung von Eisen in konzentrierter Salpetersäure beobachten, wenn man folgendermaßen verfährt.

Was wir brauchen

Tiegelzange oder lange Pinzette, großes Becherglas, Stativ mit Stativklammer, Becherglas mit Wasser, Schmirgelpapier, großen Eisennagel aus Weicheisen (= kohlenstoffarmes Eisen), konzentrierte Salpetersäure (w = 58%) (C = ätzend, O = brandfördernd).

Gefahrenhinweis

Da bei dieser Reaktion giftige Stickstoffoxide entweichen, muss der Versuch unter einem Abzug oder im Freien durchgeführt werden. Die Gase dürfen auf keinen Fall eingeatmet werden. Da zudem die konzentrierte Salpetersäure ätzend auf die Haut wirkt, ist das Tragen von **Schutzkleidung**, **Schutzhandschuhen** und **Schutzbrille** unerläßlich.

So wird's gemacht

Man befreit einen Eisennagel (Weicheisen) durch gründliches Abreiben mit Schmirgelpapier von anhaftenden Roststellen. Dabei werden aber auch vorhandene Oxidüberzüge auf der Metalloberfläche des Eisennagels zerstört. Mit einer Pinzette bringen wir den Eisennagel in ein großes, mit konzentrierter Salpetersäure gefülltes Reagenzglas, das in ein Stativ eingespannt ist. Das Unterstellen einer mit Sand gefüllten Schale als Auffanggefäß für die Säure, falls das Reagenzglas zu Bruch gehen sollte, ist zu empfehlen.
Sobald der Nagel in die Säure taucht, kann man in rascher Folge das Auftreten von „Silberblitzen' beobachten.
Bei genauem Betrachten erkennt man eine intermittierende Gasentwicklung. Eine heftige Gasentwicklung wechselt in äußerst kurzen Abständen mit einem Stopp der Gasentwicklung ab. Während des Aufhörens der Gasentwicklung zeigt die Oberfläche des Eisennagels den für die gereinigte Eisenoberfläche charakteristischen Silberglanz, um gleich darauf unter Einsetzen einer heftigen Gasentwicklung wieder grau und unscheinbar zu werden. Reaktion und Reaktionsstopp verlaufen dabei in sehr kurzen Intervallen, sodass der visuelle Eindruck eines Auftretens von silbrigen Blitzen im Reagenzglas entsteht. Bei dem in rhythmischen Pulsen, also oszillierend freigesetzten Gas handelt es sich um das farblose Stickstoffmonooxid, das an der Phasengrenze Säure-Luft sofort zu braunem Stickstoffdioxid oxidiert wird.

Entsorgung

Nach Beendigung der Reaktion wird der Eisennagel mit einer Pinzette aus dem Reagenzglas entfernt und mit Wasser gründlich abgespült. Er kann danach weiterverwendet oder in den Müll entsorgt werden.
Die konzentrierte Salpetersäure wird mit konzentrierter Natronlauge neutralisiert und mit viel Wasser verdünnt in die Kanalisation entsorgt.

Chemischer Hintergrund

Gewisse Metalle wie Eisen, Aluminium und Chrom werden durch stark oxidierende Lösungen wie konzentrierte Salpetersäure passiviert, d. h. es bildet sich ein dünner Oxidfilm, der das darunter liegende Metall vor weiterer Oxidation (sprich Auflösung) durch die Säure schützt. Dieses „Oxidhäutchen“ wird durch Reduktion wieder zerstört. In Gegenwart katalytisch wirkender Substanzen (meist Verunreinigungen) lässt sich zuweilen eine periodische Bildung und Zerstörung des Oxidfilms erreichen, die sich in einer pulsierenden Gasentwicklung manifestiert.
Oft genügt schon ein Anstoßen an einen festen Gegenstand, um die Passivität wieder aufzuheben (siehe Versuch „Erröten der Jungfrau“ S. 77 ff).
Metallisches Eisen wird von konzentrierter Salpetersäure unter Freisetzung von farblosem Stickstoffmonooxid zu Eisen(II)oxid oxidiert.

$$3\ Fe + 2\ HNO_3 \rightarrow 3\ FeO + H_2O + 2\ NO\uparrow$$

Dieses Eisen(II)oxid überzieht einen nicht vorbehandelten Eisennagel vollständig mit einem dünnen Oxidhäutchen, sodass eine Passivierung eintritt, d. h. der Nagel nicht weiter von der Säure angegriffen werden kann. Wird der Nagel vor Versuchsbeginn aber kräftig abgeschmirgelt, so bilden sich auf seiner Oberfläche Unebenheiten, die einen nur unvollständigen Überzug mit dem Oxidhäutchen erlauben. An den Stellen die nicht vom Oxidhäutchen bedeckt sind, setzt eine neue Reaktion mit der Metalloberfläche ein. Diese Reaktion hebt die Passivierung wieder auf (Erschütterung durch die freiwerdenden Gasblasen?). Kurze Zeit später bildet sich wiederum eine unvollständige Schutzhaut aus, was eine nur kurzzeitige erneute Passivierung zur Folge hat usw. Dadurch erklären sich auch die äußerst kurzen Intervalle zwischen Reaktion und Ruhepause, die wohl im Zehntelsekundenbereich liegen. Das Auflösen der Oxidhaut dürfte durch nachstehende Reaktion erfolgen:

$$3\ FeO + 6\ HNO_3 \rightarrow 3\ Fe(NO_3)_2 + 3\ H_2O$$

Literatur:

(1) H. Brandl: „Unveröffentliche Ergebnisse“
(2) H. Brandl: „Oszillierende chemische Reaktionen und Strukturbildungsprozesse“, Praxis Schriftenreihe Chemie Bd. 46, Aulis Verlag Deubner & Co. KG, Köln, (1987)

13 Fotochemische Experimente

Chemische Reaktionen, die unter Lichtbeteiligung ablaufen, werden als fotochemische Reaktionen bezeichnet. Zu den bekanntesten derartigen Reaktionen zählen die Fotosynthese der grünen Pflanzen, der Sehvorgang, die fotografischen Prozesse, die Bräunung der Haut bzw. Entstehung eines Sonnenbrandes bei mangelndem Schutz vor den UV-Strahlen. Wagen Sie mit nachfolgenden Versuchen den Einstieg in die faszinierende Welt der Fotochemie!

Der Foto-Blue-Bottle-(FBB)-Versuch

Abb. 1: Bildung dissipativer Strukturen

Modellversuch zur Fotosynthese und Zellatmung

Bei der Fotosynthese wird durch die Absorption von Sonnenlicht durch die grünen Blattfarbstoffe (Chlorophylle) als Lichtantennen Kohlenstoffdioxid in einem endergonischen Prozess mithilfe der bei der Fotolyse des Wassers (Hill-Reaktion) gebildeten Reduktionsäquivalente (Wasserstoff-Ion und zwei Elektronen $H^+ + 2e^-$) letztlich zu Kohlenhydraten reduziert.
Dabei entstehen aus energiearmen Kohlenstoffdioxidmolekülen energiereiche Kohlenhydratmoleküle. Bei der Zellatmung werden dann Kohlenhydrate unter Sauerstoffverbrauch und Wärmefreisetzung (exergonische Reaktion) wieder zu Kohlenstoffdioxid und Wasser oxidiert.
Alle bei der Fotosynthese und Atmung ablaufenden Vorgänge lassen sich durch das Foto-Blue-Bottle-System im Modellversuch simulieren.

Was wir brauchen

Messkölbchen (10 ml) mit Stopfen, Overheadprojektor, Petrischale, Messzylinder (100 ml und 10 ml), Waage, Erlenmeyerkölbchen (50 ml), Spatel, Glasstab.
EDTA (Ethylendiaminotetraessigsäure-Dinatriumsalz, Titriplex(III))
Bezugsquelle: Fa. Merck, 64293 Darmstadt.

MV^{2+} (Methylviologen = 1,1'-Dimethyl-4,4'-bipyridiniumdichlorid) (T = giftig)
Proflavin (Diaminoacridinhemisulfat)
Bezugsquelle: Sigma-Aldrich GmbH, 89555 Steinheim.

So wird's gemacht

Herstellung der benötigten wässrigen Stammlösungen

Lösung A: 2,8 g EDTA in 100 ml Aqua dest.
Lösung B: 386 mg MV^{2+} in 10 ml Aqua dest.
Lösung C: 15,5 mg Proflavin in 100 ml Aqua dest.

Wir mischen: 8 ml Lösung A, 2 ml Lösung B, 15 ml Lösung C und verdünnen mit 80 ml Aqua dest. Von dieser Reaktionslösung füllen wir 5 ml in ein Messkölbchen (10 ml) und verschließen mit einem passenden Stopfen. Nun stellen wir die Reaktionslösung zur Bestrahlung auf einen Overheadprojektor. Die anfänglich gelbe Lösung färbt sich nach etwa drei bis fünf Minuten grün, später tiefblau. Schütteln wir die blaue Lösung im Messkölbchen kräftig, so kehrt die ursprünglich gelbe Farbe zurück. Bei erneuter Bestrahlung mit der Overheadprojektor-Lichtquelle erfolgt die Blaufärbung wesentlich rascher (nach ca. 2 Min.). Erneutes Schütteln bewirkt erneute Farbänderung nach Gelb, Wiederbestrahlung regeneriert die Blaufärbung. Diese Reaktionszyklen lassen sich ca. 10-mal wiederholen. Die Zyklenzahl dieses fotochemischen Systems wird zum einen durch die Menge des im Messkölbchen enthaltenen Sauerstoffs zum anderen durch die Menge des in der Lösung vorhandenen EDTA, das bei obiger Reaktion verbraucht wird, limitiert.

Entsorgung

Reaktionslösung in Sammelbehälter für halogenhaltige org. Lösungen verbringen.

Chemischer Hintergrund

Die gelbe Proflavin-Lösung (PF^{+}) wird durch die Absorption von blauem Licht in einen energiereichen Zustand PF^{+*} überführt. In diesem elektronisch angeregten Zustand wirkt das Proflavin-Monokation PF^{+*} reduzierend auf das Methylviologen-Dikation MV^{2+}. Es erfolgt ein Fotoelektronentransfer (PET) von PF^{+*} zum MV^{2+}. Da-

durch entsteht das blaugefärbte MV^+ (Methylviologen-Monokation-Radikal). Die Blaufärbung beruht darauf, dass MV^+ Licht in einem sehr breiten Sektor des sichtbaren Spektralbereiches, vornehmlich im gelben, absorbiert. Proflavin dient in obigem System als Fotokatalysator. Es wird durch Aufnahme eines Elektrons von PF^{2+} zum PF^+ reduziert. Als notwendiger Elektronendonator fungiert das EDTA, das dabei irreversibel oxidiert wird und dadurch neben dem Sauerstoff der Luft zum limitierenden Faktor der Reaktion wird.
Beim Schütteln der Reaktionslösung wird das blaue Methylviologen-Monokation-Radikal durch gelösten Sauerstoff zum farblosen Methylviologen-Dikation oxidiert, wobei Wärme frei wird (exotherme Oxidation).
Der Name Foto-Blue-Bottle wurde in Analogie zu dem Versuch (S. 105) gegeben, bei dem in einer rein chemischen Reaktion Methylenblaulösung durch alkalische Glucose-Lösung zu farblosem Leukomethylenblau reduziert, und durch nachfolgendes „Einschütteln von Sauerstoff“ in die Lösung zum blauen Farbstoff reoxidiert wird.
Analogien der FBB-Reaktion zum Fotosynthese- und Atmungsprozess: Bei Bestrahlung mit sichtbarem Licht wird das Proflavin-Monokation PF^+ analog den Chlorophyllen (grüne Blattfarbstoffe) in einen energiereichen Zustand promoviert. Elektronisch angeregtes Proflavin wirkt ebenso wie angeregtes Chlorophyll als eine Art „Lichtantenne“.
Angeregtes Proflavin PF^+ vermag das farblose Methylviologen-Dikation MV^{2+} zum blauen Methylviologen-Monokation zu reduzieren. Dies ist analog zur Fotosynthese, bei der energiearmes Kohlenstoffdioxid (oxidierter Kohlenstoff) in energiereiche Kohlenhydrate (reduzierter Kohlenstoff) umgewandelt wird.
Die Kohlenhydrate werden bei der Verbrennung mit Sauerstoff in den Zellen des Organismus zu Kohlenstoffdioxid und Wasser reoxidiert, wobei Wärme freigesetzt wird. Analog dazu wird das blaue MV^+-Monokation-Radikal durch gelösten Sauerstoff zum farblosen Methylviologen-Dikation MV^{2+} reoxidiert. Auch die Energiebilanz der beiden Systeme ist analog. Einer endergonen fotochemischen Reduktion folgt eine exergonische Oxidation und dieser zyklisch wieder eine endergone fotochemische Reduktion usw.

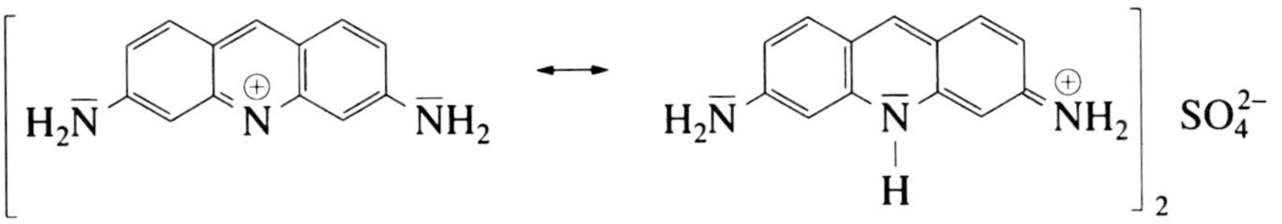

Proflavin-Monokation
PF^+
(gelb)

Diaminoacridiniumhemisulfat

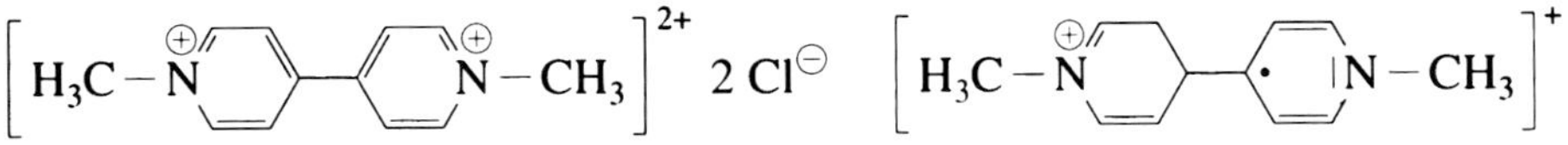

Methylviologen-Dikation
MV^{2+} (farblos)

Methylviologen-Monokation
MV^+ (blau)

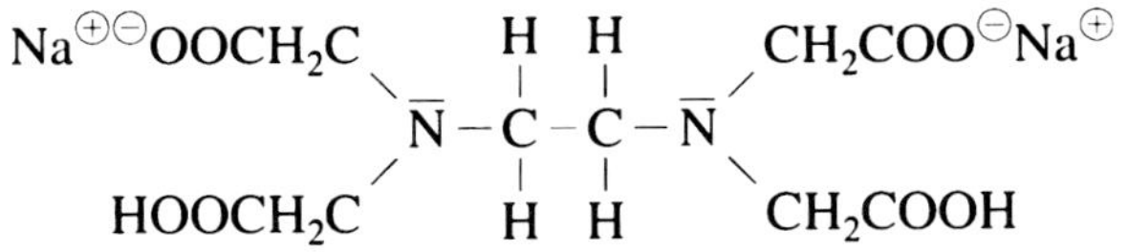

Ethylendiaminotetraessigsäure-Dinatrium-Salz
EDTA (Titriplex III)

Reaktionsschema:

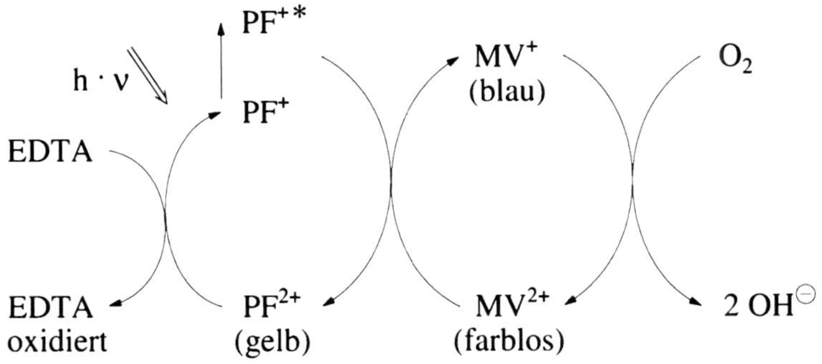

1 Bildung dissipativer Strukturen beim FBB-Versuch

Was wir brauchen

Messkölbchen (10 ml) mit Stopfen, Overheadprojektor, Petrischale, Messzylinder (100 ml und 10 ml), Waage, Erlenmeyerkölbchen (50 ml), Spatel, Glasstab; EDTA (= Ethylendiaminotetraessigsäure-Dinatriumsalz/Titriplex(III). Bezugsquelle: Fa. Merck, 64293 Darmstadt; MV^{2+} (Methylviologen = 1, l'-Dimethyl-4,4'-bipyridiniumdichlorid) (T = giftig); Proflavin (Diaminoacridinhemisulfat); Bezugsquelle für Methylviologen und Proflavin: Sigma-Aldrich GmbH, 89555 Steinheim.

So wird's gemacht

Man füllt die gemäß S. 194 hergestellte Reaktionslösung in eine Petrischale und projiziert diese mittels eines Overheadprojektors auf eine Filmleinwand. Nach Einschalten der Overheadprojektions-Lampen dauert es etwa fünf Minuten bis erste blaue Strukturen auf gelbem Untergrund auftreten. Nach Durchmischen der Lösung mit einem Glasstab (wobei die Lösung sich nun homogen grün einfärbt – Mischung aus gelb und blau) bilden sich nach kurzer Induktionszeit blaue und später auch gelbe Muster in der grünen Lösung aus. Die gelben Muster sind auf das Eindiffundieren von Luftsauerstoff in die Reaktionslösung zurückzuführen, der die blaue MV^{2+}-Lösung zur farblosen MV^{2+}-Lösung reoxidiert. Dadurch wird die gelbe Farbe des Proflavin-Monokations PF^{+} wieder sichtbar.
Bringen wir ein Stück schwarze Pappe auf den Overheadprojektor und stellen die Petrischale mit der FBB-Lösung zur Hälfte auf das schwarze Papier, zur Hälfte auf die nicht abgedeckte Overheadprojektorfläche, so bilden sich nur in der lichtdurchstrahlten Hälfte der Petrischale blaue dissipative Strukturen, im anderen, durch die untergelegte Pappe unbelichteten Teil bleibt die Lösung unverändert. Zieht man die schwarze Pappunterlage jedoch weg, bilden sich nach kurzer Zeit auch in diesem Teil der Petrischale die gleichen blauen Strukturen aus. Somit ist bewiesen, dass es sich bei der FBB-Reaktion um eine fotochemische Reaktion handelt.

Entsorgung

Reaktionslösung in Sammelbehälter für halogenhaltige org. Lösungen verbringen.

Literatur:

(1) M. Tausch: PdN-Ch. 3/43, S. 13ff., (1994)
(2) H. Brandl, M. Tausch: „Lichtbeteiligung bei chemischen Reaktionen“ MNU 50/4, S. 206ff., (1997)

Wie wirkt ein Sonnenschutzmittel?

Viele Menschen nutzen schöne Sonnentage zu einem ausgiebigen Sonnenbad, ohne sich jedoch nähere Gedanken über die physikalischen, chemischen und biologischen Wirkungen der Sonnenstrahlung zu machen. Das Spektrum des Sonnenlichts setzt sich zusammen aus einem ultravioletten Anteil (UV-A-, -B- und -C-Strahlung), dem sichtbaren Anteil mit Wellenlängen zwischen 400 und 750 nm und dem Infrarot-Anteil (IR-Bereich mit Wellenlängen >750 nm). Da rotes bzw. infrarotes Licht verhältnismäßig energiearm ist, vermag es auch nicht die obere Hornhautschicht zu durchdringen. Eiweißmoleküle der Haut werden lediglich zu Wärmeschwingungen angeregt. Die von sog. Rotlicht-Strahlern emittierte Wärmestrahlung wird u. a. für therapeutische Behandlungen in der Medizin genutzt. Gemäß der Planck-Einstein'schen-Beziehung $E = h \cdot \nu$ bzw. $E = \frac{h \cdot c}{\lambda}$ ist die Energie eines Lichtquants der Frequenz ν proportional bzw. umgekehrt proportional zur Wellenlänge λ. Dies bedeutet aber, dass langwelliges (also Rotlicht) wesentlich energieärmer ist als beispielsweise Blaulicht oder UV-Licht, die sehr kurzwellig sind.

Da UV-Strahlung sehr kurzwellig ist, ist sie folglich energiereich. Man unterscheidet drei UV-Wellenlängenbereiche der solaren

* E = Energie eines Lichtquants, Planck'sches Wirkungsquantum $h = 6{,}63 \cdot 10^{-34}$ J · s, Lichtgeschwindigkeit $c = 3 \cdot 10^{8}$ m/s, h und c sind universelle Naturkonstanten, ν = Frequenz des Lichtes, λ = Wellenlänge des jeweiligen Lichtes.

Strahlung. Die sehr kurzwellige UV-C-Strahlung (Absorptionsbereich 200–280 nm) wird von der Ozonschicht in der Stratosphäre vollständig absorbiert und gelangt somit nicht auf die Erde.
Die UV-B-Strahlung ist für unsere Haut besonders gefährlich, da unser Erbmaterial (Desoxyribonucleinsäure DNA) und auch die Proteine der Haut UV-Licht speziell im Spektralbereich um 280 nm stark absorbieren und somit stark geschädigt werden können.
UV-B-Strahlung ruft Sonnenbrand hervor und vermag auch die Bildung von Hautcarcinomen zu initiieren. Die UV-A-Strahlung im Bereich zwischen 315–400 nm, also langwelliges UV-Licht, ist hingegen für die Haut relativ ungefährlich. Sie ist für die eigentliche Bräunungsreaktion der Haut verantwortlich.
Die Bräunung der Haut ist auf eine vermehrte Bildung von braunschwarzen Pigmenten, sog. Melaninen, zurückzuführen. Die Melanine sind Schutzpigmente, die Lichtstrahlen vom UV-Bereich bis in den IR-Bereich zu absorbieren vermögen. Menschen mit dunkler Hautfarbe (hoher Gehalt an Schutzpigmenten) sind also viel weniger anfällig gegen Sonnenbrand als hellhäutige.
Neben den Melaninen besitzt die Haut noch einen weiteren UV-Schutz in Form der in der Haut und im Schweiß gebildeten Urocansäure. Wegen ihrer guten UV-Licht-Filterung speziell im Bereich zwischen 280–315 nm findet sie in Sonnenschutzmitteln Anwendung.

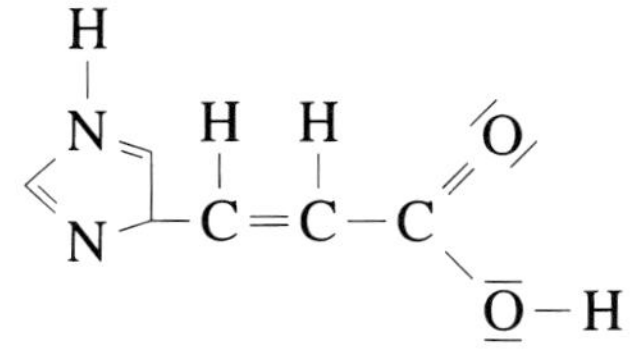
Urocansäure (4-Imidazolacrylsäure)

Aufgrund der starken Schadwirkung der UV-Strahlung auf die menschliche Haut ist vor allem sehr hellhäutigen Menschen die Verwendung von Sonnenschutzmitteln vor dem Sonnenbad dringend anzuraten. Sonnenschutzmittel enthalten UV-Licht absorbierende Substanzen (UV-Lichtfilter), die das absorbierte UV-Licht durch strahlungslose Desaktivierung in harmlose Wärme umwandeln.
Als UV-Absorher kommen Verbindungen folgender Stoffklassen in Betracht: Benzophenonderivate, Hydroxynaphthochinone, Phenylbenzoxazole und Phenylbenzimidazole, Salicylsäure und Zimtsäure-

ester und vor allem p-Aminobenzoesäure (PABA). Manchen Sonnenschutzmitteln werden auch künstliche Hautbräuner zugesetzt, z. B. Dihydroxyaceton, Carotin, Walnuss-Schalenextrakte etc. Mithilfe von p-Aminobenzoesäure (PABA), einem viel verwendeten UV-Licht-Absorber, wollen wir die Wirkungsweise eines Sonnenschutzmittels in einem Modellversuch simulieren.

Modellversuch zur Wirkungsweise einer UV-Absorbersubstanz in einem Sonnenschutzmittel

Was wir brauchen

Zinksulfid-Schirm (z. B. 48872 der Firma Leybold Didactic GmbH, 50334 Hürth), UV-Lampe (256 nm), verschweißbare Cellophanbeutel. p-Aminobenzoesäure (PABA)

So wird's gemacht

Wir füllen einen Cellophanbeutel mit destilliertem Wasser und verschweißen ihn. Nun legen wir diesen wassergefüllten Beutel auf eine stark fluoreszenzfähige Unterlage, z. B. auf einen Zinksulfid-Schirm und bestrahlen den Beutel von oben mit UV-Licht (λ 256 nm), also mit Licht aus dem UV-B-Bereich. Die UV-Strahlen durchdringen das Wasser und regen den darunter befindlichen ZnS-Schirm zu intensiver grüner Fluoreszenz an. Dieser Versuch beweist, dass UV-B-Strahlen durch Wasser kaum absorbiert werden. Man kann also z. B. auch beim Schnorcheln unter Wasser einen Sonnenbrand bekommen.
In einem zweiten Versuch versetzt man 500 ml Aqua dest. mit 1 g p-Aminobenzoesäure und schüttelt gut um. Nun füllen wir einen zweiten Cellophanbeutel mit dieser „Suspension“ und legen ihn auf den Fluoreszenzschirm. Beim Einschalten der UV-Lampe absorbiert PABA die UV-Strahlen, so dass der Fluoreszenzschirm dunkel bleibt. Der Modellversuch zeigt, dass PABA-haltige Sonnenschutzcremes die UV-Strahlen der Sonne absorbieren und somit einen wirkungsvollen Schutzfilter auf der Haut bilden.

Literatur:

(1) E. Carberry, T. Gonella, R. Ellason: J. Chem. Educ. 66,12, S. 1041, (1989)
(2) H. Brandl: PdN-Chem. 440, S. 37ff., (1991)
(3) H. Brandl, M. Tausch: MNU 50/4, S. 206ff. (1997)

14 Experimente mit Kunststoffen

Sie ziehen und ziehen und ziehen aus der Phasengrenze zwischen der wässerigen Lösung und einer Hexanlösung einen Endlos-Nylonfaden und wickeln Meter um Meter auf einen Glasstab auf. Auf einer Phosphoreszenzfolie speichern oder löschen Sie mittels Licht die unterschiedlichsten Informationen. Gestalten Sie das Prozedere auch noch bühnenreif, ist Ihnen der Beifall eines staunenden Publikums sicher.

Der Nylon-Seil-Trick

Abb. 1:
Die Nylon-Erzeugung

In den DuPont-Laboratorien entwickelte der amerikanische Chemiker Wallace Hume Carothers (1896–1937) die erste 100%ige Synthesefaser. Unter der Bezeichnung Nylon kam dieses erste synthetische Polyamid 1939 auf den Markt. Als Nylonprodukte wurden vor allem Damenunterröcke und Damenstrümpfe (schlechthin als Nylons bezeichnet) ein sensationeller Verkaufsschlager.
Polyamide sind Kunststoffe, deren Moleküle durch Ausbildung von Amidbindungen $\left(-\overline{N}(H)-C(=O)-\right)$ bei der Polykondensation von aliphatischen Diaminen und Dicarbonsäuren entstehen.

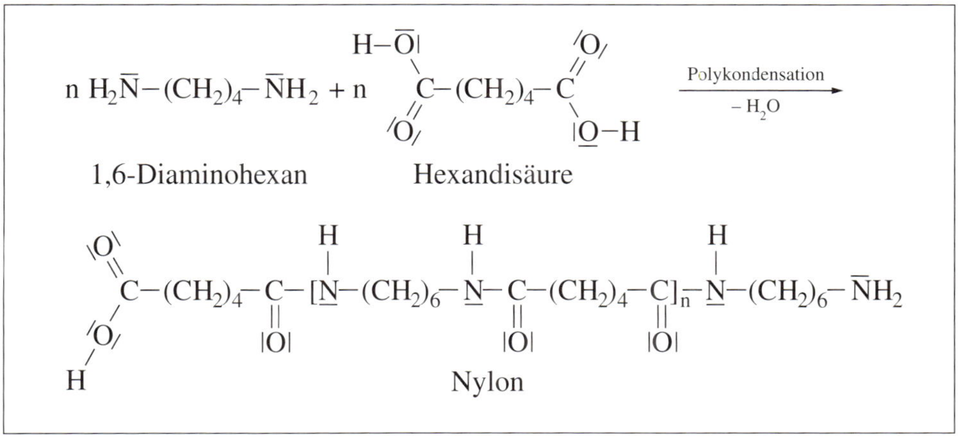

Das im nachfolgenden Versuch durch Grenzflächenpolykondensation gewonnene Nylon ist nicht reißfest und daher zur Herstellung von Textilien ungeeignet.

Was wir brauchen

Zwei Bechergläser (250 ml), dicker Glasstab, Pinzette, Trichter; Hexamethylendiamin (1,6-Diaminohexan) (Xi = reizend), Sebacinsäuredichlorid (Decandisäuredichlorid, C = ätzend) oder Adipinsäuredichlorid (Hexandisäuredichlorid (C = ätzend)), Hexan (F = leichtentzündlich, Xn = mindergiftig, N = umweltgefährlich), Phenolphthalein, Natriumhydroxid-Plätzchen (C = ätzend), destilliertes Wasser.

So wird's gemacht

Es werden zwei Lösungen angesetzt:

Lösung A: Man löst in einem Becherglas 2 ml Sebacinsäuredichlorid bzw. Adipinsäuredichlorid in 50 ml Hexan.
Lösung B: Man stellt eine Lösung von 2 g Hexamethylendiamin und zwei Natriumhydroxid-Plätzchen in 50 ml destilliertem Wasser her. Durch Zugabe einiger Tropfen alkoholischer Phenolphthaleinlösung färbt sich die Lösung kräftig rot.

Mithilfe eines Trichters überschichten wir nun Lösung A vorsichtig mit Lösung B. Die beiden Flüssigkeiten bilden eine, durch die Rotfärbung von Lösung B deutlich sichtbare, Phasengrenze aus. An dieser Phasengrenze bildet sich ein dünnes Häutchen. Mit einer stumpfen Pinzette erfasst man nun in der Mitte der Phasengrenze das dünne Häutchen und zieht es vorsichtig aus der Lösung. Es bildet sich ein Nylonfaden, der durch Grenzflächenkondensation ständig regeneriert wird. Wir wickeln den Nylonfaden um einen Glasstab und können so einen zusammenhängenden, viele Meter langen Nylonfaden aus der Lösung ziehen. Sollte der Faden abreißen, zieht man einfach einen neuen aus der Lösung.

Entsorgung

Den aufgewickelten Faden kann man nach dem Abtupfen mit einem saugfähigen Papier in den Müll entsorgen. Die verbleibende Lösung wird mittels Scheidetrichter in die wässrige und die Hexanphase getrennt. Die wässrige Lösung wird in einen Behälter für Säure und Laugen gegeben, das Hexan in einen für nicht chlorierte aliphatische Verbindungen.

Chemischer Hintergrund

An der Berührungsstelle der wässrigen Lösung und der Hexanlösung entsteht unter Abspaltung von Hydrogenchlorid durch Grenzflächen-Polykondensation aus Hexamethylendiamin und Sebacinsäuredichlorid (bzw. Adipinsäuredichorid) Nylon. Die gebildete Salzsäure wird durch das zugesetzte Natriumhydroxid neutralisiert.

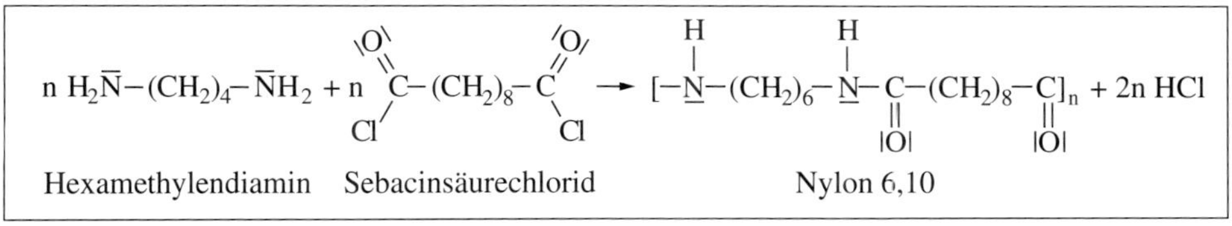

Bei Verwendung von Adipinsäuredichlorid entsteht Nylon 6,6.

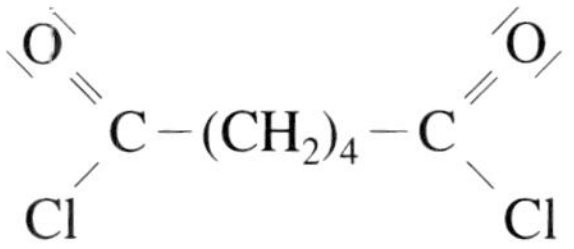

Aus der Trickkiste von James Bond

Abb. 1: Dia-Kopie auf der Phosphoreszenz-Folie

Unzählige Leser und Filmbesucher haben mit größter Spannung die Abenteuer des besten Agenten aller Zeiten verfolgt: Agent 007 – James Bond. Die legendäre Figur des britischen Schriftstellers Jan Lancaster alias Jan Fleming (1908–1964) besticht vor allem durch seinen unwiderstehlichen Charme den Damen gegenüber und durch die technischen Finessen seiner Agentenutensilien.
Nachstehendes Verfahren könnte durchaus von James Bond genutzt werden, um geheime, auf Diafilmen gespeicherte Informationen, ohne Zuhilfenahme einer Minikamera zu kopieren und im Falle einer drohenden Entdeckung des Spionagematerials dieses ohne Spuren zu hinterlassen zu eliminieren.

Speicherung und Löschung von Informationen auf einer Phosphoreszenzfolie

Was wir brauchen

Phosphoreszenzfolie (5 x 10 cm) „Permalite“, Bezugsquelle: Permalight® Aktiengesellschaft, Hoher Holzweg 32, 30966 Hemmingen, Schreibtischlampe, Dia (Schwarz-Weiß).

So wird's gemacht

Man legt ein Schwarz-Weiß-Dia (gleichsam als Schablone) auf eine Phosphoreszenzfolie und bestrahlt mit einer Schreibtischlampe (60 Watt) ca. 1 Minute.
Nach Abschalten der Lampe und Wegnahme des Dias emittiert die Folie dort, wo sie nicht durch die „Dia-Schablone“ bedeckt war, eine einheitlich helle, grüne Phosphoreszenz. Das Bild des Dias wird als Dunkel-Hell-Kontrast getreu auf der phosphoreszierenden Folie abgebildet. Diese „Kopie des Dias“ auf der Phosphoreszenz-

folie bleibt auch bei diffusem Tageslicht für kürzere Zeit gespeichert. Für eine längere Informationsspeicherung empfiehlt sich das Aufbewahren der Phosphoreszenzfolie in einem Gefrierschrank. Nach dem Herausnehmen aus dem Gefrierschrank im Dunklen leuchtet die Folie nicht. Beim Auftauen der „eingefrorenen Phosphoreszenz" in einem warmen Raum tritt die gelbgrüne Phosphoreszenz allmählich wieder auf und schließlich ist die „Kopie" wieder gut sichtbar. Hält man aber die Phosphoreszenzfolie mit der Dia-Kopie direkt vor die „Birne" der Schreibtischlampe, wird die gespeicherte Information, also die Dia-Kopie, sofort gelöscht und die gesamte Folie phosphoresziert im Dunklen einheitlich grüngelb.

Chemischer Hintergrund zur Theorie der Festkörperphosphoreszenz

Bei der Permalite-Folie ist eine Seite mit einer dünnen Kunststoffmatrix überzogen, in die ein sehr lichtstarker, lang anhaltend grüngelb phosphoreszierender Luminophor – ein mit Kupfer dotiertes Zinksulfid – eingebettet ist. Die Herstellung dieses phosphoreszierenden Kunststoffes im Schullabor ist im Versuch beschrieben. Eine Herstellung von Leuchtfolien ist damit aber kaum möglich. Die Festkörperphosphoreszenz ist dadurch charakterisiert, dass nach erfolgter Fotoanregung eines Luminophors eine mehr oder weniger lange Emissionsphase folgt, in der ein Großteil der beim Belichtungsprozess absorbierten Energiemenge in Form von Phosphoreszenzstrahlung wieder freigesetzt wird. Diese Festkörperphosphoreszenz tritt nur bei gewissen dielektrischen Kristallen (ZnS oder CdS) auf, die in geringer Konzentration Fremdatome (Störstellen-Atome) als Aktivatoren eingelagert enthalten (z. B. Cu, Ag, Mn etc.). Innerhalb des Kristallgitters bilden die Fremdatome dann die sog. Phosphoreszenz-Zentren. Die Fremdatome können entweder auf Gitterplätzen eingebaut werden wie Mangan im Zinksulfid-Gitter (hier ist eine extrem geringe Dotierung 10^{-6} bis $1o^{-11}\%$ erforderlich) oder sie besetzen Zwischengitterplätze (wie die Kupferatome im Zinksulfid – hier ist eine höhere Konzentration im Prozentbereich nötig).

Literatur:

(1) H. Brandl, M. Tausch: „Lichtbeteiligung bei chemischen Reaktionen" MNU 50/4, S. 206ff., (1997)

Herstellung eines phosphoreszierenden Kunststoffes

Abb. 1: Phosphoreszierender Stift und Schriftzug

Recht häufig stößt man im Alltag auf Kunststoffgegenstände, welche die bemerkenswerte Eigenschaft besitzen, im Dunkeln nachzuleuchten (zu phosphoreszieren). Beispiele hierfür sind nachleuchtende Lichtschalter, Hinweisschilder, Kinderspielzeug, Tennisbälle, Diskothekendekor usw.

Bei diesen Kunststoffen handelt es sich um so genannte Duroplaste, in die hoch geglühte Zinksulfide als phosphoreszierende Pigmente eingearbeitet sind.

Typische Vertreter der Duroplaste sind Phenol-Formaldehydharze, Aminoplaste und Polyesterharze. Mit Letzteren wollen wir uns nachfolgend näher beschäftigen.

1 Herstellung eines phosphoreszierenden Polyesterharzes durch Kalthärtung

Was wir brauchen

Plastiktrinkbecher (ca. 200 ml), Glasstab, Waage;
Leguval W16 (Polyesterharz in Styrol gelöst, ca. 65%ige Lösung), Butanox-Katalysatorlösung (50%ige Lösung von 2-Butanonperoxid in Dimethylphthalat) (T = giftig, O = brandfördernd), Beschleunigerlösung (Cobaltoctoat-Lösung) in Toluol) (F = leichtentzündlich, Xn = mindergiftig), hoch geglühtes Zinksulfid als Leuchtpigment

Gefahrenhinweis

Schutzbrille tragen! Niemals Katalysatorlösung und Beschleunigerlösung zusammengeben – **Explosionsgefahr**!

So wird's gemacht

In einen 200 ml-Plastiktrinkbecher bringen wir 25 g Leguval W16 und setzen unter Rühren mit einem Glasstab 1 g Butanox-Katalysatorlösung zu. Nach vollständiger Lösung geben wir 0,05 g Beschleunigerlösung zu. In diese Mischung rühren wir 7,5% Zinksulfid-Leuchtpigment ein. Dann lassen wir die Mischung einige Minuten stehen. Die Gelierdauer (Dauer bis zur beginnenden Verfestigung des Polymerisates) beträgt ca. 5 Minuten, die Zeit bis zur vollständigen Aushärtung ca. 10 Minuten. Wir erhalten ein festes, hartes Polyesterharz von graugrüner Farbe. Das Polyesterharz belässt man am besten in seinem Behältnis.
Hinweis: Die für den obigen Versuch benötigten Chemikalien können für Schulzwecke von der Firma Bayer AG, Leverkusen, kostenlos angefordert werden. Das Zinksulfid-Leuchtpigment kann käuflich erworben werden, z. B. über Leuchtstoffwerk Heidelberg GmbH, 69123 Heidelberg.

Chemischer Hintergrund

Polyesterharze setzen sich aus zwei verschiedenen Komponenten zusammen, nämlich aus Polyolen (mehrwertige Alkohole) und aus gesättigten bzw. ungesättigten Dicarbonsäuren. In der Praxis geht man bei der Herstellung von Polyesterharzen meist von den Säureanhydriden aus. Als Polyole finden Verwendung: 1,2-Ethandiol, 1,2-Propandiol, 1,3-Butandiol, Glycerin, 2,2-Bis(p-hydroxyphenyl)-propan und Pentaerythrit (Strukturformeln siehe Abb. 2).
Als Dicarbonsäuren kommen in Frage: Fumarsäure, Maleinsäure, Adipinsäure, Phthalsäure und Sebacinsäure (siehe Abb. 3).
In der Technik kondensiert man die ungesättigten Polyester bis zu einer mittleren Molekülmasse (m = 2000–4000 u). Die entstehenden festen Stoffe werden dann in einer polymerisierbaren Vinylverbindung, meist Styrol (Vinylbenzol, Abb. 4), gelöst.
Einen Ausschnitt aus einem ungesättigten Polyesterharz (Mischkondensat) zeigt Abb. 5.

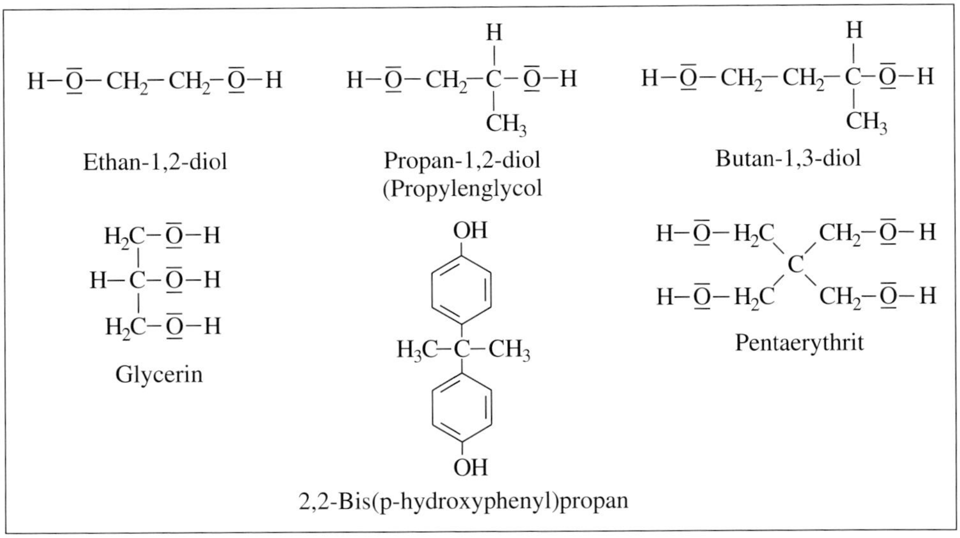

Abb. 2: Strukturformeln verschiedener Polyole

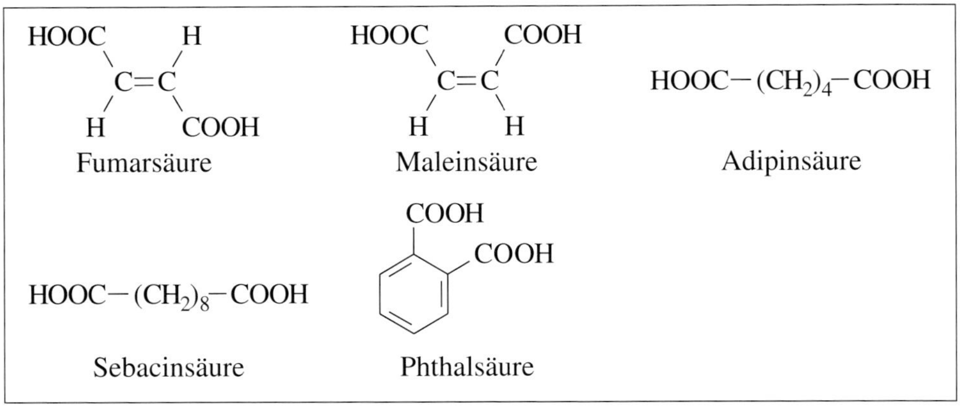

Abb. 3: Strukturformeln verschiedener Dicarbonsäuren

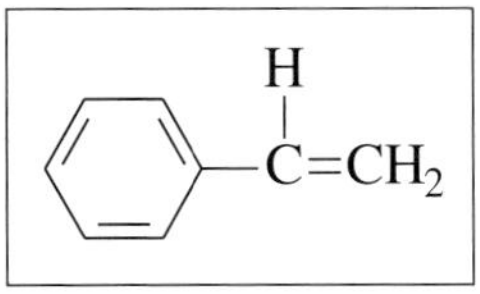

Abb. 4: Styrol

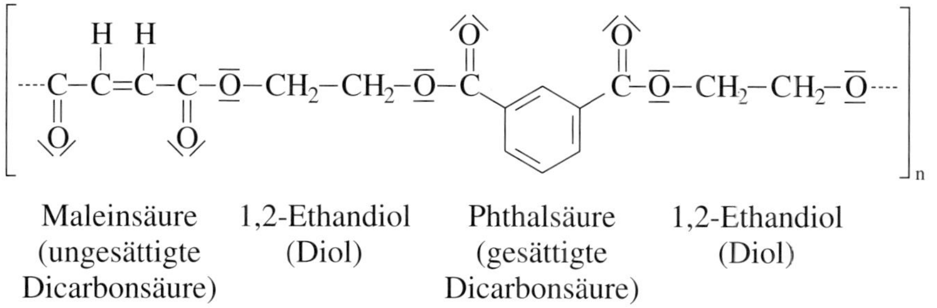

Abb. 5: Mischkondensat: ungesättigtes Polyesterharz

Solche Mischungen von ungesättigten Polyestern mit Styrol sind beispielsweise unter den Bezeichnungen Leguval (Bayer) oder Palatal (BASF) im Handel. Bei einer Copolymerisation dieser Mischungen entstehen dann Duroplaste.

Die bei der Copolymerisation stattfindende Vernetzung der Makromoleküle kann je nach der herrschenden Reaktionstemperatur entweder als Heiß- oder als Kalthärtung erfolgen. Bei der Heißhärtung wird eine Copolymerisation durch Thermolyse verschiedener organischer Peroxide, die als Radikalbildner wirken, gestartet. Die Reaktionstemperaturen liegen dabei zwischen 70 °C und 100 °C. Im Falle der Kalthärtung wird der Zerfall der organischen Peroxide in Radikale durch Anwendung von Beschleunigern (Katalysatoren) schon bei Raumtemperatur eingeleitet. Bei Verwendung von Ethylmethylketonperoxid (2-Butanonperoxid, siehe Abb. 6) als Radikalbildner eignen sich als Beschleuniger (Härter) besonders Salze des Cobalts mit höheren Fett-, Harz- und Naphthensäuren, z. B. Cobaltoctoat, Cobaltresinat, Cobaltnaphthenat etc. Als Beschleuniger für Dibenzoylperoxid finden zweckmäßig Amine, so Dimethylanilin, Verwendung.

Nach dem Reaktionsschema in Abb. 7 kommt es zur Bildung von Startradikalen. Durch Reaktion der Startradikale mit ungesättigten Verbindungen (Doppelbindungen der ungesättigten Dicarbonsäuren) und von Styrol wird die Copolymerisation (Kettenreaktion) in Gang gesetzt.

Bei einer Copolymerisation werden zwei verschiedene Monomere in eine Polymerkette eingebaut. Sind bei einem verzweigten Polymerisat die Monomere der Hauptkette und die der Seitenkette unterschiedlicher chemischer Zusammensetzung, so spricht man von einem Pfropfcopolymerisat (Abb. 8).

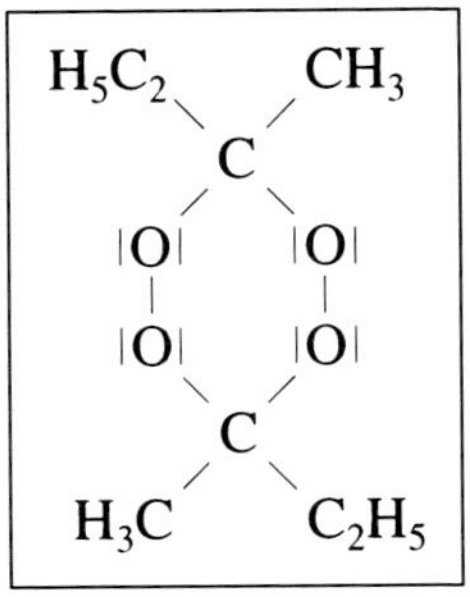

Abb. 6: 2-Butanon-peroxid
(3,6-Diethyl-3,6-dimethyl-1,2,4,5-tetroxan)

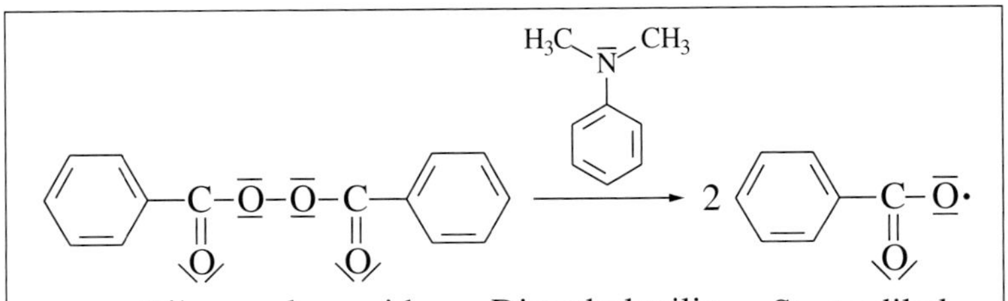

Abb. 7: Reaktionsschema zur Bildung von Startradikalen

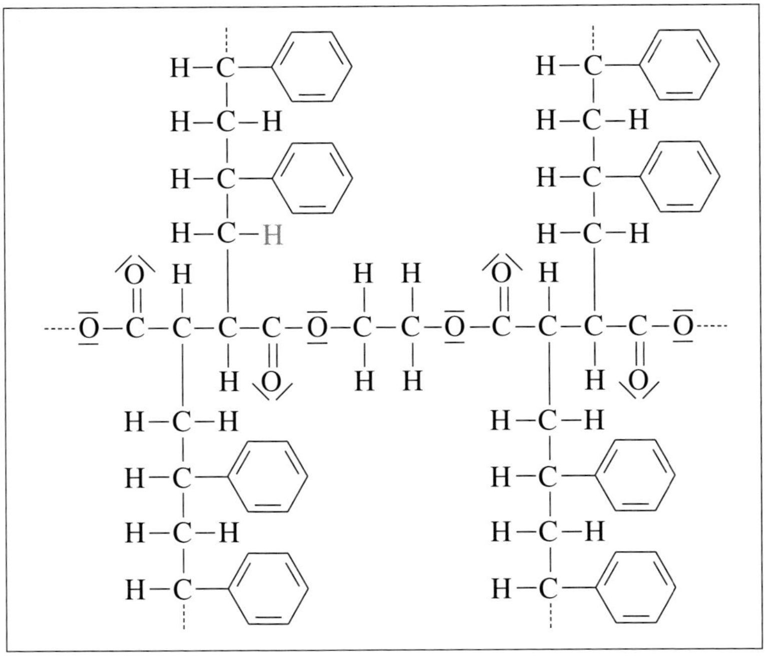

Abb. 8: Ausschnitt aus einem Pfropfcopolymerisat

2 Demonstration der Phosphoreszenz des selbst hergestellten Polyesterharzes

Was wir brauchen

UV-Lampe (λ = 366 nm).

So wird's gemacht

Den hergestellten Kunststoff bewahrt man am besten mit schwarzem Papier umhüllt (Lichtschutz!) auf. Nach Verdunkelung des Raumes entfernen wir die schwarze Umhüllung. Der Kunststoff zeigt kein Leuchten. Wir schalten die Raumbeleuchtung für kurze Zeit an. Nach erneutem Abschalten der Lichtquelle zeigt der Kunststoff nun ein längere Zeit anhaltendes, deutlich sichtbares grünes Nachleuchten (Phosphoreszenz). Das Leuchtpigment in der Kunststoffmasse wird durch blaues und ultraviolettes Licht der Leuchtstoffröhren (auch Tageslicht genügt) zur Phosphoreszenzemission angeregt. Am effektvollsten lässt sich der Versuch gestalten, wenn man den Kunststoff im Dunkeln mit einer UV-Lampe bestrahlt.

Er zeigt dann eine äußerst helle, prachtvolle, grüne Phosphoreszenz. Nach Abschalten der UV-Lampe phosphoresziert der Kunststoff im Dunkeln noch längere Zeit sehr hell.

Literatur:

(1) H. Niermann: „Makromoleküle als Kunststoffe“, Bayer AG, Leverkusen

(2) H. Brandl: PdN-Ch 6/37, S. 21ff., (1988)

15 Thixotrope Experimente

Haben Sie sich auch schon einmal über das „Fließverhalten“ von Ketchup geärgert? Selbst wenn man die Flasche auf den Kopf stellt, fließt kein Ketchup heraus. Durch einen leichten Schlag gegen die Glaswand ergießt sich dann aber der gesamte Inhalt auf einmal über die Pommes frites. Bei der Durchführung der Versuche dieses Kapitels offenbart sich Ihnen das Geheimnis des thixotropen Ketchups!

Thixotropie – oder die profane Deutung des Blutwunders von Neapel

Als Schutzpatron Neapels wird von der einheimischen Bevölkerung der Heilige Januarius (San Gennaro) verehrt. Im Jahre 305 starb San Gennaro, damals Bischof von Benevent, während der Regentschaft von Kaiser Diokletian den Märtyrertod.
Seine sterblichen Überreste werden als Reliquien in der Capella del Tresore im Dom von Neapel aufbewahrt. Außerdem wird in der Kapelle eine gläserne Phiole verwahrt, die angeblich das geronnene Blut des Heiligen enthält. Seit dem Jahre 1389 tritt in den Monaten Mai, September und Dezember mehr oder weniger regelmäßig eine Verflüssigung des „geronnenen Blutes" ein. Dieses Ereignis wird jedes Mal von den Einheimischen euphorisch als das so genannte „Blutwunder von Neapel" gefeiert. Das Eintreten des Blutwunders wird als günstiges Vorzeichen, ein Ausbleiben jedoch als Zeichen für drohendes Unheil angesehen.
Was von den Gläubigen als Wunder betrachtet wird, wird von Wissenschaftlern jedoch profan als Thixotropie-Erscheinung gedeutet. Der Name Thixotropie (gr. thixis = Berührung, gr. tropos = Wandlung) wurde erstmals von Peterli und Freundlich für isotherme, zeitabhängige Gel-Sol-Umwandlungen vorgeschlagen.
Unter Thixotropie versteht man, dass Gele bei Einwirkung mechanischer Kräfte (Rühren, Schütteln, Vibration, Klopfen, Ultraschall)

in den Solzustand übergehen und nach Beendigung der mechanischen Beanspruchung wieder in den Gelzustand zurückkehren. Dabei tritt bei der Ab- bzw. Zunahme der Viskosität eine mitunter beträchtliche Zeitverzögerung ein.

Wie aber kommt es zur Thixotropie des „Blutes von San Gennaro"? In den Tagen, bevor das Blutwunder erwartet wird, inspizieren die Priester die Phiole mit dem Blut immer wieder, um festzustellen, ob die Blutverflüssigung bereits eingetreten ist. Dazu müssen sie den Reliquienschrein anheben. Solche mechanischen Erschütterungen aber genügen nach Meinung der italienischen Wissenschaftler Luigi Garlaschelli, Franco Ramaccini und Sergio Della Sala bereits, um ein thixotropes Gel zu verflüssigen. Zur Stützung ihrer Hypothese führten die drei Forscher „außerplanmäßige" Blutverflüssigungen an, die im Lauf der Jahrhunderte immer dann beobachtet wurden, wenn der Reliquienschrein bei Renovierungsarbeiten ungewollt angestoßen wurde. Sie liefern in ihrer Publikation „Working bloody miracles" zugleich eine Versuchsbeschreibung zur Herstellung einer thixotropen Mischung, die in Farbe und Konsistenz eine täuschende Ähnlichkeit mit dem „vermeintlichen Blut" des Heiligen Januarius in der Phiole aufweist.

Herstellung einer thixotropen Gelmischung zur Simulation des Blutwunders

Was wir brauchen

Erlenmeyerkolben (300 ml), Messzylinder (100 ml), Waage, Kristallisierschale, Reagenzgläser mit passenden Stopfen;
Eisen(III)chlorid-Hexahydrat $FeCl_3 \cdot 6\ H_2O$ (Xn = mindergiftig), Calciumcarbonat, Natriumchlorid, Aqua dest.

So wird's gemacht

Wir lösen 25 g Eisen(III)chlorid-Hexahydrat in 100 ml Aqua dest. und fügen portionsweise unter ständigem Umschütteln insgesamt 10 g Calciumcarbonat zu. Da Eisen(III)chlorid-Hexahydrat infolge seiner Hydrolyse in Wasser sauer reagiert, setzen die entstehenden Hydronium-Ionen aus Calciumcarbonat Kohlenstoffdioxid frei. Daher schäumt die entstandene Mischung stark auf.

Wir schütteln so lange weiter um (oder rühren die Mischung permanent mit einem Magnetrührer), bis das gesamte Kohlenstoff-

dioxid aus der Lösung entwichen ist. Dann setzen wir die nächste Portion Calciumcarbonat zu usw.
Die so erhaltene Lösung gießen wir in eine Kristallisierschale ab und lassen sie über Nacht stehen. Dadurch wird Wasser verdunstet. Wir erhalten eine dunkelbraune viskose Flüssigkeit. Nun setzen wir 1,7 g Natriumchlorid zu. Wir füllen mehrere Reagenzgläser zur Hälfte oder zu drei Viertel mit dem gebildeten Sol und lassen die Gläser anschließend in einem Reagenzglasständer ruhig stehen. Innerhalb weniger Stunden entsteht ein thixotropes Gel. Wir können die mit einem Stopfen verschlossenen Reagenzgläser vorsichtig auf den Kopf stellen, ohne dass das enthaltene Gel flüssig wird. Bei einem leichten Schlag mit einem Lineal gegen die Reagenzglaswand oder durch Schütteln der Reagenzgläser verflüssigt sich das Gel spontan.
Der Verflüssigungs- und Verfestigungszyklus (Sol-Gel-Umwandlungsprozess) lässt sich beliebig oft wiederholen.
Die italienische Forschergruppe weist ausdrücklich darauf hin, dass für die Herstellung ihres Gels nur Substanzen verwendet wurden, die auch schon im 14. Jahrhundert verfügbar waren. So findet sich beispielsweise Eisen(III)chlorid in Form des Minerals Molysit als Produkt aktiver Vulkane wie dem Vesuv.

Hinweis: Wem die obige Herstellung eines thixotropen Gels zur Simulation des Blutwunders zu aufwendig ist, kann als thixotrope Flüssigkeit (noch dazu von blutähnlicher roter Farbe!) einfach Ketchup verwenden!

Literatur:

(1) L. Garlaschelli, F. Ramaccini, S. D. Sala: Nature Vol. 353, S. 507, (1991)
(2) B. Kirchberger: Bild der Wissenschaft 1, S. 110, (1992)
(3) M. Kratz: „Das Blutwunder von Neapel“, AOL-Verlag, Nr. 70, (1994)
(4) W. Müller: PdN-Chem 3/45, S. 39, (1996)

Thixotropie von Bentonit

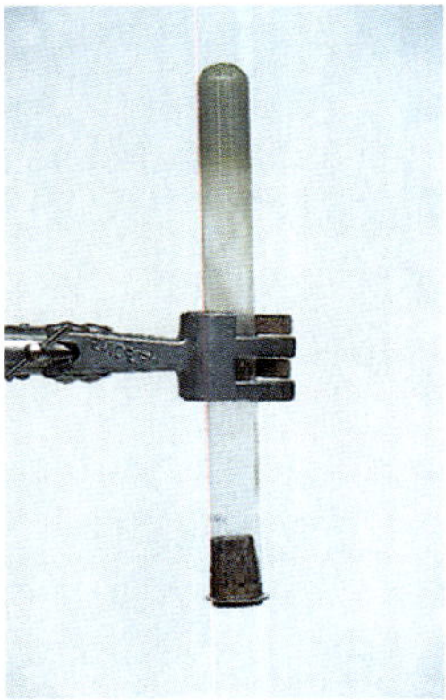
1

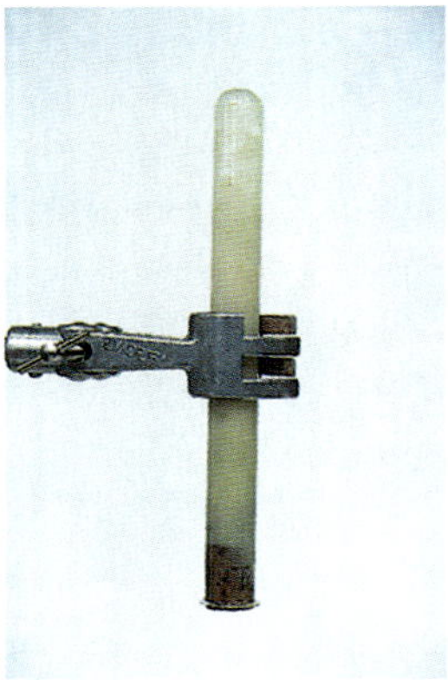
2

Abb. 1: Thixotrope Bentonit-Mischung im Gelzustand

Abb. 2: Thixotropes Bentonit nach Klopfen am Reagenzglas im Solzustand

Der Name Bentonit stammt von einer Tonlagerstätte in der Nähe von Fort Benton in USA (Wyoming). Der Hauptbestandteil dieses Tons ist das Tonmineral Montmorillonit (nach einer Lagerstätte bei Montmorillon in Südfrankreich benannt). Montmorillonit besitzt die ungefähre Zusammensetzung:

$$[Al_2(OH)_2(Si_4O_{10})] \cdot n\ H_2O$$

Die bedeutsamsten Bentonitvorkommen in Deutschland finden sich in Niederbayern in der Gegend von Mainburg, Moosburg und Landshut.

Verwendung von thixotropen Flüssigkeiten
Thixotrope Bentonitsuspensionen finden hauptsächlich in der Tiefbautechnik für das so genannte Schlitzwandverfahren Anwendung. Dabei werden tiefe, schmale Gruben ausgehoben ohne sie zu verschalen. Damit kein Erdreich nachstürzen kann, wird die Schlitzwand mit Bentonitsuspension gefüllt.
In Ruhe verfestigt sich die Suspension (Gelzustand). Dort, wo gebaggert wird, ist die Suspension durch die mechanische Erschütterung flüssig (Solzustand) und stellt somit kein Hindernis dar. Nach Fertigstellung werden die Schlitzwände mit Beton aufgefüllt und die Suspension wieder abgezogen. Auch bei Erdölbohrungen finden thixotrope Bentonitsuspensionen als Bohrspülflüssigkeiten Anwendung.
Bentonit ist hervorragend geeignet, um das Phänomen der Thixotropie im Experiment zu demonstrieren.

Demonstration der Bentonit-Thixotropie

Was wir brauchen

Großes Präparateglas mit Plastikverschlussklappe oder Reagenzglas mit passendem Stopfen; 6%ige wässerige Suspension des Aktivbentonits Tixoton® (zu beziehen über die Süd-Chemie AG München, 85368 Moosburg a. d. Isar).

So wird's gemacht

Wir füllen von obiger Suspension soviel in ein großes Präparateglas (oder Reagenzglas), dass es etwa zur Hälfte gefüllt ist und verschließen mit einer passenden Plastikkappe (oder einem Stopfen). Wir lassen die Suspension kurze Zeit stehen. In Ruhe erstarrt die Suspension zum Gel. Man kann das Glasgefäß vorsichtig auf den Kopf stellen, ohne dass das Gel flüssig wird. Schütteln wir nun aber das Glasgefäß kurz, so wird das Gel sofort zum flüssigen Sol. Lässt man das Glasgefäß dann wieder in normaler Lage einige Sekunden stehen, verfestigt sich das Sol wieder zum Gel. Dieser Versuch ist beliebig oft wiederholbar.

Chemischer Hintergrund

Montmorillonit stellt nach dem Heidelberger Chemiker U. Hoffmann ein kristallines, schichtförmig aufgebautes Aluminiumhydrosilicat dar. Ein Montmorillonitkristall setzt sich aus vielen Schichtpaketen zusammen, die ihrerseits wieder jeweils aus drei Schichten aufgebaut sind: einer SiO_4-Tetraederschicht, einer Aluminiumoxidhydrat-Oktaederschicht und nochmals einer SiO_4-Tetraederschicht (siehe Abb. 2). Zwischen die einzelnen Schichtpakete können sich Wasser-Moleküle einlagern, sodass es zum Quellen des Kristalles kommt. Diese innerkristalline Quellung ist auf eine nicht ausgeglichene Ladungsverteilung innerhalb der Schichtpakete zurückzuführen. Die nicht ausgeglichene Ladungsverteilung kommt zum Beispiel dadurch zustande, dass ein dreiwertig positives Aluminium-Ion in der Oktaederschicht isomorph durch ein zweifach positives Magnesium-Ion ersetzt wird, sodass eine negative Überschussladung resultiert. In den Tetraederschichten bewirkt eine Substitution eines Si^{4+}-Ions durch ein Al^{3+}-Ion ebenfalls eine negative Überschussladung. Diese negativen Überschussladungen können durch Anlagerung austauschfähiger positiver Ionen (Ca^{2+}, Mg^{2+} oder Na^{+}-Ionen) kompensiert werden.

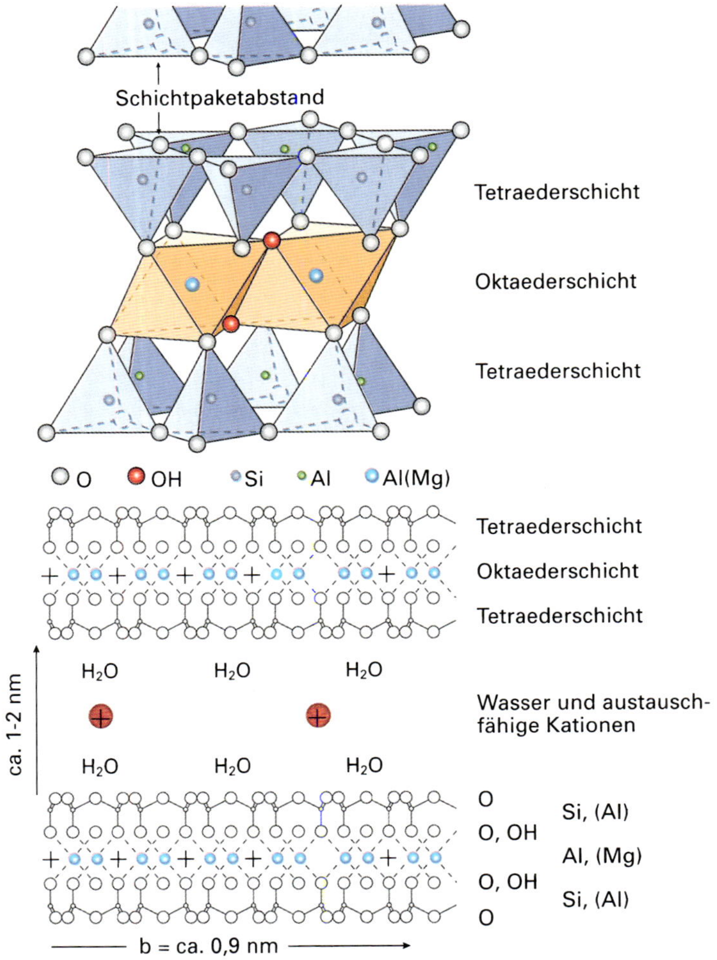

Abb. 2: Schichtgitter des Montmorillonits (nach [4]).

Diese Ionen hydratisieren sich bei Anwesenheit von Wasser, sodass eine Erweiterung des Schichtabstandes resultiert. Ein besonderes Verhalten bezüglich Eigenfestigkeit und Fließgrenze zeigen Suspensionen, welche anisometrische Teilchen, wie die extrem dünnen Plättchen des Montmorillonits, enthalten. Sie können leicht reversibel vom Sol- in den Gelzustand übergehen und umgekehrt.
Nach U. Hoffmann besitzen die plättchenförmigen Montmorillonitteilchen in der verfestigten Bentonitsuspension eine Kartenhausstruktur, d. h. Tonteilchen verkleben sich an Ecken und Kanten über eine dünne Hydratschicht. Durch mechanische Erschütterungen (Schütteln, Klopfen) bricht das Kartenhaus zusammen, d. h.,

die Montmorillonitplättchen werden gegeneinander verschiebbar – es bildet sich der flüssige Solzustand (Abb. 2). Zur Ruhe gekommen, verrutschen die Plättchen in der Suspension infolge der Brown'schen Molekularbewegung so lange, bis sie an den Bindungsstellen wieder einrasten und erneut zur Kartenhausstruktur verkleben (Umwandlung in den festen Gel-Zustand; vgl. Abb. 3).

Abb. 3: Kartenhaus aus Plättchen (Bentonit) nach [6]

Diese starke Erhöhung der Montmorillonitlamellen begünstigt die Ausbildung einer voluminösen Kartenhausstruktur im verfestigten thixotropen Gel, das viele wassergefüllte Hohlräume aufweist. Je stärker die Haftkraft an den Berührungsstellen der Silikatlamellen in der Kartenhausstruktur sind, desto höher liegt die sog. Fließgrenze solcher hoch viskoser Suspensionen.

Literatur:

(1) G. Lagaly, R. Fahn: „Ton und Tonminerale" in Ullmanns Encyklopädie der technischen Chemie 4. Auflage Bd. 23, S. 311–326, Verlag Chemie GmbH, 69469 Weinheim, (1983)

(2) R. Fahn: „Was ist Bentonit?" – Vortrag aus den Schlitzwand-Tagungen vom September 1967 und Februar 1968, Süd-Chemie AG, München Schönebecker Brunnenfilter GmbH, Hannover

(3) J. Falbe, M. Regitz (Hrsg.): Römpp-Chemie Lexikon, 9. Aufl., Georg Thieme Verlag, Stuttgart, New York, Bd. 6, S. 4597, (1992)

(4) H. Brandl: PdN-Ch 3/35, S. 30ff., (1986)

(5) U. König: Chem. Ztg. 10/92, S. 343ff., (1968)

(6) U. Hoffmann: Kolloid-Z. 125, S. 86ff., (1951)

16 Analytische Experimente und Reaktionen

Welche Inhaltsstoffe bringen eine Essiggurke zum Leuchten? Wie lassen sich okkulte Blutspuren an Tatwaffen, Tatorten, Kleidungsstücken von Verdächtigen etc. nachweisen? Was ist Weinstein und wie gelangt er in Weinflaschen oder Weinfässer? Faszinierende Experimente geben Antworten auf diese Fragen.

Die leuchtende Essiggurke

Abb. 1: Versuchsablauf

Essiggurken enthalten in ihrem Zellsaft größere Mengen an gelöstem Natriumchlorid. Die Prüfung auf Natrium-Ionen kann mittels der sog. Flammenprobe erfolgen. Ein Magnesiastäbchen wird in den ausgepressten Saft einer Essiggurke getaucht und in die entleuchtete Bunsenflamme gehalten. Die auftretende lang anhaltende gelbe Flammenfärbung kann als wirkungsvoller analytischer Nachweis auf Natrium und seine Salze dienen.
Der deutsche Chemiker Andreas Sigismund Marggraf (1709–1782), der als erster einen hohen Gehalt an Saccharose in der Zuckerrübe entdeckt hatte und daher die Zuckerrübe als Ersatz für Zuckerrohr vorschlug, beschrieb bereits 1758 die Möglichkeit einer sicheren Unterscheidung von Kalium- und Natriumsalzen anhand ihrer charakteristischen Flammenfärbungen.
Betrachtet man eine Natriumflamme durch ein Spektroskop, so zeigt das Emissionsspektrum eine charakteristische Linie, die so genannte Natrium-D-Linie. Wie exaktere Untersuchungen zeigten, setzt sich diese aus einem Liniendublett, den Linien D_1 und D_2, zusammen. Wodurch entstehen solche Spektrallinien? Werden die Elektronen eines Atoms durch Energiezufuhr angeregt, d. h. in einen energiereichen Zustand versetzt, so kehren sie nach kurzer Zeit (ca. 10^{-9} s) wieder in ihren Grundzustand zurück. Gleichzeitig dazu emittieren sie die Anregungsenergie in Form von Licht charakteristischer Wellenlänge. Das Auftreten einer Natrium D-Linien-Emission bei der Wechselstromelektrolyse einer Essiggurke zeigt der nachstehende, verblüffende Versuch.

1 Gelb leuchtende Essiggurken

Was wir brauchen

2 Tonnenfüße, 2 Isolatorstäbe mit dazu passenden Schraubzwingen, 2 Kupferelektroden, 2 Leitungskabel („Strippen") mit Buchsen, eine „berührungssichere" Steckdose mit Stecker zum Anschluss an das Stromnetz (Wechselstrom/220 V); saugfähiges Papierhandtuch, Essiggurke.

So wird's gemacht

Man stellt zwei Tonnenfüße auf dem Labortisch einander gegenüber und spannt in jeden einen Isolatorstab ein. Mithilfe der Schraubzwingen wird an jedem Isolator auf gleicher Höhe eine Kupferelektrode horizontal befestigt. Die Enden der beiden Kupferelektroden werden von den entgegengesetzten Seiten her in eine Essiggurke eingestochen. (Eventuell austretender „Gurkensaft" wird mit einem saugfähigen Papierhandtuch abgewischt und die Gurke trockengerieben.) Nun verbindet man beide Elektroden über die Leitungskabel mit den Buchsen der berührungssicheren Steckdose. Diese wird dann über den Stecker an das Stromnetz angeschlossen. Zur Intensivierung des Beobachtungseffekts wird der Raum abgedunkelt.
Nach dem Einschalten des Stromes leuchtet das Innere der Essiggurke intensiv gelb auf, ähnlich wie ein elektrischer Lichtbogen. Geruch nach „Verschmortem" wird wahrgenommen. Gesundheitsschädigende Dämpfe treten nicht auf.
Um einen tieferen Einblick in die elektrischen Vorgänge in der Essiggurke zu erhalten, kann man andere wässerige Metallsalzlösungen einer Elektrolyse mit Wechselstrom unterziehen. Als Elektrolyte werden solche Metallsalzlösungen gewählt, die besonders auffällige Flammenfärbungen zeigen.

2 Farbige Lichtblitze in der Petrischale

Was wir brauchen

Materialien wie oben. Dazu folgende Salze: Lithium-, Kalium-, Strontium- und Bariumchlorid (z. T. Xi, T).

So wird's gemacht

Durch Abreiben mit Schmirgelpapier werden die verwendeten Kupferelektroden zuerst einmal blank geputzt. Nun taucht man sie soweit in eine wässrige Salzlösung ein, die sich in einer Petrischale befindet, dass sie von der Flüssigkeit gerade berührt werden. Beim Einschalten des Wechselstromes kann man meist nur an einer Elektrode das Auftreten heller Lichtblitze beobachten, deren Farbe von dem jeweiligen Metallsalz abhängt. So zeigen Lithium- und Strontiumchlorid schöne rote Lichtblitze. Kaliumchlorid zeigt weiße, Bariumchlorid grüne Lichtblitze. Bei einem geeigneten Elektrodenabstand lässt sich zuweilen beobachten, dass die farbigen Blitze wechselweise an der einen bzw. der anderen Elektrode auftreten. Es hat den Anschein, als würden die Lichtblitze von der einen Elektrode zur anderen und wieder zurückspringen.

Chemischer Hintergrund

An der jeweiligen Kathode werden nicht nur Wassermoleküle nach

$$2\ H_2O + 2\ e^- \rightarrow H_2 + 2\ OH^-$$

zu Wasserstoff entladen, sondern wegen der hohen Spannung und Stromdichte z. B. auch Natriumionen nach

$$2\ Na^+ + 2\ e^- \rightarrow 2\ Na$$

zu Natriumatomen.
Natrium- oder andere Metallatome werden an den Elektroden durch elektrische Energie angeregt und zeigen beim Entweichen aus der wässerigen Phase in den Gasraum (in die Umgebungsluft) die charakteristische Lichtemission, wie sie bei der Flammenfärbung der jeweiligen Metallsalze auftritt.
In der Gurke hingegen werden die Lichtblitze, die an der einen oder an beiden Elektroden auftreten, in ein diffuses, das gesamte Gurkeninnere gelb illuminierendes Licht umgewandelt. Wahrscheinlich halten sich die emittierenden Natriumatome in „Gasblasen auf", die nahe der Elektrodenentladungen entstehen.

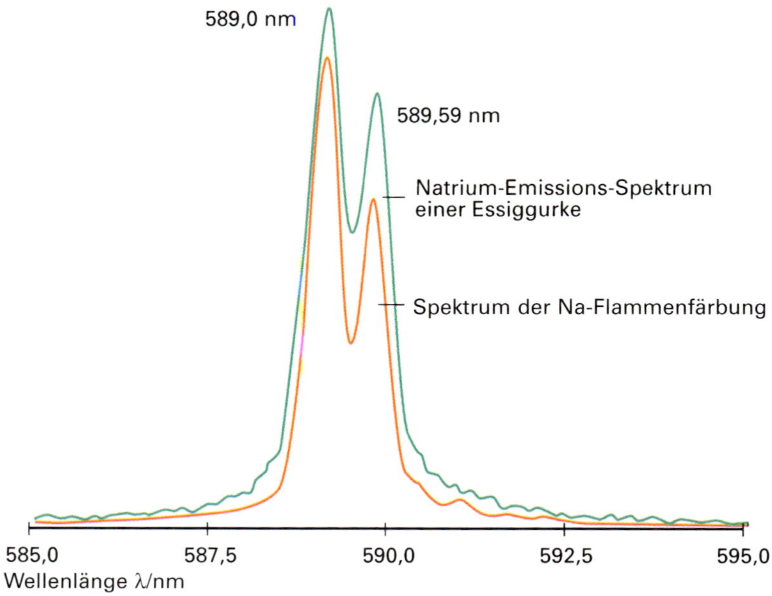

Abb. 2: Emissionsspektren der Natrium-D-Linien [1]

Literatur:

(1) J. R. Appling, F. J. Yonke, R. A. Edington, S. Jacobs: J. Chem. Educ. 70, 3, S. 250ff., (1993)
(2) H. Brandl: PdN-Ch. 44,1, S. 6, (1995)
(3) H. Brandl: Chemkon 3,1, S. 50, (1996)

Nachweis okkulter Blutspuren

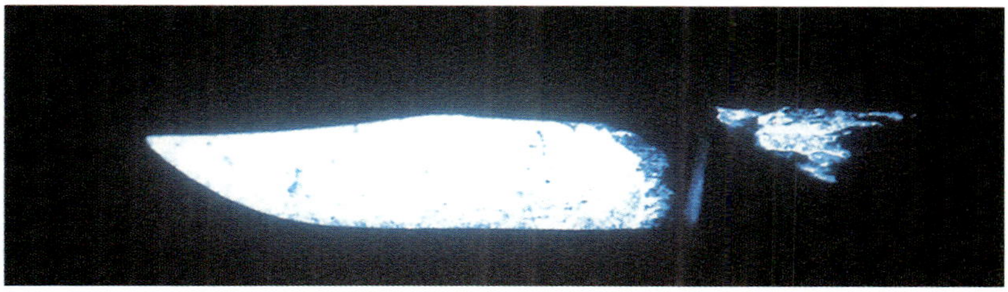

Abb. 1: Blutspuren im Dunkeln mit Luminol sichtbar gemacht

Der Kriminologe steht häufig vor der Frage, ob Flecken an der Kleidung, im Fahrzeug, in der Wohnung des Tatverdächtigen oder auf mutmaßlichen Tatgegenständen wirklich Blut und nicht Flecken anderen Ursprungs sind. Welche Möglichkeiten einer eindeutigen Blutidentifizierung stehen ihm zur Verfügung? Gibt es überhaupt Möglichkeiten, nach sorgfältiger Reinigung des Tatorts, der Kleidung oder von Tatwerkzeugen noch Blutspuren, die dem Auge verborgen bleiben (okkultes Blut), aufzuspüren?
Das Auffinden okkulter Blutspuren spielt sowohl für Kriminologen wie für Mediziner eine bedeutsame Rolle. Für Erstere kann es einen wichtigen Beitrag zur Aufklärung von Gewalttaten leisten, für Letztere kommt dem Auffinden von Blutspuren im Harn und/oder in den Faeces große diagnostische Bedeutung z. B. bei der Krebsfrüherkennung zu.
Mit nachstehender Testlösung können wir den kriminologischen Nachweis okkulter Blutspuren wirklichkeitsgetreu simulieren.

Was wir brauchen

Erlenmeyerkolben (1 l), Messzylinder (500 ml), Waage, Sprühflasche (besonders gut geeignet Parfümflasche mit Zerstäuber), Magnetrührer mit Rührfisch;
3-Aminophthalsäurehydrazid (Luminol), Natriumcarbonat, Natriumperborat, Hämin, Aqua dest.
Bereitung der Testlösung: In einen Erlenmeyerkolben (1 l) füllt man 500 ml Aqua dest. und fügt 3,5 g Natriumperborat, 0,5 g Luminol und 25 g Natriumcarbonat zu. Dann rührt man auf einem Magnetrührer so lange, bis sich alle Feststoffe gelöst haben. Nun füllt man die Testlösung in eine geeignete Sprühflasche.

So wird's gemacht

Zum Nachweis okkulter Blutspuren verstreuen wir winzige Körnchen von Hämin auf einem mit saugfähigem Papier abgedeckten Labortisch. Nach Abdunkeln des Raumes besprühen wir den Labortisch mit der Luminol-Reagenzlösung. Überall wo „Blutspuren" vorhanden sind, tritt spontan eine helle blaue Chemolumineszenz auf, die einige Minuten anhält. Als Versuchsvariante bietet sich an, ein geeignetes Textilstück einige Stunden vorher zu präparieren, indem man beispielsweise ein Messer in Bluthämolysat taucht und auf das Textilstück drückt. Nach dem Eintrocknen des Blutes wird das Textilstück mit dem Luminol-Reagenz besprüht.

Chemischer Hintergrund

Schon geringste Blutspuren katalysieren in alkalischem Medium die Chemolumineszenzreaktion des Luminols. Für den Kriminologen ist vor allem die hohe Spezifität dieser Reaktion von Bedeutung, da andere Körperflüssigkeiten mit Luminol nicht reagieren. Interessant ist dabei die Tatsache, dass der Leuchteffekt umso deutlicher hervortritt, je älter die Blutspur ist. Dies beruht auf einer Abspaltung des Globins vom Hämoglobinmolekül im Verlaufe des Alterungsprozesses. Ein großer Vorteil für die kriminalistische Verwendung der Luminol-Reaktion ist die Möglichkeit, große Flächen (Wohnräume, Keller, Höfe, Gärten etc.) durch Besprühen mit Luminol-Reagenz bei einbrechender Dunkelheit auf eine eventuelle Anwesenheit von Blutspuren schnell und leicht überprüfen zu können. Zudem zerstört das Luminol-Reagenz besprühte Blutflecke nicht, sodass weitere, oft dringend notwendige Folgeuntersuchungen spektroskopischer und serologischer Natur zur Identifikation der Blutart und Feststellung der Blutgruppe nicht behindert werden.
Das Reaktionsprinzip der Luminolreaktion ist noch immer Gegenstand der wissenschaftlichen Diskussion, obwohl sie bereits 1928 von dem deutschen Chemiker H. D. Albrecht beschrieben wurde.
Stark vereinfacht lässt sich die Luminol-Chemolumineszenzreaktion wie folgt beschreiben:

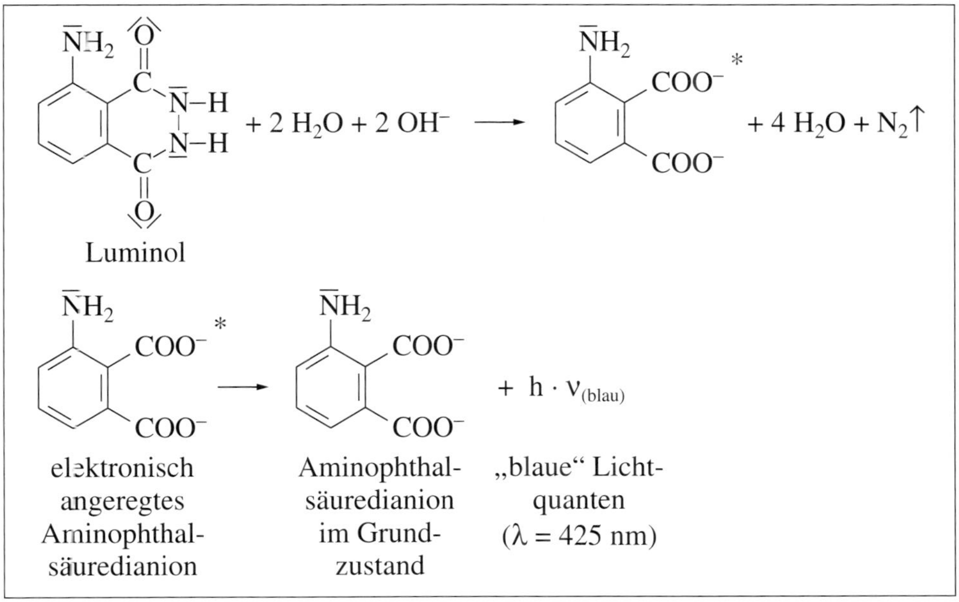

Was ist Hämin?
Hämin entsteht durch einen von dem Krakauer Anatomieprofessor Teichmann erstmals 1883 beschriebenen und nach ihm benannten Test. Dabei erfolgt eine Spaltung des roten Blutfarbstoffs Hämoglobin in den Proteinanteil – das Globin – und in die farbgebende Gruppe, das Hämin. Hämin bildet dünne Plättchen oder abgeschrägte Prismen, die in der Durchsicht braun, bei Aufsicht stahlblau erscheinen. Die Herstellung von Hämin ist in (2) beschrieben.

Literatur:

(1) H. Brandl, S. Albrecht: MNU 47,4, S. 226ff., (1994)
(2) A. F. Hollemann, L. Schuler: „Einfach Versuche auf dem Gebiete der organischen Chemie“ 9. Auflage, W. de Gruyter und Co. Berlin, S. 154, (1965)
(3) L. Teichmann: Z. Ration. Med. 3, S. 375,(1853)
(4) H. D. Albrecht: Z. phys. Chem. 136, S. 321ff., (1928)

Wie kommt der Stein in den Wein? – Oder das Geheimnis von Weinstein

Abb. 1: Weinstein und sein Nachweis mittels Ringprobe (rechts)

In manchen Flaschen länger gereiften Weißweins findet sich ein mehr oder weniger auffälliger Bodensatz. Wein aus solchen Flaschen dargeboten, wird von Personen, die keine Weinkenner sind, meist höflich abgelehnt oder aber er wird als irgendwie verdorben angesehen. Der Weinkenner aber wird ungeachtet des Bodensatzes den vorzüglichen Wein genießen. Der Bodensatz besteht nämlich aus Weinstein, der sich aus der Weinsäure des Weines allmählich bildet und abscheidet. Weinsäure (2,3-Dihydroxybutan- 1,4-dicarbonsäure) kommt in nennenswerten Mengen nur in Weintrauben vor. Bei abfüllreifen Weinen liegt der Weinsäuregehalt meist zwischen 1,3 und 1,5 g/l. Ist Weinsäure in höherer Konzentration vorhanden, kommt es bei längerer Lagerung des Weins teilweise zu einer Abscheidung als Weinstein (Kaliumhydrogentartrat). Bei der Reifung (Gärung) von Wein in einem Holzfass können sich große harte Kristalle von Weinstein bilden, die Laien wie ein mehr oder weniger großer Stein erscheinen mögen (siehe Abb. 1).

1 Weinstein entsteht im Reagenzglas

Was wir brauchen

250 ml Erlenmeyerkolben, Weißwein, Messzylinder (10 ml und 50 ml), Glasstab, Kühlschrank, Stopfen, Filter, Pipette, Waage; 20% Kaliumacetatlösung (CH_3COOK), Kaliumchlorid (KCl), Ethanol (w = 96%) (F = leichtentzündlich), Eisessig (C = ätzend).

So wird's gemacht

Wir versetzen 100 ml Weißwein in einem 250 ml Erlenmeyerkolben mit 2 ml Eisessig, 1 ml einer 20%igen Kaliumacetat-Lösung und 15 g Kaliumchlorid. Durch Umrühren bringen wir Kaliumchlorid in Lösung und setzen dann 20 ml Ethanol (w = 96%) hinzu. Mit einem Glasstab kratzen wir dann kräftig an der Gefäßwand, um Unebenheiten für den Start der Kristallisation von Weinstein zu schaffen. Dann verschließen wir den Erlenmeyerkolben mit einem passenden Korkstopfen und stellen ihn über Nacht in einen Kühlschrank. Am nächsten Tag filtriert man den angefallenen kristallinen Niederschlag mit einer Filternutsche ab. Der Niederschlag wird auf einem Filterpapier ausgebreitet an der Luft oder aber im Trockenschrank getrocknet: Wir erhalten reinen Weinstein.

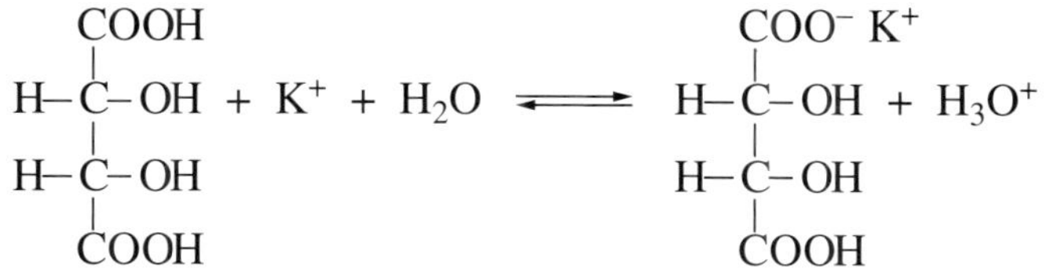

Weinsäure — Kaliumhydrogentartrat (Weinstein)

Wie man Weinstein in vitro erzeugt, haben wir mit vorstehendem Versuch gezeigt. Wie und warum entsteht Weinstein aber in natura bei einer Gärung von Wein in Flaschen und Fässern? Nachstehender Versuch kann darauf eine Antwort geben.

2 Der „alkoholscheue" Weinstein

Was wir brauchen

Erlenmeyerkolben (100 ml), Messzylinder (50 ml), Magnetrührer mit Heizplatte, Reagenzglas;
Weinstein (Kaliumhydrogentartrat), heißes Wasser, Ethanol (w = 96%).

So wird's gemacht

Wir erhitzen in einem Erlenmeyerkolben 50 ml Wasser und setzen dann 0,1 g Weinstein zu. Unter permanentem Rühren löst sich der Weinstein in heißem Wasser völlig auf. Man lässt nun abkühlen, wobei sich eine kaltgesättigte Lösung von Weinstein bildet, in der ein Teil des gelösten Weinsteins wieder auskristallisiert. Von der überstehenden klaren Lösung bringen wir einige Milliliter in ein Reagenzglas und versetzen sie mit Ethanol (w = 96%). Es tritt spontan eine Trübung der Lösung auf.

Chemischer Hindergrund

Weinstein (Kaliumhydrogentartrat) ist in Ethanol viel weniger löslich als in Wasser. So lösen sich in 100 ml Wasser 0,5 g Weinstein (bei 20 °C), in 100 ml Ethanol hingegen nur 0,06 g.
Da sich mit fortschreitender Gärdauer der Alkoholgehalt in der Gärflüssigkeit erhöht, wird Kaliumhydrogentartrat wegen seiner – im Gegensatz zu Wasser – wesentlich geringeren Löslichkeit in Alkohol vermehrt abgeschieden. Es setzt sich als Weinstein am Boden von Weinflaschen bzw. an den Wänden von Weinfässern ab.
Der berühmte schwedische Chemiker Scheele hat 1769 erstmals natürliche Weinsäure aus Weinstein gewonnen und kristallin dargestellt.

3 Ein roter Ring zeigt Weinstein an

Was wir brauchen

Reagenzglas, Pipette, Hammer, Zange, heißes Wasserbad;
Weinstein aus einem Fass bwz. Weinstein von Versuch (1) selbst hergestellt.
Resorcin (m-Dihydroxybenzol) (Xn = mindergiftig, N = umweltgefährlich), konz. Schwefelsäure (C = ätzend).

Gefahrenhinweis

Beim Arbeiten mit Schwefelsäure **Schutzbrille** und **Schutzhandschuhe** tragen!

So wird's gemacht

Von einem natürlichen Stück Weinstein brechen wir ein kleines Stück mithilfe einer Zange heraus oder schlagen mit einem Hammer ein kleines Stück ab und legen es in ein Reagenzglas. In ein zweites Reagenzglas bringen wir eine Spatelspitze des in Versuch (1) hergestellten Weinsteins. In die beiden Reagenzgläser gibt man nun je eine Spatelspitze festes Resorcin und löst es in Wasser. Dann unterschichtet man mithilfe einer Pipette etwa mit gleichem Volumen konz. Schwefelsäure.
Man stellt das Reagenzglas anschließend kurz in ein heißes Wasserbad. An der Phasengrenze zwischen konz. Schwefelsäure und wässriger Lösung bildet sich allmählich ein schöner dunkelroter Ring (siehe Abb. 1).

Chemischer Hintergrund

Diese Ringprobe dient dem analytischen Chemiker zum Nachweis von Weinsäure und ihren Salzen, den Tartraten. Weinsäure wird in der Wärme durch konz. Schwefelsäure zersetzt.
Eines der Zersetzungsprodukte ist Glycolaldehyd (2-Hydroxyethanal). Dieses reagiert mit Resorcin zu einem rot gefärbten Kondensationsprodukt. Man verwendet diese Reaktion zum Nachweis von Weinsäure in Obstsäften, Back- und Brausepulvern.

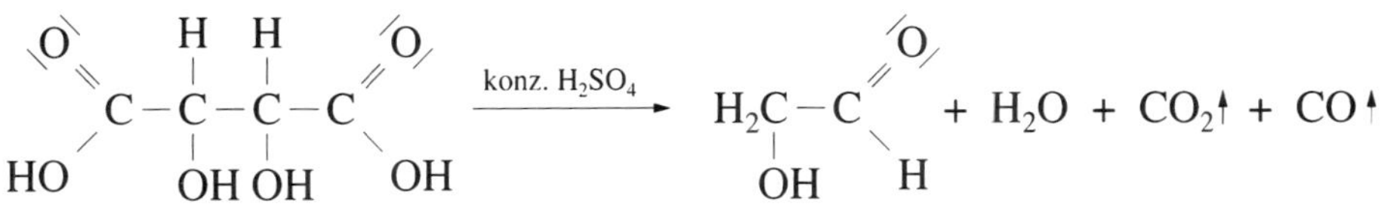

Weinsäure — Glykolaldehyd

Als weitere Nachweisreaktion für Weinsäure und Tartrate kann nachstehender Versuch dienen.

4 Violettfärbung zum Nachweis von Tartrat

Was wir brauchen

Eisen(III)chlorid-Hexahydrat-Lösung (w = 7%; Xn = mindergiftig), Natriumhydroxid-Lösung (w = 1%) (Xi = reizend), Wasserstoffperoxid-Lösung (w = 3%), (Xi = reizend), 1 g Weinsäure oder Tartrat.

So wird's gemacht

Wir lösen 1 g Weinsäure (oder Weinstein) in 2 ml Wasser und fügen 10 Tropfen Eisen(III)chlorid-Lösung hinzu. Danach setzt man 10 Tropfen Wasserstoffperoxid (3%) und 12 ml Natronlauge (1%) zu. Die Reaktionslösung färbt sich deutlich violett.

Chemischer Hintergrund

Tartrat-Ionen werden in alkalischer Lösung zu einer Endiol-Verbindung (s. Reaktion von Phenolen mit Eisen(III)chlorid-Lösung) oxidiert, die mit Fe^{3+}-Ionen eine violette Komplexverbindung bildet.

Entsorgung

Reaktionslösung mit viel Wasser in die Kanalisation entsorgen.

5 Herstellung von Brausepulver aus Weinsäure

Vor allem bei Kindern sind Brausepulver sehr beliebt (oft auch in Form von Brausewürfeln im Handel). Ein farbiges Pulver in ein Glas Wasser geschüttet und unter heftigem Sprudeln entsteht eine Brauselimonade mit entsprechendem Geschmack. Solche Brausepulver sind Gemische aus Zucker, Hydrogencarbonat und Weinsäure unter Zusatz von Farbstoffen und Geschmacksessenzen. Beim Auflösen in Wasser brausen diese Pulver stark auf, da die Weinsäure aus Natriumhydrogencarbonat Kohlenstoffdioxid freisetzt.

Was wir brauchen

Mörser, Pistill, Waage, Becherglas (250 ml); Natriumhydrogencarbonat, Weinsäure.

So wird's gemacht

Wir verreiben in einem Mörser eine Mischung von 2 g Natriumhydrogencarbonat und 2 g Weinsäure gründlich mit einem Pistill. Danach bringen wir das Gemisch in ein Becherglas mit 200 ml Leitungswasser.

Chemischer Hintergrund

Es tritt ein heftiges Aufschäumen, verursacht durch das freigesetzte Kohlenstoffdioxid auf.

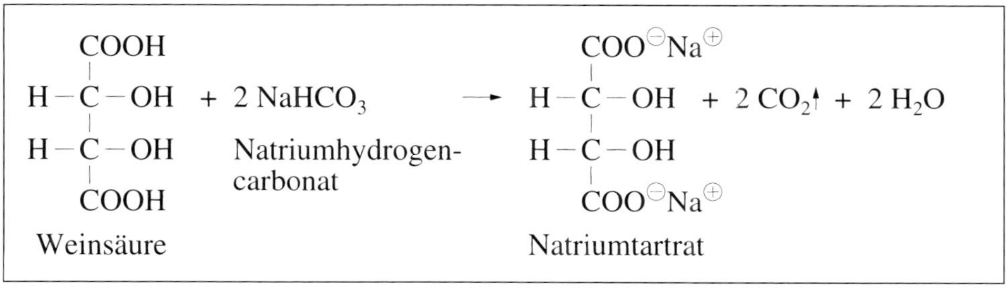

Nach Zusatz von etwas Zucker oder Saccharin schmeckt das Getränk herrlich erfrischend.

17 Tönende Experimente

Wer kennt sie nicht, die so häufig zitierte spöttische Definition von Chemie? Chemie ist alles was stinkt und kracht. Dass chemische Reaktionen zuweilen und beabsichtigt unter Knall und Rauch ablaufen, ist von den pyrotechnischen Silvesterartikeln allgemein bekannt.
Bei den in diesem Kapitel vorgestellten Versuchen stehen aber eindeutig akustische Effekte wie die Erzeugung von Einbruchsgeräuschen und an ein Gewitter erinnernde Geräusche im Vordergrund.
Erleben auch Sie diese chemischen Experimente fürs Ohr!

Die tönende Eisensulfid-Synthese

Abb. 1: Reaktion von Stahlwolle mit Schwefel unter Lauterzeugung

Dass gewisse chemische Reaktionen unter Lauterzeugung ablaufen, ist allgemein bekannt. So sind explosionsartig verlaufende Reaktionen mit einem mehr oder weniger lauten Knall verbunden. Bei der so genannten Knallgasprobe wird ein Reagenzglas, das eine Mischung von Wasserstoff- und Sauerstoffgas enthält, mit der Mündung an eine Brennerflamme gehalten. Das Gemisch aus zwei Volumina Wasserstoffgas und einem Volumen Sauerstoffgas reagiert bei 500–600 °C gezündet, mit einem lauten Knall; hingegen mit „Pfeifen oder Fauchen", wenn das Gasgemisch nicht ganz dem stöchiometrischen Verhältnis von 2 : 1 entspricht.

$$2\,H_2 + O_2 \rightarrow 2\,H_2O \qquad \Delta H = -485\ \text{kJ}$$

Ganz allgemein sind alle Wasserstoff-Luft-Gemische, die zwischen 4 und 75,6 Volumenprozent Wasserstoff enthalten, explosiv.
Bevor man Wasserstoffgas, das man durch eine geschlossene Apparatur leitet, erhitzt oder entzündet, muss stets vorher mithilfe der Knallgasprobe sichergestellt sein, dass sich kein explosionsfähiger Luftsauerstoff-Rest mehr in der Apparatur befindet. Erst nach einem negativen Ausfall der Knallgasprobe kann der vorgesehene Versuch gefahrlos durchgeführt werden.
Ein akustisches Ereignis kann man auch beim Auflösen des berühmten Knistersalzes von Wieliczkas (bei Krakau) in Wasser erleben. Dieses

Salz (Natriumchlorid) enthält kleine Mengen an Kohlenwasserstoffen in seinem Kristallgitter eingeschlossen (Clathrate oder Käfig-Einschlussverbindungen von Gasen in Kristallgittern von Salzen). Diese Clathrate sprengen die Wände der Einschlusskäfige auf, sobald sie durch die Auflösung dünn genug geworden sind.
Eine chemische Reaktion, bei deren Ablauf eine akustische Emission in Form wohlklingender Töne (einem Singen gleich) erfolgt, dürfte hingegen eine ausgesprochene Rarität darstellen.

Was wir brauchen

Reagenzglas mit Reagenzglasklammer, Brenner, Waage;
Schwefelpulver (fein zerrieben), Stahlwolle (Nr. 4).

Gefahrenhinweis

Für den Fall, dass das Reagenzglas durch die Hitze der exothermen Reaktion zerspringen sollte, ist ein Behälter mit Sand bereit zu halten. Das Tragen einer **Schutzbrille** ist unbedingt erforderlich.

So wird's gemacht

Wir füllen in ein Reagenzglas etwa 0,4 g Schwefelpulver und schieben danach einen etwa 0,9 g schweren Stahlwollepropfen (Stahlwolle Nr. 4) so weit in das Reagenzglas, dass zwischen Schwefelpulver und Stahlwolle ein Mindestabstand von 1–2 cm verbleibt. Mithilfe einer Reagenzglasklammer hält man das Reagenzglas vorsichtig in die heiße Brennerflamme. Zuerst erwärmen wir die untere Hälfte der Eisenwolle und danach erhitzen wir den Schwefel bis zum Sieden. Der aufsteigende heiße Schwefeldampf startet die Reaktion. Bei abgedunkeltem Raum erscheint das Durchglühen der Stahlwolle, das von einem mehr oder weniger starken „Tönen“ begleitet ist, besonders faszinierend. Das „Tönen“ hält an, bis die gesamte Stahlwolle mit Schwefel zu Eisensulfid reagiert hat.

Entsorgung

Da das Reagenzglas durch die große, frei werdende Reaktionsenergie stark erhitzt wird, stellen sich beim Abkühlen Spannungen im Glas ein, sodass sich im Normalfall Sprünge im Glas bilden. Da es nicht wieder verwendet werden kann, wird es vorsichtig mit einem Hammer zerschlagen und zum Glasbruch gegeben. Das gebildete Eisensulfid kann aufbewahrt werden und z. B. zur Herstellung von Schwefelwasserstoff Verwendung finden.

Chemischer Hintergrund

In einigen Experimentalbüchern wird die obige akustische Emission damit begründet, dass die bei der stark exothermen Reaktion freigesetzte Wärme die Luftsäule über der Stahlwolle zu Schwingungen anregt. Damit wäre dieses Phänomen ein rein physikalischer Effekt.
Neuere Untersuchungen an pyrotechnischen Pfeifsätzen haben aber gezeigt, dass das Pfeifen dieser Sätze auf einen oszillierend erfolgenden Abbrand zurückzuführen ist, die Lauterzeugung hier also chemisch bedingt ist.
Auch bei dem „Pfeifgeräusch" bei der Knallgasprobe handelt es sich um eine rasche Abfolge pulsierender Explosionen.

Literatur:

(1) B. Schumacher: Vortrag bei der MNU-Tagung in Kiel, (1996)
(2) M. Kratz: AOL-Verlag, Blatt 015
(3) H. Brandl: „Oszillierende chemische Reaktionen und Strukturbildungsprozesse", Aulis Verlag Deubner & Co. KG, Köln, S. 108–109, (1987)

Einbruchsgeräusche aus dem Reagenzglas

Wie im Versuch „Die tönende Eisensulfid-Synthese“ ausgeführt, existiert eine Reihe von chemischen Reaktionen, die unter Erzeugung von Geräuschen oder Tönen abläuft. Zu dieser Gruppe von Reaktionen gehört auch die erstmals 1978 von einer niederländischen Forschergruppe durchgeführte Synthese von Dichloro(pyrazin)zink(II).

Was wir brauchen

Drei Bechergläser (2 × 200 ml, 1 × 300 ml), Spatel, Waage; Zink(II)chlorid $ZnCl_2$ (C = ätzend; N = umweltgefährlich), Pyrazin (1,4-Diazin), Aqua dest.

So wird's gemacht

Wir bereiten zwei Lösungen vor:

Lösung A:
8 g Zink(II)chlorid werden in 100 ml Aqua dest. gelöst.
Lösung B:
8 g Pyrazin werden in 100 ml Aqua dest. gelöst.

In einem Becherglas (300 ml) fügen wir zu 100 ml Lösung B 100 ml Lösung A. Unmittelbar nach dem Vermischen beider Lösungen bildet sich ein sehr feiner, weißer, pulveriger Niederschlag von Dichloropyrazin(ZinkII).

Die schnelle Bildung der hellen, weißen Kristalle vermittelt den Eindruck eines Lichtblitzes (obwohl keine Lichtemission erfolgt). Während des Auskristallisierens ist ein deutliches Knacken, wie vom Aufbrechen von Türen oder Schränken (mit etwas Phantasie „Einbruchsgeräuschen" gleichend) zu vernehmen. Die Lauterzeugung wird von einer deutlichen Temperaturerhöhung der Lösung begleitet.

Entsorgung

Die Lösung wird eingedampft und das Salz in einem Sammelbehälter für mindergiftige Salze bis zur endgültigen Entsorgung aufbewahrt.

Chemischer Hintergrund

Aus Infrarot-Spektren ergibt sich, dass das Zn^{2+}-Ion im Dichloropyrazin-Zink(II) sechsfach koordiniert auftritt und oktaedrisch angeordnet ist. Die Lautentstehung ließe sich dadurch erklären, dass ein Phasenübergang im Kristallgitter stattfindet, welcher das ursprüngliche Kristallgitter beschädigt. Ein solcher Phasenübergang könnte auf einer Umwandlung von ursprünglich tetraedrisch koordinierten Zn^{2+}-Ionen in oktaedrisch koordinierte Zn^{2+}-Ionen beruhen.
Eine zweite Möglichkeit ist nach Ansicht der Entdecker die ursprüngliche Bildung von relativ kurzen Ketten von Dimeren, gefolgt von einer schnellen Polymerisation zu Polymeren unbestimmter Größe.
Wie eine Frequenzuntersuchung der akustischen Emission ergeben hat, liegt die größte Intensität der Lautemission außerhalb der Grenze menschlicher Hörfähigkeit (reicht bis zu etwa 18 kHz). Das Maximum der Lauterzeugung obiger Reaktion liegt jedoch bei ca. 100 kHz. Ein Hertz (1 Hz) ist die Einheit für die Frequenz einer elektromagnetischen Welle. Sie bezeichnet also die Anzahl der Schwingungen pro Zeiteinheit.

Literatur:

(1) J. A. C. Ooijen, E. van Tooren, J. Reedijk: J. Am. Chem. Soc. 100/17, S. 5569ff., (1978)

Gewitter unter Wasser

Abb. 1: CO_2-Bildung unter Funkenentstehung („Aufblitzen“)

Reaktionen, die unter Feuererscheinung oder gar in Form von Miniexplosionen ablaufen, faszinieren meist Experimentatoren und Zuschauer gleichermaßen. Ein lang bekannter, aber stets aufs Neue faszinierender Versuch ist die in Chemikerkreisen unter der Bezeichnung „Gewitter unter Wasser“ firmierende Oxidation von Alkohol (Methanol, Ethanol, Propanol) durch ein Gemisch von konzentrierter Schwefelsäure und Kaliumpermanganat.

Was wir brauchen

Reagenzglas, Stativ mit Stativklammer, Spatel, Büchse mit Sand; Kaliumpermanganat (F = leicht entzündlich, Xn = mindergiftig), konzentrierte Schwefelsäure (C = ätzend), Ethanol (Brennspiritus) bzw. Methanol (T = giftig) bzw. Propanol [alle F = leicht entzündlich].

Gefahrenhinweis

Beim Arbeiten mit konzentrierter Schwefelsäure **Schutzbrille**, **Schutzhandschuhe** und **Schutzkleidung** tragen!

So wird's gemacht

In ein trockenes Reagenzglas bringen wir 2 ml konz. Schwefelsäure und überschichten diese danach mithilfe einer Pipette mit 4 ml Brennspiritus (oder Methanol bzw. Propanol).
Es bilden sich zwei deutlich erkennbare Phasen aus. Die konzentrierte Schwefelsäure (Dichte $\varrho = 1{,}8\ g/cm^3$) bildet die untere Schicht, die darüber liegende Phase besteht aus dem leichteren Brennspiritus ($\varrho = 0{,}8\ g/cm^3$).
Werfen wir nun einige größere Kaliumpermanganatkristalle in das Gemisch, treten nach kurzer Zeit an der Phasengrenze zwischen Säure und Alkohol helle Lichtblitze auf, die von einem knisternden Geräusch begleitet werden. In einem abgedunkelten Raum lässt sich dieses „Gewitter unter Wasser“ (Blitze und „Donner“ letzterer durch teilweise recht lautes Knacken simuliert) besonders effektvoll demonstrieren. Durch Zusatz eines im Alkohol gut löslichen roten Farbstoffes (z. B. Rhodamin B) kann man erreichen, dass die Lichtblitze nicht weiß, sondern dunkelrot erscheinen.
Während der Reaktion lässt sich eine stellenweise Grünfärbung der Schwefelsäure und eine Braunfärbung der Phasengrenze beobachten. Das „Gewitter unter Wasser“ dauert ca. 15 Minuten an, kann aber durch erneutes Zusetzen von Kaliumpermanganatkristallen fortgeführt werden.

Entsorgung

Nach Beendigung des Versuches gießt man den Reagenzglasinhalt in eine wassergefüllte Glaswanne, um zu verhindern, dass es beim Auskippen zu einer Entflammung des Alkohols kommen kann. Die mit Wasser stark verdünnte Flüssigkeit kann danach in die Kanalisation entleert werden.

Chemischer Hintergrund

Kaliumpermanganat reagiert mit konzentrierter Schwefelsäure unter Bildung des recht instabilen Manganheptaoxids Mn_2O_7. Dieses zerfällt an der Phasengrenze rasch in Mangandioxid (Braunstein) und Ozon. Ozon oxidiert den Alkohol unter Funkenbildung (kurzzeitige Entzündung) zu Kohlenstoffdioxid und Wasser. Man kann das gebildete Kohlenstoffdioxid nach jeder Funkenbildung („Aufblitzen“) in Form von Gasbläschen im Alkohol aufsteigen sehen, während der gebildete Braunstein die Phasengrenzschicht braun färbt.

$2\,KMnO_4 + $	$H_2SO_4 \rightarrow$	$K_2SO_4 + $	$H_2O + $	Mn_2O_7	(1)
Kaliumper-manganat	Schwefel-säure	Kalium-sulfat		Mangan-heptaoxid	

$Mn_2O_7 \rightarrow$	$2\,MnO_2 +$	$O_3\uparrow$	(2)
	Braun-stein	Ozon	

$$C_2H_5OH + 2\,O_3 \rightarrow 2\,CO_2\uparrow + 3\,H_2O \qquad (3)$$

Ethanol

Literatur:

(1) F. Bukatsch, W. Glöckner (Hrsg.): „Experimentelle Schulchemie", Bd. 3, Aulis Verlag Deubner & Co. KG, Köln, S. 171, (1977)

(2) H. Römpp: „Chemische Experimente, die gelingen", Franckh'sche Verlagshandlung, Stuttgart, S. 96–97, (1955)

18 Experimente mit Farben und Lösungsmitteln

Wollten Sie nicht immer schon einmal Merlins Zauberbecher vor sich haben? Mit den in diesem Kapitel beschriebenen Experimenten mit den „Chamaeleons“ unter den Farbstoffen, den Merocyaninfarbstoffen, gelingt es Ihnen wie von selbst. Lassen Sie sich faszinieren ohne selbst in einen „Rausch der Farben“ zu verfallen.

Versuche zur Solvatochromie von Merocyaninfarbstoffen

Abb. 1: Zweiphasen-Solvatochromie mit Chinaldinium-phenolat-Betain

Merocyanine – die Chamäleons unter den Farbstoffen

Es ist allgemein bekannt, dass sich elementares Iod in verschiedenen Lösungsmitteln mit unterschiedlicher Farbe löst. In sauerstoffhaltigen organischen Lösungsmitteln wie Ethanol, Diethylether, Aceton usw. löst sich Iod mit tiefbrauner, in sauerstofffreien organischen Lösungsmitteln wie Kohlenstoffdisulfid, Chloroform, Tetrachlorkohlenstoff usw. mit tiefvioletter und in aromatischen Lösungsmitteln wie Benzol mit himbeerroter Farbe. Das Phänomen, dass sich die Farbe eines Stoffes in Abhängigkeit von der Polarität eines Lösungsmittels ändert, bezeichnet man als Solvatochromie.

Brillante Solvatochromie zeigen vor allem so genannte Merocyanin-Farbstoffe. Merocyanine sind neutrale Farbstoffe, deren Chromophor linear, verzweigt, gekreuzt oder zyklisch konjugiert sein kann. Sie stellen Polymethinfarbstoffe dar, deren allgemeine Struktur sich durch eine unpolare und eine zwitterionische, polare Grenzstruktur beschreiben lässt.

Merocyanine stellen im einfachsten Fall vinyloge Säureamide der nachstehenden Struktur dar.

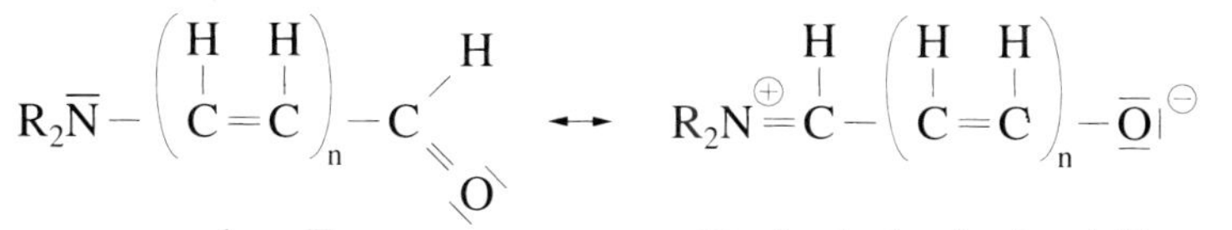

unpolare Form — zwitterionische (polare) Form

Jedoch sind die Endgruppen – eine Dialkylaminogruppe und eine Carbonylgruppe – häufig auch in heterozyklische Ringe integriert. Heterozyklische Merocyanine sind wegen ihrer großen Stabilität für die Demonstration der Solvatochromie besonders gut geeignet.

1 Herstellung des Merocyanin-Farbstoffes (2-(4´-Hydrocystryl)-N-methylchinoliniumbetain (Chinaldiniumphenolat-Betain)

Was wir brauchen

Zweihalskolben mit Rückflusskühler und Schliffthermometer, elektrischer Heizpilz, Messzylinder (100 ml und 200 ml), Tropfpipette, Filternutsche, Wasserstrahlpumpe, Magnetrührer, Tropftrichter; Chinaldinmethoiodid, p-Hydroxybenzaldehyd, Methanol (F = leicht entzündlich, T = giftig), Piperidin (Hexahydropyridin) (F = leicht entzündlich, T = giftig), Konz. Salzsäure (C = ätzend), Konz. Natronlauge (c = 1 mol/l) (C = ätzend), Diethylether (F = leicht entzündlich), Aqua dest.

So wird's gemacht

Wir lösen 11,4 g Chinaldinmethoiodid und 9,8 g p-Hydroxybenzaldehyd in 60 ml Methanol. Dann setzen wir 10 Tropfen der starken Base Piperidin zu und erhitzen das Gemisch mit einem Heizpilz etwa 90 Minuten unter Rückflusskühlung bis zum mäßigen Sieden. Beim Abkühlen scheidet sich das Zwischenprodukt (Z) ab. Eine Ausbeuteverbesserung lässt sich durch Zugabe von Salzsäure bzw. von Iodwasserstoffsäure und mehrmaliges Lösen erzielen. Über Nacht lässt man diese Lösung im Kühlschrank stehen. Die ausgefallenen Kristalle werden mit einer Filternutsche abgesaugt und mit etwas Methanol und Diethylether nachgewaschen. Man kann aber auch gleich das Zwischenprodukt (Z) abnutschen und wie folgt weiterverarbeiten:

Wir schlämmen das 2-(4'-Hydroxystyryl)-N-methylchinoliniumiodid in 150 ml Wasser auf und tropfen aus einem Tropftrichter unter permanentem Rühren mit einem Magnetrührer so viel Natronlauge (c = 1 mol/l) zu, bis der auftretende Niederschlag seine blaue Farbe beibehält. Nach ca. 30 minütigem Rühren wird der Niederschlag abgenutscht und mit etwas Wasser nachgewaschen. Eine nachfolgende Umkristallisation aus Methanol ist nicht unbedingt erforderlich. Man erhält das „Betain" in Form blauglänzender Kristalle (Smt. 147 °C).

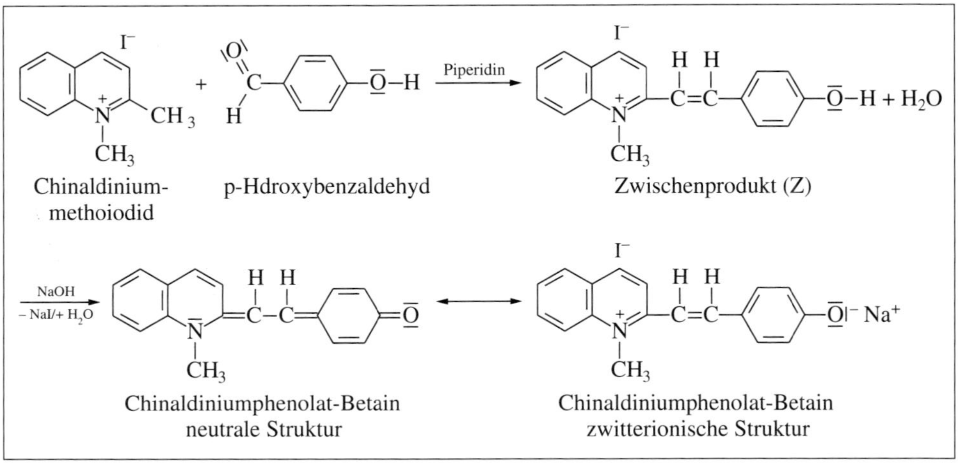

Entsorgung

Lösungsrückstände in Sammelgefäß für halogenierte Lösungsmittel verbringen!

2 Zweiphasen-Solvatochromie mit Chinaldiniumphenolat-Betain

Was wir brauchen

Bechergläser, Scheidetrichter, Tropfpipette;
Chinaldiniumphenolat-Betain, Piperidin (F = leicht entzündlich, T = giftig), Chloroform (Xn = mindergiftig), Aqua dest.

Gefahrenhinweis

Beim Arbeiten mit Chloroform und Piperidin **Schutzhandschuhe** und **Schutzbrille** tragen! Dämpfe **nicht einatmen**! Stoffe werden durch die Haut aufgenommen. Nach Möglichkeit unter einem **Abzug** arbeiten.

So wird's gemacht

Wir lösen einige Körnchen Chinaldiniumphenolat-Betain in 25 ml Chloroform und fügen zwei Tropfen Piperidin (anstelle von Piperidin kann auch Triethylamin (F = leichtentzündlich, C = ätzend) verwendet werden) hinzu. Die tintenblaue Lösung wird in einen geeigneten Scheidetrichter verbracht und danach 25 ml destilliertes Wasser zugesetzt. Nach kräftigem Umschütteln des Scheidetrichters (Vorsicht, eventuellen Überdruck durch Entlüften beseitigen!) bilden sich zwei unterschiedlich gefärbte Phasen (Abb. 1). Die obere wässrige Phase ist rot, die untere chloroformhaltige Phase tiefblau gefärbt. Durch Öffnen des Hahnes lässt man die Chloroformphase in ein Becherglas ablaufen. Zu der verbleibenden roten wässrigen Phase fügen wir erneut Chloroform zu und nach kräftigem Umschütteln erhalten wir wiederum eine obere rote und eine untere blaue (chloroformhaltige) Phase. Auch beim Schütteln der abgetrennten, mit neuem Wasser versehenen Chloroformlösung entstehen zwei rot bzw. blau gefärbte Phasen. Dieses Farbenspiel lässt sich mehrmals wiederholen, wobei jedoch die rote Farbe der wässrigen Phase zunehmend blasser wird.

Entsorgung

Lösungsrückstände in Sammelgefäß für halogenierte Lösungsmittel verbringen!

3 Eine chemische Farborgel
Lösungsmittelabhängige Farbänderungen von Pyridiniumphenolat-Betain

Was wir brauchen

Reagenzgläser und Reagenzglasständer, Messzylinder (50 ml), Spatel, Tropfpipette;
Methanol (F = leicht entzündlich, T = giftig), Propanol (F = leicht entzündlich), Acetonitril (T = giftig, F = leicht entzündlich), Aceton (F = leicht entzündlich), Tetrahydrofuran (F = leicht entzündlich, Xi = reizend), Pyridin (F = leicht entzündlich), Piperidin (F = leicht entzündlich, T = giftig), Aqua dest., Triethylamin (F = leicht entzündlich, Xi = reizend). Pyridiniumphenolat-Betain ist unter der Bezeichnung 4-(1-Methyl-4(1H)-Pyridinyliden)ethyliden)2,5-cyclohexadien-1-on-Hydrat über die Fa. Sigma-Aldrich GmbH, 89555 Steinheim zu beziehen.

Gefahrenhinweis

Wegen der hohen Flüssigkeit obiger Lösungsmitteldämpfe und ihrer leichten Brennbarkeit bzw. Giftigkeit müssen **Schutzkleidung**, **Schutzhandschuhe** und **Schutzbrille** getragen werden. Es sollte unter einem Abzug gearbeitet werden.

So wird's gemacht

Jeweils 10 ml Methanol, Propanol, Acetonitril, Aceton, Tetrahydrofuran, Piperidin werden in je ein Reagenzglas gebracht und je ein Tropfen einer starken Base (Piperidin oder Triethylamin) zugesetzt, um eventuell vorhandene Säurespuren zu neutralisieren. Durch Säure würde die Phenolat-Gruppe protoniert, was eine Entfärbung des Farbstoffes zur Folge hätte.

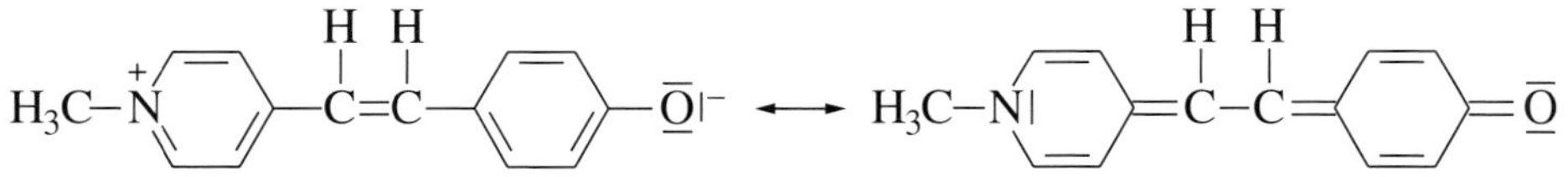

zwitterionische (polare) Form unpolare Form

In jedes der Reagenzgläser bringt man nun einige Körnchen Pyridiniumphenolat-Betain. Es treten folgende charakteristische Färbungen auf:
Pyridiniumphenolat-Betain färbt sich in Wasser gelb, in Methanol orange, in Propanol rot, in Acetonitril rotviolett, in Aceton violett, in Tetrahydrofuran blau und in Pyridin grünblau.

Entsorgung

Obige Reaktionslösungen in Sammelbehälter für organische bzw. halogenierte organische Lösungsmittel verbringen.

4 Solvatochromie von Pyridiniumphenolat-Betain in Pyridin-Wasser-Gemischen

Was wir brauchen

Materialien wie bei Versuch 3

So wird's gemacht

Wir lösen einige Körnchen Pyridiniumphenolat-Betain in 10 ml wasserfreiem Pyridin und fügen einen Tropfen Piperidin zu der entstehenden blauen Lösung (λ = 610 nm). Mit einer Pipette fügen wir nun tropfenweise Wasser zu. Die Farbe ändert sich in Abhängigkeit von der zugefügten Wassermenge über violett, rot, orange bis nach gelb (λ = 480 nm).

Entsorgung

Alle organischen Lösungsmittel werden bis zur endgültigen Entsorgung in einem Kanister für organische, nichthalogenierte Lösungsmittel deponiert.

Chemischer Hintergrund

Mit zunehmender Polarität des Lösungsmittel-Gemisches findet eine hypsochrome Verschiebung der Absorption der Farbstofflösung um bis zu 130 nm statt. Als hypsochrom bezeichnet man das Verhalten eines Farbstoffs, in unpolaren Solventien längerwellig zu absorbieren als in einem polaren Lösungsmittel (= negative Solvatochromie). Eine bathochrome Farbverschiebung (= positive Solvatochromie) liegt hingegen vor, wenn bei einem Farbstoff die Absorption in polaren Lösungsmitteln im längerwelligeren Bereich des Spektrums stattfindet als die Absorption in unpolaren Lösungsmitteln.
Merocyanine werden zurecht als Chamäleons unter den Farbstoffen bezeichnet, vermögen sie doch ihre Farbe, ähnlich wie ein Chamäleon seine Körperfarbe der Umgebung angleicht, entsprechend der Polarität des jeweiligen Lösungsmittels zu verändern.
Manche Merocyanine vermögen in Abhängigkeit von der Polarität des jeweiligen Lösungsmittels über den gesamten Spektralbereich von gelb über orange, rot, violett, blau, blaugrün bis grün und umgekehrt zu variieren.
Polare Lösungsmittel wie Wasser favorisieren die zwitterionische Form. Daher werden die π-Elektronen der Doppelbindungen vom aminoterminalen Ende des Chromophors zur Carbonylgruppe hin verschoben. Die Polarität der Farbstoffmoleküle erhöht sich durch die Wechselwirkung mit dem Solvens.
Unpolare Solventien wie Pyridin bevorzugen hingegen die unpolare oder chinoide Struktur des Farbstoffs. Das unpolare Lösungsmittel

verursacht eine Verschiebung der π-Elektronen vom Carbonyl-terminalen Ende des Chromophors zur Aminogruppe hin. Es erfolgt also ein Ladungsausgleich innerhalb des Chromophors, wodurch sich die Polarität der Moleküle verringert.
Solche Ladungsverschiebungen stören den Bindungsausgleich zwischen Doppel- und Einfachbindungen, sodass es zu Verwandlungen von polyenartigen zu cyanin-ähnlichen Chromophoren und umgekehrt kommt. Durch die Änderung der Polarität des jeweiligen Lösungsmittels treten folglich auch Änderungen in der Lichtabsorption der Farbstoffmoleküle auf, die zu den beobachteten Farbänderungen der Lösungen führen.

5 Solvatochromie von Nilblau A

Dass außer den Merocyaninen auch andere Farbstoffklassen eine ausgeprägte Solvatochromie zeigen können, wird am Beispiel des bekannten Redox-Farbstoffs Nilblau A demonstriert.

Was wir brauchen

Reagenzgläser mit Reagenzglasständer, UV-Lampe (366 nm);
Nilblau A, Cyclohexan (F = leicht entzündlich), Ethanol (F = leicht entzündlich), Ethylacetat (F = leicht entzündlich), Perhydrol (Wasserstoffperoxid), w = 30% (C = ätzend),
Bis(2,4-dinitrophenyl)oxalat = DNPO
Bezugsquelle: Nilblau A kann über die Firma Sigma-Aldrich GmbH, 89555 Steinheim, bezogen werden.

So wird's gemacht

Wir bringen in je ein Reagenzglas 10 ml Cyclohexan und 10 ml Ethanol (wasserhaltig, w = 96%) und fügen dann jeweils einige Körnchen Nilblau hinzu. Der Farbstoff weist in Cyclohexan als Lösungsmittel eine gelbe, im wasserhaltigen Ethanol eine blauviolette Farbe auf. Bestrahlt man die Lösungen im Dunkeln mit einer UV-Lampe (366 nm), so tritt eine starke Fluoreszenz auf, deren Farbe sich mit dem Lösungsmittel von grüngelb über orange bis rot verschiebt.

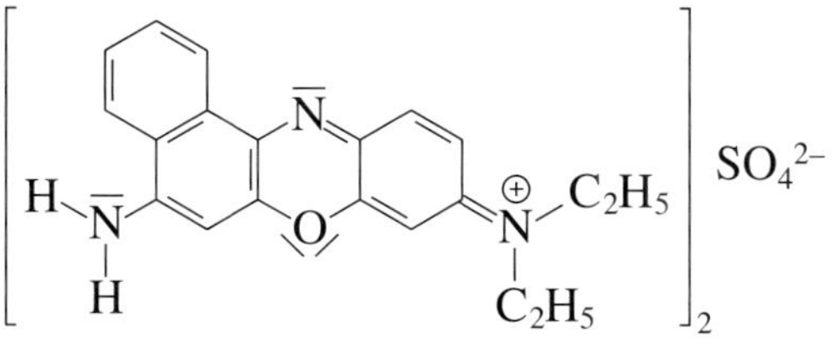

Nilblau A = 5-Amino-9-(dimethylamino)-benzo[a]phenoxazin-7-iumsulfat

Hinweis

Einige Körnchen Nilblau A (5-Amino-9-(diethylamino)benzo(a)-phenoxazin-7-iumchlorid) in 10 ml Cyclohexan (oder Hexan) gelöst, werden mit 2 ml Wasserstoffperoxid (30%) versetzt. Nach Zugabe einer kleinen Spatelspitze DNPO und etwas Natriumsalicylat als Katalysator, tritt im Dunkeln eine schwach grünlich gelbe Chemolumineszenz auf. Löst man dagegen Nilblau A (wenige Körnchen) in jeweils 10 ml Ethylacetat, Aceton, Acetonitril etc. und fügt dann 2 ml Wasserstoffperoxid (30%) und eine Spatelspitze DNPO zu, so treten nach kräftigem Umschütteln der Lösungen, je nach Art des Lösungsmittels sehr helle orange bis dunkelrote Chemolumineszenz-Emissionen von unterschiedlicher Dauer auf. Ein besonders helles, lang anhaltendes orangefarbenes Leuchten liefert eine Nilblau A-Ethylacetat-Peroxyoxalat-Mischung (4).

Literatur:

(1) S. Kabuß: „Struktur Farbe – Farbstoffe“ Skriptum zum gleichnamigen GDCh Fortbildungskurs, 5. Auflage, Freiburg, (1987)

(2) S. Kabuß: „Struktur und Farbe organischer Farbstoffe“, S. 71–73, Heft 40, Chemie Experimente – Vorträge – Informationen (Hrsg.): W. Asselborn, K. J. Mank, Schriften des Deutschen Vereins zur Förderung des mathematisch und naturwissenschaftlichen Unterrichts e. V., (1988)

(3) S. Kabuß, B. Gehrken-Geitner, K. Schmidt, W. Weisser: PdN-Chem. 4/36, S. 6ff., (1989)

(4) H. Brandl: noch unveröffentlichte Untersuchungen

19 Herstellung von Geheimtinten

Mit unsichtbarer Tinte geschriebene Briefe oder Botschaften besaßen schon bei den ältesten Kulturen eine große Bedeutung. Denn nur der Verfasser und der Adressat wissen, wie die Schrift zu entschlüsseln ist. Auch wenn Sie sonst keine schriftstellerischen Ambitionen hegen, das Schreiben mit Geheimtinten lässt auch Sie zu einem passionierten Schreiber werden.

Die unsichtbare Tinte

Abb. 1: Sichtbar gemachte Geheimschrift

Rezepturen, nach denen man „Geheimtinten", im Fachjargon als sympathetische Tinten bezeichnet, herstellen kann, erfreuen sich bei Schülern großer Beliebtheit, kann man doch mit solchen Tinkturen geheime Botschaften an Freunde, Mitschüler oder andere Adressaten weitergeben ohne von unbefugten Personen bemerkt zu werden. Die kryptischen Botschaften können dann von den eingeweihten Adressaten mithilfe bestimmter Verfahren sichtbar gemacht werden. Geeignete Verfahren, um Geheimschriften sichtbar zu machen, sind beispielsweise Erwärmen, Eintauchen der Botschaft in bestimmte „Entwickler"-Lösungen oder Sichtbarmachung durch UV-Bestrahlung usw.
Nachfolgend sollen drei Vorschriften zur Herstellung sympathetischer Tinten vorgestellt werden.

1 Wässrige Cobalt(II)chlorid-Lösung als Geheimtinte

Was wir brauchen

Tropfpipette, Messzylinder (10 ml), Reagenzglas.
Als Schreibutensilien können verwendet werden:
Federhalter mit neuer Schreibfeder, Malpinsel, Kiel einer Gänsefeder, Schreibpapier (weiß), Fön, Becherglas mit siedendem Wasser; Cobalt(II)chlorid-Lösung (ca. 6%ig; T = giftig, N = umweltgefährlich), Aqua dest.

So wird's gemacht

In einem Reagenzglas fügen wir zu 5 Tropfen obiger Cobalt(II)-chlorid-Lösung 1 ml Aqua dest. Mit dieser „Geheimtinte" schreibt man z. B. das Wort „sympathetische Tinte" auf einen Bogen weißen Schreibpapiers.

Wir trocknen die Schrift mithilfe eines Heißluftgebläses (Fön). Auf dem trockenen Papier ist die blassrote Schrift kaum mehr wahrnehmbar. Erwärmt man nun das Schreibpapier durch kurzes Auflegen auf die heiße Kochplatte oder „beföhnt" das Blatt längere Zeit, so erscheint das „Geheimwort" in tiefblauer Farbe. Halten wir nun das Blatt über ein Becherglas mit siedendem Wasser, so verschwindet die blaue Schrift durch die Einwirkung des Wasserdampfes wieder.

Chemischer Hintergrund

Verdünnte, wässrige Cobalt(II)chlorid-Lösung liegt als rotes Cobalt(II)chlorid-Hexahydrat ($CoCl_2 \cdot 6\ H_2O$) vor. Beim Eintrocknen ist diese Lösung schwach blassrosa gefärbt. Beim Erhitzen erfolgt eine Abspaltung von Kristallwasser und es entsteht das tiefblaue Cobalt(II)tetrachlorocobaltat(II).

$$2\ [Co(H_2O)_6]Cl_2 \xrightleftharpoons{\text{Erhitzen}} Co[CoCl_4] + 12\ H_2O$$

Hexaaquacobalt(II)chlorid → Cobalt(II)tetrachlorocobaltat(II)

Mischt man der Cobalt(II)chlorid-Lösung etwas Nickel(II)chlorid-Hexahydrat zu (T = giftig), zeigt die Geheimschrift eine grüne Farbe. Nickel(II)chlorid $NiCl_2$ ist in wasserfreiem Zustand gelb gefärbt. Es bildet mit wasserfreiem Cobalt(II)chlorid(blau) eine grüne Mischfarbe. Blaugel, das als Siccativum (Trocknungsmittel) in Exsikkatoren (lat. exsiccare = austrocknen) vielfältige Anwendung findet, besteht aus Kieselgel, dem Cobalt(II)chlorid beigemengt ist. Blaues, wasserfreies Blaugel wird durch Reaktion mit Luftfeuchtigkeit, die den zu trocknenden Stoffen im Exsikkator entzogen wird, allmählich rot gefärbt. Dieser Farbumschlag zeigt an, wann das Trockungsmittel zuviel Wasser aufgenommen hat und erneuert werden muss.

Entsorgung

Cobalt(II)chlorid- und Nickel(II)chlorid-Lösung in Sammelgefäß für Schwermetallsalze verbringen.

2 Phenolphthalein-Lösung als sympathetische Tinte

Was wir brauchen

Schreibpapier (weiß), Schreibutensilien (siehe vorstehenden Versuch); Phenolpthtalein(3,3-Bis(4-hydroxyphenyl)phthalid) in Aqua dest. aufgelöst (ca. 0,1%ige Lösung), konz. Ammoniaklösung (C = ätzend)

So wird's gemacht

Wir schreiben mit einer farblosen, wässrigen Phenolphthalein-Lösung das Wort „Indikator“ auf weißes Briefpapier. Nach kurzer Zeit ist keine Schrift mehr sichtbar. Hält man aber das scheinbar leere, weiße Blatt über die Öffnung einer Chemikalienflasche mit konzentrierter Ammoniak-Lösung, so erscheint spontan das Wort „Indikator“ in violettroter Farbe, die aber bald wieder verblasst.

Chemischer Hintergrund

Phenolphthalein, einer der am meisten benutzten Säure-Base-Indikatoren, ist in saurem und neutralen Milieu farblos. Im alkalischen Bereich zeigt Phenolphthalein dagegen eine charakteristische rotviolette Farbe.
Beim Öffnen einer Flasche mit konzentrierter wässriger Ammoniak-Lösung entweichen sofort Dämpfe von feuchtem Ammoniakgas. Da Ammoniak einer raschen Hydrolyse mit Wasser unterliegt, wobei sich gemäß

$$NH_3 + H_2O \rightarrow NH_4^+ + {}^{\ominus}|\underline{\overline{O}}-H$$

Ammoniakhydroxid bildet, das stark alkalisch ist, färben die feuchten Ammoniakdämpfe die mit Phenolphthalein getränkte Blattoberseite rasch violett.
Die Rotfärbung ist noch in einer Verdünnung von $1 : 10^6$ erkennbar.

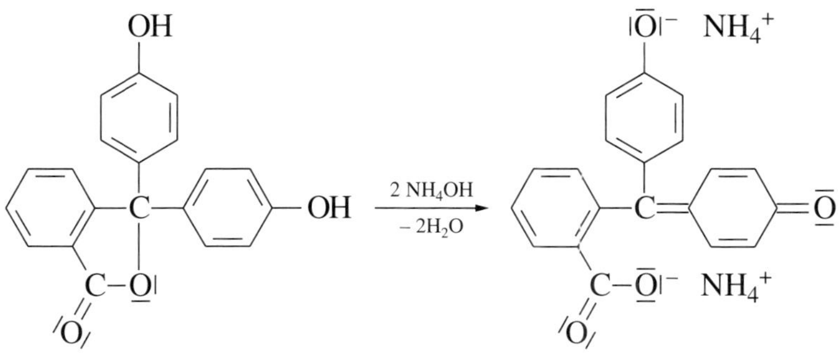

Phenolphthalein (Lactonstruktur) (farblos) — Phenolphthalein (Chinoid-Struktur) (rotviolett)

3 Fotochemische Sichbarmachung einer Geheimschrift

Was wir brauchen

Schreibgerät, Schreibpapierbogen, Waage, Bechergläser; Eisen(III)nitrat-Nonahydrat $Fe(NO_3)_3 \cdot 9\ H_2O$, Oxalsäure (Xn = mindergiftig), Kaliumhexacyanoferrat(III) $K_3[Fe(CN)_6]$ (=rotes Blutlaugensalz).

So wird's gemacht

Herstellung von Eisen(III)oxalat-Lösung:
Man löst 0,6 g Eisen(III)nitrat-Nonahydrat in 100 ml destilliertem Wasser und setzt 0,4 g Oxalsäure zu. Es bildet sich spontan eine gelbe Lösung von Eisen(III)oxalat. Da diese lichtempfindlich ist, muss sie im Dunkeln aufbewahrt werden.

Bereitung einer Kaliumhexacyanoferrat(III)-Lösung:
Man löst 9,87 g rotes Blutlaugensalz in 100 ml destilliertem Wasser. Anschließend werden die beiden Lösungen im Dunkeln zusammengegossen.

Nun füllen wir einen Füllfederhalter im Dunkeln mit der Eisen(III)-oxalat-Kaliumhexacyanoferrat(III)-Lösung und schreiben damit auf ein Filterpapier.
Bringt man das Filterpapier ans Tageslicht, sind nur ganz schwache gelbliche Schriftzüge zu erkennen. Beim Belichten am Sonnenlicht oder durch Auflegen auf einen Overheadprojektor vertieft sich die Schrift innerhalb kurzer Zeit nach dunkelblau bis schwarzblau.

Entsorgung

Überschüssige Eisen(III)oxalat-Kaliumhexacyanoferrat(III)lösung in ein Sammelgefäß für Schwermetallsalze entsorgen.

Chemischer Hintergrund

Eisen(III)oxalat wird durch blaues und UV-Licht zu Kohlenstoffdioxid und Eisen(II)oxalat reduziert.

$$Fe_2[(COO)_2]_3 \xrightarrow{h \cdot \nu} 2\ Fe(COO)_2 + 2\ CO_2\uparrow$$

Es läuft folgender intramolekularer Foto-Redox-Prozess ab:

$$2\,Fe^{3+} + 2\,e^{-} \xrightarrow{h\cdot\nu} 2\,Fe^{2+} \qquad \text{Reduktion}$$

$$\begin{array}{l} \overset{+III}{COO^{\ominus}} \\ |\,{\scriptstyle +III} \\ COO^{\ominus} \end{array} \longrightarrow 2\,\overset{+IV}{CO_2} + 2\,e^{-} \qquad \text{Oxidation}$$

Oxalat-Ion

Die fotochemisch gebildeten Fe^{2+}-Ionen liefern mit rotem Blutlaugensalz als Reagenz je nach der herrschenden Konzentration eine grüne bis tiefblaue Färbung von Turnbullsblau.

$$Fe^{+II}(COO)_2 + K_3[Fe(CN)_6] \longrightarrow K[Fe^{+II}Fe^{+III}(CN)_6] +$$

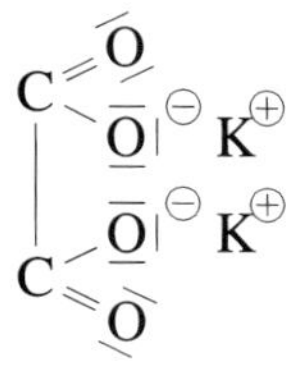

Eisen(II)oxalat — rotes Blutlaugensalz — Turnbullsblau — Kaliumoxalat

Im Dunkeln vermischt, zeigt die Eisen(III)oxalat-Lösung mit der roten Blutlaugensalz-Lösung praktisch keine Farbänderung der gelben Lösung.

Literatur:

(1) H. Keune, W. Filbry: „Chemische Schulexperimente“ Bd. 2, Volk und Wissen-Verlag, Berlin, S. 396–397, (1985)

(2) H. Brandl: PdN-Chem. 6/41, S. 29ff., (1992)

20 Alchimistische Experimente

Eis, das in Wasser versinkt,
schäumendes Bier, das keiner trinkt,
Schneeflocken, die aus einem erhitzten
Reagenzglas schweben, Perlenglanz ganz
ohne Perlen zu erleben, dies ist weder
Zauber noch schwarze Magie.
Dahinter verbirgt sich einzig simple
Chemie.

Schweres Eis

Abb. 1: „Schweres“ Eis (unten) und „leichtes“ Eis (oben)

Am 14. 4.1912 sank der britische Schnelldampfer „Titanic“ der White Star Line auf seiner Jungfernfahrt nach einer Havarie mit einem Eisberg im Nord-Atlantik. Dieses berühmt-berüchtigte Schiffsunglück, bei dem 1517 Menschen den Tod in den Fluten des Meeres fanden, wurde in zahlreichen Versionen bis in die jüngste Zeit hinein immer wieder verfilmt. Eisberge bergen auch in unserer heutigen Zeit, selbst für mit modernsten Radaranlagen ausgerüstete Schiffe, immer noch eine potenzielle Gefahr.
Schwimmende Eisberge ragen nur zu einem Drittel über die Wasseroberfläche; zwei Drittel befinden sich unterhalb des Wasserspiegels. Dieses Phänomen beruht darauf, dass Eis bei 0 °C eine Dichte von 0,9167 g/cm^3 aufweist, die somit geringer ist, als die Dichte von Wasser, das bei 4 °C eine Dichte von 1 g/cm^3 besitzt. Im Kristallgitter des Eises sind die Wassermoleküle weitmaschig und von zahlreichen Hohlräumen durchsetzt angeordnet, wobei ein Sauerstoffatom tetraedrisch von vier Wasserstoffatomen umgeben ist. Dabei sind zwei der Wasserstoffatome kovalent an ein Sauerstoffatom, die anderen beiden über Wasserstoffbrückenbindungen gebunden. Diese Anordnung verleiht dem Kristallgitter des Eises eine sehr voluminöse, lockere Struktur. Beim Schmelzen bricht das Kristallgitter zusammen und die Wassermoleküle können sich dichter zusammenlagern, sodass Wasser bei 0 °C eine höhere Dichte aufweist als Eis.

Wie die Abbildung 1 zeigt, existiert scheinbar aber auch schweres Eis, das im Wasser zu Boden sinkt. Eisberge aus solchem schweren Eis würden keine Gefahr für die Schifffahrt darstellen. Leider kommt schweres Eis in der Natur nicht vor, lässt sich aber im Labor herstellen.

Was wir brauchen

Destilliertes Wasser, schweres Wasser (Deuteriumoxid)
Bezugsquelle: Sigma-Aldrich GmbH, 89555 Steinheim
Overheadprojektor, hohes, schmales Becherglas (250 ml), Eiswürfelschale zur Herstellung von Eiswürfeln, Eiswürfel aus normalem und „schwerem" Eis.

So wird's gemacht

Wir füllen ein hohes schmales Becherglas mit Wasser von Raumtemperatur und stellen dieses auf einen Overheadprojektor. Die Rückseite des Becherglases wird mit blauer Pappe beklebt. Mit der Overheadprojektor-Lampe wird das Becherglas von unten her durchstrahlt. Wir bringen nun zuerst einen normalen Eiswürfel in das Becherglas. Er schwimmt wie erwartet im Wasser, wobei ein Drittel aus dem Wasser ragt. Setzen wir nun einen Würfel „schweren Eises" zu, so sinkt dieser im Wasser zu Boden und verbleibt auch dort. Um das teure, schwere Wasser nicht zu verschwenden, nehmen wir nach Beendigung der Demonstration den schweren Eiswürfel aus dem Becherglas, trocknen ihn mit saugfähigem Papier oberflächlich ab und bringen ihn dann zurück in den Gefrierschrank.

Chemischer Hintergrund

Im Jahre 1933 gelang es dem späteren Nobelpreisträger Harold Clayton Urey (1893–1981) durch Elektrolyse von normalem Wasser, das durch Zusatz von Lauge alkalisch und leitend gemacht wurde, unter Verwendung von Nickelelektroden so genanntes schweres Wasser (Deuteriumoxid) herzustellen.
Auf diese Weise lassen sich z. B. aus 20 l Leitungswasser etwa 12 ml 99,9%iges Deuteriumoxid erzeugen. Solches schweres Wasser ist in äußerst geringer Konzentration auch in natürlichem Wasser vorhanden. Chemisch gesehen unterscheidet sich schweres Wasser von

normalem Wasser durch den Besitz von 1 oder 2 Deuteriumatomen anstelle der Wasserstoffatome im Wassermolekül. Das Molverhältnis von normalem zu schwerem Wasser beträgt in etwa 99,9% zu 0,015%. Das Isotop Deuterium („schwerer Wasserstoff") ist nicht radioaktiv.
Während die Isotope der meisten Elemente maximal um 10 Gewichtsprozente differieren, ist schwerer Wasserstoff etwa doppelt so schwer wie normaler Wasserstoff.
Im Gegensatz zur Molmasse des normalen Wassers (18 g/mol) beträgt die von schwerem Wasser 20 g/mol.
Auch gefrorenes schweres Wasser (also schweres Eis) besitzt eine etwas höhere Dichte als normales Wasser. Daher schwimmt schweres Eis nicht wie gewöhnliches Eis im Wasser, sondern sinkt darin zu Boden.

Hinweis

Reines schweres Wasser wird in „Schwerwassermoderierten Kernreaktoren" als Kühlmittel und als Moderator zur Abbremsung schneller Neutronen in großem Maßstab (100–200 Tonnen) gebraucht.

Literatur:

(1) A. B. Ellis, E. A. Adler, F. H. Juergens: J. Chem. Educ. 2,67, S. 159–160, (1990)
(2) J. Falbe, M. Regitz (Hrsg.): „Römpp Chemie Lexikon", 9. Auflage Georg Thieme Verlag Stuttgart, New York, S. 914–915, (1990)
(3) H. Brandl: PdN-Ph, 8/46, S. 39–40, (1997)

Perlenglanz ohne Perlen

Abb. 1:
Getrocknetes
Perlglanzpigment
Bismutoxidchlorid

Echte Perlen gelten wegen ihres wundervollen Glanzes als wertvolle Schmuckstücke.
Perlen entstehen meist im so genannten Mantel der Seeperlmuschel Pteria aus versprengt abgelagerten Teilen der Schalensubstanz. Die Schalensubstanz der in tropischen Meeren beheimateten Seeperlmuschel besteht aus 96% Calciumcarbonat, das durch 2–4% organische Stoffe, sog. Conchagene gebunden wird.
Aber auch in anderen Mollusken finden sich zuweilen Perlen, nicht zuletzt in der limnischen Flussperlmuschel Margaritana. Da nur sehr wenige Muscheln brauchbare Perlen enthalten, haben die Chinesen schon im 11. Jahrhundert begonnen, Zuchtperlen zu produzieren. Zuchtperlen, deren Außenschicht im Süßwasser entsteht, zeigen aufgrund der aus dem Wasser in Spuren aufgenommenen Mangan-Ionen eine charakteristische Fluoreszenz. Naturperlen hingegen fluoreszieren nicht. Die größte Naturperle (24 × 14 cm) besitzt ein Gewicht von 6,4 kg und wurde 1934 auf den Philippinen gefunden. Die größte Zuchtperle hingegen weist nur einen Durchmesser von 15 mm auf.
Der seidig schimmernde Oberflächenglanz (Lüster) entsteht durch Reflexion des Lichtes an den dünnen Schichten der Perle. Während Naturperlen stets einen rein weißen Perlenglanz zeigen, existieren von Zuchtperlen zahlreiche Farbvarietäten.
Die Kosmetikindustrie bedient sich einer Reihe synthetischer Pigmente, vorwiegend Blei-Verbindungen, Titandioxid-Glimmer und vor allem Bismutoxidchlorid, um ihren Produkten wie Nagellacken, Lippenstiften, Schminke und Haarshampoos einen Perlenglanz zu verleihen. Nachstehender Versuch gibt uns die Gelegenheit, ein solches „synthetisches Perlenglanzpigment“ einmal selbst herzustellen.

Was wir brauchen

2 Bechergläser (10 ml und 100 ml), Magnetrührer mit Heizung, Messzylinder(10 ml und 50 ml), Filternutsche und Wasserstrahlpumpe; Bismut(III)nitrat $Bi(NO_3) \cdot 5\ H_2O$ (Xi = reizend; O = brandfördernd), konz. Salzsäure (C = ätzend), Propan-2-ol (F = leicht entzündlich).

So wird's gemacht

In einem 100 ml Becherglas löst man 10 g Bismut(III)nitrat unter permanentem Rühren mit einem Magnetrührer in 10 ml konz. Salzsäure und setzt dann 30 ml Wasser und 35 ml Propan-2-ol zu. Danach bringt man diese Lösung portionsweise in einen Liter siedendes, mit 10 ml konzentrierter Salzsäure, angesäuertes Wasser ein. Nach einiger Zeit zeigt die Flüssigkeit im Becherglas einen deutlichen Perlenglanz. Nach etwa 30-minütiger Reaktionszeit schaltet man die Heizung ab und lässt unter Weiterrühren abkühlen. Die perlglänzende Substanz wird danach auf einer Filternutsche abgesaugt und über Nacht zum Trocknen in einen Trockenschrank (100 °C) gebracht. Man erhält eine weiße, perlenglänzende Masse (siehe Abb. 1).
Das hier gebildete Perlglanzpigment ist Bismutoxidchlorid BiOCl, das durch saure Hydrolyse aus Bismut(III)nitrat entsteht:

$$Bi^{3+} + 3\ NO_3^- + H_3O^+Cl^- + 3\ H_2O \rightarrow BiOCl + 3\ H_3O^+ + 3\ NO_3^-$$

Festes Bismutoxidchlorid zeigt bei Beleuchtung mit weißem Licht einen starken Perlenglanz. Im Übrigen lässt sich mit diesem Präparat auch die Thermochromie von BiOCl gut demonstrieren. Die farblose, kristalline Substanz färbt sich beim Erwärmen gelb bis braun und wird beim Abkühlen wieder farblos.

Entsorgung

Filtrat mit Natronlauge neutralisieren. Mit Wasser stark verdünnt dem Abwasser zuführen.

Literatur:

J. Falbe, M. Regitz: „Römpp-Chemie-Lexikon“, 9. Auflage, Georg Thieme Verlag Stuttgart, New York, Bd. 4, S. 3289ff., (1991)

Schneegestöber im Reagenzglas

Abb. 1:
„Schneegestöber“

Es ist ein faszinierender Anblick, wenn beim Fächeln mit einem Reagenzglas aus diesem massenweise weiße, schneeartige Flocken entweichen und sich im Laborraum verteilen. Dieses Schneegestöber mag den Laien umso mehr verwundern, da man das Reagenzglas erhitzt.

1 Schneebildung durch Erhitzen

Was wir brauchen

Reagenzglas mit Reagenzglashalter, Brenner, Spatel;
Metaldehyd (2,4,6,8-Tetramethyl-1,3,5,7-tetroxocan (Xn = mindergiftig, F = leicht entzündlich).

Gefahrenhinweis

Da Metaldehyddämpfe eine gewisse Toxizität besitzen, sollte der Versuch im **Abzug** oder im Freien durchgeführt werden.

So wird's gemacht

Wir füllen ein Reagenzglas etwa zur Hälfte mit Metaldehyd. Mithilfe eines Reagenzglashalters bringen wir das Reagenzglas in die Brennerflamme. Es kommt an der Reagenzglasmündung häufig zur Bildung einer watteartigen Substanz. Beim Schütteln des Reagenzglases entweichen einem Schneegestöber gleich, weiße

Flocken in reichlichem Maße in die Umgebung. Der Effekt wird besonders deutlich, wenn der Versuch vor einem dunklen Hintergrund (Wandtafel) gezeigt wird. Zuweilen entzündet sich der „Schnee“ an der Brennerflamme, doch lässt sich die Flamme durch Auspusten rasch wieder löschen.

Entsorgung

Metaldehyd im Abzug in einer flachen Blechbüchse verbrennen!

Chemischer Hintergrund

Metaldehyd stellt polymerisierten Acetaldehyd (Ethanal) dar. Es entsteht als cyclisches Tetrameres bei der Polymerisation von Ethanal. Man erhält Metaldehyd entweder durch Einleiten von gasförmigem Hydrogenbromid (Bromwasserstoff HBr) oder durch Einbringen kleiner Mengen konz. Schwefelsäure in Acetaldehyd bei tiefen Temperaturen. Metaldehyd bildet farblose Prismen und sublimiert bei 112 °C. Aufgrund seiner Giftigkeit findet es als Molluskicid („Schneckenkorn“) Verwendung. Wegen seiner guten Brennbarkeit ist es als Trockenbrennstoff „Hartspiritus“ (in Tablettenform) im Handel.
Das Schneegestöber ist darauf zurückzuführen, dass Metaldehyd in der Hitze sublimiert (d. h. in die Dampfphase übergeht) und an den kalten Stellen des Reagenzglases resublimiert, also wieder in den festen Zustand übergeht. Metaldehyd wird daher auch unter der Bezeichnung „Raucherschnee“ als Scherzartikel vertrieben.

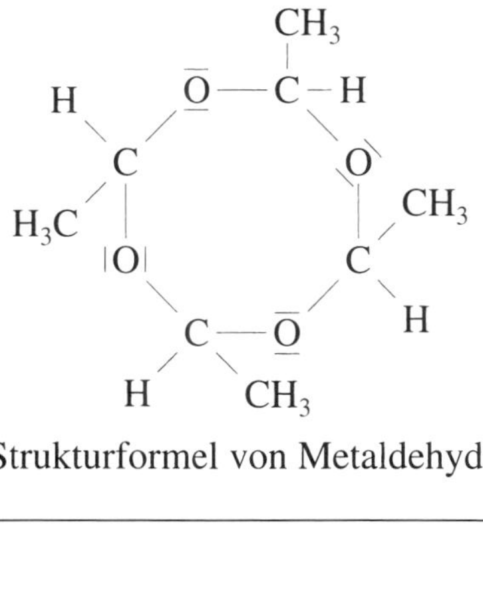

Strukturformel von Metaldehyd

2 Variante zu Versuch 1

Taucht man in Metaldehyd einen glühenden Eisendraht (Stricknadel), so sublimiert Metaldehyd spontan, wobei er sogleich wieder resublimiert. Dabei bilden sich in der Luft große, weiße Wolken aus feinsten Kristallnadeln.

3 Herstellung von Metaldehyd im Labor

Was wir brauchen

Eis-Kochsalzmischung, großes Becherglas, Glasstab, Filternutsche, Uhrglas.
Diethylether (F = leicht entzündlich), Acetaldehyd (Ethanal) (F = leicht entzündlich; Xn = mindergiftig), Chlorwasserstoff (Hydrogenchlorid) (C = ätzend)

Gefahrenhinweis

Beim Arbeiten mit Diethylether ist dafür Sorge zu tragen, dass sich im Raum keine offenen Flammen befinden, da sonst **Explosionsgefahr** besteht!

So wird's gemacht

Man löst 3 ml Acetaldehyd (F = leicht entzündlich), in 6 ml trockenem Diethylether (F^+ = leicht entzündlich, Xn = mindergiftig) (Vorsicht: ruft bei längerem Einatmen Bewusstlosigkeit hervor!) unter Kühlung in einer Eis-Kochsalz-Kältemischung und leitet dann etwas Chlorwasserstoffgas (Hydrogenchlorid) ein. Nach erfolgter Abscheidung von festem Metaldehyd (Kratzen mit einem Glasstab an der Gefäßwand fördert die Kristallisation), wird dieser abgenutscht und mit etwas Ether nachgewaschen. Man lässt so hergestelltes Metaldehyd unterm Abzug auf einem Uhrglas oder einem saugfähigen Papier über Nacht trocknen.

Literatur:

(1) A. F. Holleman, L. Schuler: „Einfache Versuche auf dem Gebiet der organischen Chemie“ 9. Auflage, Walter de Gruyter & Co., Berlin, S. 42, (1965)
(2) F. Bukatsch, W. Glöckner (Hrsg.): „Experimentelle Schulchemie“, Bd. 7, S. 76–77, Aulis-Verlag Deubner & Co. KG, Köln, (1977)

Kein Bier, so richtig nach unserem Geschmack

Abb. 1 a–c: Herstellung von synthetischem Bier

Die Bereitung des allseits beliebten, kühlen, durch den Gehalt an Gärungsalkohol leicht berauschenden Gerstensaftes, kurz Bier genannt, weist eine über 5000-jährige Geschichte auf. Die erste Überlieferung einer Rezeptur zur Herstellung von Bier stammt aus Mesopotamien. In Europa wurde das Bier aus gemälztem Getreide obergärig gebraut. Bei obergärigen Biersorten schwimmt die Hefe obenauf. Zu den obergärigen Bieren zählen Weißbier, Altbier, Porter und Ale. Die heute so beliebten untergärigen Biere, bei denen die Hefe im Gärkessel verbleibt, sind haltbarer und dürfen nur aus Gerstenmalz gebraut werden. Nach dem bayerischen Reinheitsgebot von 1516 dürfen zur Bierherstellung nur Malz, Hopfen und reines Quellwasser verwendet werden. Ein mit Hopfen als Bitterstoff versetztes Bier wurde in Deutschland erstmals im Jahre 736 in Geisenfeld erwähnt.
Bei der Herstellung des in nachstehendem Versuch geschilderten „Synthese-Bieres“ handelt es sich um eine besonders faszinierende Variante der berühmten Landolt'schen Zeitreaktion von 1886.

Was wir brauchen

Messzylinder (500 ml, 250 ml, 10 ml), einen gläsernen Maßkrug (Fassungsvermögen 1 l), Bechergläser (1000 ml und 300 ml), Tropfpipette;
Kaliumiodat (KJO_3; O = brandfördernd), Ethanol (F = leicht entzündlich), konz. Schwefelsäure (w = 96%) (C = ätzend), farbloses Spülmittel, Natriumsulfit-Heptahydrat ($Na_2SO_3 \cdot 7\ H_2O$), dest. Wasser.

Gefahrenhinweis

Beim Arbeiten mit konzentrierter Schwefelsäure sind **Schutzbrille** und **Schutzhandschuhe** zu tragen!

So wird's gemacht

Wir bereiten zwei Lösungen:
Lösung A: Wir lösen 3,13 g Kaliumiodat in 500 ml destilliertem Wasser.
Lösung B: Zu 500 ml destilliertem Wasser geben wir 5 ml Ethanol, 0,77 g Natriumsulfit-Heptahydrat und 2 ml konz. Schwefelsäure.

Zur Herstellung des synthetischen Bieres bringen wir mit einer Tropfpipette etwa 2 ml eines farblosen Spülmittels auf den Boden eines gläsernen Maßkruges, um beim Zukippen der beiden Lösungen (A) und (B) eine prächtige Schaumkrone zu erhalten, und fügen dann 600 ml destilliertes Wasser zu.
In den so präparierten Maßkrug werden dann mit viel Schwung erst 200 ml Lösung (A) und danach 200 ml Lösung (B) gegossen. Nach ca. 10 Sekunden verwandelt sich die wasserklare Flüssigkeit schlagartig in einen „goldgelben Gerstensaft" mit einer schönen weißen Schaumkrone.
Nach einer anderen Versuchsvorschrift erhält man, „bayerisches Märzenbier" von güldenbrauner Farbe, wenn man folgende zwei Lösungen in einem Maßkrug zusammenkippt:

Lösung (A): 0,3 g Natriumsulfit-Heptahydrat und 2,5 ml Ethanol in 500 ml destilliertem Wasser gelöst und Zugabe von 2 ml konz. Schwefelsäure.
Lösung (B): 2 g Kaliumiodat in 500 ml destilliertem Wasser unter Zusatz von 2 ml farblosem Spülmittel.

Hinweis: Das „Synthesebier" darf trotz der täuschenden Ähnlichkeit mit echtem Bier natürlich **nicht getrunken** werden!

Der mit der Reaktionslösung gefüllte Maßkrug muss unmittelbar nach Beendigung der Schulstunde oder der Vorlesung entleert werden, damit niemand versehentlich daraus trinkt.

Wer aber dennoch beim Anblick des vollen Maßkruges einen Gustus auf besagten Gerstensaft verspüren sollte, begebe sich in die nächstgelegene Gastwirtschaft und genieße dort echtes, nach dem Reinheitsgebot gebrautes, süffiges Bier. Prost!

Chemischer Hintergrund

Der Herstellung obigen „Synthesebiers“ liegt wie eingangs erwähnt, die so genannte Landolt'sche Zeitreaktion zugrunde. Darunter versteht man die Reaktion von Kaliumiodat-Lösung mit angesäuerter Natriumsulfit-Lösung unter Zusatz von etwas Stärkelösung als Indikator für elementares Iod.
Folgende Teilreaktionen laufen ab:

$$(1)\quad \overset{+V}{I}O_3^- + 3\,H\overset{+IV}{S}O_3^- \rightarrow I^- + 3\,H\overset{+VI}{S}O_4^-$$

Langsamster und damit geschwindigkeitsbestimmender Reaktionsschritt

Reduktion der Iodat-Ionen durch Hydrogensulfit-Ionen zu Iodid-Ionen, wobei diese zu Hydrogensulfat-Ionen oxidiert werden.

$$(2)\quad 5\,I^- + \overset{+V}{I}O_3^- + 6\,H_3O^+ \rightarrow 3\,\overset{\pm 0}{I_2} + 9\,H_2O$$

Dushman-Reaktion schneller Reaktionsverlauf

Bei dieser Synproportionierungsreaktion reagieren Iodid- und Iodat-Ionen zu molekularem Iod.

$$(3)\quad \overset{\pm 0}{I_2} + H\overset{+IV}{S}O_3^- + 3\,H_2O \rightarrow 2\,I^- + H\overset{+VI}{S}O_4^- + 2\,H_3O^+$$

„unmessbar schnell“

$$(4)\quad I_2 + \text{Stärkelösung} \rightarrow \text{blauer Iodstärkekomplex}$$

Da aber der Reaktionsschritt (3) viel schneller abläuft als der Reaktionsschritt (2), wird das bei (2) gebildete molekulare Iod durch überschüssiges Hydrogensulfit sofort wieder zu Iodid reduziert.
Erst nach dem vollständigen Verbrauch der Hydrogensulfit-Ionen endet der Reaktionszyklus bei Reaktion (2) und das gebildete molekulare Iod vermag gemäß (4) mit Stärkelösung unter Bildung des bekannten tiefblauen Iodstärkekomplexes zu reagieren. Eine schlagartig auftretende Blaufärbung der sonst farblosen Reaktionslösung zeigt das Ende der Reaktion an.
Landolt konnte zeigen, dass die Zeitdauer bis zum Auftreten des Farbumschlages – also die Reaktionsgeschwindigkeit – direkt proportional der Konzentration der Reaktanden (also der Hydrogensulfit- und Iodat-Ionen) ist. Darüberhinaus ist die Reaktionsgeschwindigkeit abhängig von der herrschenden Reaktionstemperatur.

Zusammenfassung: Teilreaktionen der Landolt'schen Reaktion

(1) $\overset{+V}{I}O_3^- + 3\,H\overset{+IV}{S}O_3^- \rightarrow I^- + 3\,H\overset{+VI}{S}O_4^-$

Iodat Hydrogensulfit Iodid Hydrogensulfat

(2) $5\,I^- + \overset{+V}{I}O_3^- + 6\,H_3O^+ \rightarrow 3\,\overset{\pm 0}{I_2} + 9\,H_2O$

Iodid Iodat Hydronium-Ion Iod Wasser

(3) $\overset{\pm 0}{I_2} + H\overset{+IV}{S}O_3^- + 3\,H_2O \rightarrow 2\,I^- + H\overset{+VI}{S}O_4^- + 2\,H_3O^+$

Iod Hydrogensulfit Wasser Iodid Hydrogensulfat Hydronium-Ion

Es gilt die sog. RGT-(Reaktions-Geschwindigkeits-Temperatur)-Regel nach van't Hoff, wonach sich die Reaktionsgeschwindigkeit einer chemischen Reaktion bei Erhöhung der Reaktionstemperatur von 0 °C auf 10 °C verdoppelt bis verdreifacht.
Bei obiger Variante der Landolt-Reaktion zeigt sich der Endpunkt der Reaktion durch die schlagartige Braun- bis Gelbfärbung der Reaktionsmischung. Sie beruht auf der Bildung von elementarem Iod (Reaktion (2), das hier in Form des wasserlöslichen braunen Triiodids I_3^- vorliegt. Je nach der Menge des gebildeten Iods variiert die Farbe zwischen dem Farbton von hellem Bier und von dunklem Märzen.
Solche Zeitreaktionen (clock reactions) oft auch als „chemische Uhren" bezeichnet, sind Reaktionen, die in homogener, flüssiger Phase ablaufen und deren Ende durch das spontane Erscheinen einer auffälligen Färbung, eines Farbumschlages, eines farbigen Niederschlags oder dem Auftreten einer plötzlichen Emission von kaltem Licht (Chemolumineszenz) angezeigt wird.

Literatur:

(1) H. Landolt: Ber. Deutsch. Chem. Ges. 19, S. 1317ff., (1886)
(2) A. Brink, V. Brandt, H. Schmidkunz: ChemKon 1/1, S. 30–31, (1994)
(3) K. Häusler, H. Rampf, R. Reichelt: „Experimente für den Chemieunterricht", R. Oldenbourg Verlag GmbH, München, S. 339–340, (1991)

Reaktionen von Kohlenstoffdioxid mit Calciumhydroxid

Der Nachweis von Kohlenstoffdioxid mit Kalkwasser zählt zu den Standardreaktionen in jedem einführenden Chemieunterricht. Die Reaktion hat seit jeher den Rang einer Schlüsselreaktion auf dem Weg zum Verständnis chemischer Zusammenhänge. Als Stichworte dazu seinen nur genannt „Kalkkreislauf", „Kalkbrennen/Branntkalk", „Kalklöschen/Löschkalk" oder der CO_2-Kreislauf. Umwelt- und Technikbezug liegen auf der Hand. Eine Themenverbindung ergibt sich nahezu von selbst, von der Mörtelbildung bis hin zu aktuellen Problemen wie dem „Treibhauseffekt", der Energiegewinnung und dem Energieverbrauch. Das schließt weitere Überlegungen energetischer und kinetischer Natur mit ein (1). Die folgenden zwei Versuche beschreiben eine chemische Pumpe (2), genauer gesagt die „Lewis-Pumpe" (3) und eine Fraktalbildung (1) bei der Reaktion von Kohlenstoffdioxid mit Kalkwasser.

1 Chemische Pumpe mit Kohlenstoffdioxid und Kalkwasser

Was wir brauchen

Zwei Rundkolben (1 oder 2 l mit Schliff/NS 29), ein passender, doppelt durchbohrter Stopfen mit Glasröhren (ein Glasrohr am Ende zur Spitze ausgezogen, das andere gebogen). PF-Schläuche (Längen: Wasserbassin → oberer Kolben: 1,5 bis 2 m, oberer Kolben zum Vorstoß → unterer Kolben: ca. 1 m), ein Vorstoß (gerade) mit Glasstopfen, Schliffe NS 29, Magnetrührer, ein Wasserbassin, Pulvertrichter, passender Korkring, Stativmaterial;
Kohlenstoffdioxid aus Stahlflasche, gelöschter Kalk ($Ca(OH)_2$ (s) (C = ätzend), Wasser, gegebenenfalls Indikatorlösung, z. B. Bromthymolblau (blaue Form).

Gefahrenhinweis

Beim Arbeiten mit Glasapparaturen, in denen Unterdruck entsteht, ist aufgrund der möglichen Implosionsgefahr eine **Schutzbrille** zu tragen! Das Aufstellen einer Schutzscheibe ist zu empfehlen. Keine Rundkolben (mit ebenem Boden) benutzen.

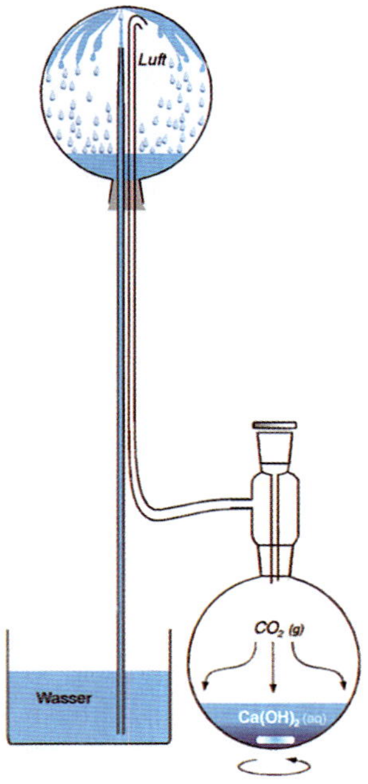

Abb. 1: Chemische Pumpe [2] („Lewis-Pumpe") mit Kohlenstoffdioxid und Kalkwasser

So wird's gemacht

Wir füllen das Bassin mit drei bis vier Litern Wasser und versetzen es mit Indikatorlösung. (Dies dient der besseren Beobachtbarkeit der ansteigenden Wassersäule und des in den oberen Kolben eindringenden Wassers.) Wir spannen den oberen Kolben mit Einsatz (s. Abb. 1) und Schläuchen in das Stativ ein. Es ist dabei darauf zu achten, dass der Schlauch in das Bassin eintaucht. Der zweite (untere) Kolben wird ganz mit Kohlenstoffdioxid (aus der Stahlflasche) gefüllt. Dann bringen wir mithilfe eines Pulvertrichters ca. 20–25 g festes Calciumhydroxid in den mit CO_2 gefüllten Kolben ein. Anschließend setzen wir ca. 200 ml Wasser zu und verschließen den unteren Kolben, der mit dem oberen Kolben über den Schlauch und das Glasrohr verbunden ist, mit Vorstoß und Glasstopfen. Zunächst beobachten wir den Reaktionsablauf. Dann schalten wir den Magnetrührer an und beobachten das weitere Geschehen. Zwischendurch sollte das Rühren zur Demonstration der Effekte mehrmals unterbrochen und dann wieder fortgesetzt werden.
Direkt nach dem Verschließen des unteren Kolbens ist kein nennenswerter Anstieg der Wassersäule zu beobachten. Beim Einschalten

des Magnetrührers beginnt die Wassersäule zu steigen. Diese kommt fast zur Ruhe, wenn das Rühren unterbrochen wird. Sie steigt wieder bei Fortsetzung des Rührens, usw. bis ... (Springbrunnen!).

Chemischer Hintergrund

Die Löslichkeit von Kohlenstoffdioxid-Gas in Wasser ist gering (bei 273 K lösen sich 1,7 l (1)). Solange das Wasser das noch weitestgehend ungelöste Calciumhydroxid überdeckt, steigt die Wassersäule kaum an. Beim Einschalten des Magnetrührers löst das Wasser Calciumhydroxid. Dabei bilden sich hydratisierte Hydroxid-Ionen. Diese reagieren ihrerseits mit dem gasförmigen Kohlenstoffdioxid unter Bildung von Carbonat-Ionen. Letztere vereinigen sich mit den Calcium-Ionen zu unlöslichem Calciumcarbonat. Im Laufe der Reaktion verarmt der untere Kolben an CO_2-Gas, seine Stoffmenge nimmt ab und mit ihr der Druck. Luft aus dem oberen Kolben strömt nach. Das verursacht dort einen Druckabfall. Über die Wassersäule und das Wasserreservoir im Bassin kommt es zum Druckausgleich mit der Atmosphäre durch das in den oberen Kolben strömende Wasser.

Druckbilanz:

Vor der Reaktion:	$p_i\ (CO)_2 = p_i\ (\text{Luft}) = p_a\ (\text{Luft})$; i = innen, a = außen
Während der Reaktion:	$n\ (CO_2) \rightarrow 0 \rightarrow p\ (CO_2) - 0$;
Nach der Reaktion:	$p_i = p_a$.

Reaktionen:

(1) $Ca(OH)_2\ (s) + aq \rightarrow Ca^{2+}\ (aq) + 2\ OH^-\ (aq)$	aq = hydratisierte Ionen
(2) $CO_2\ (g) + 2\ OH^-\ (aq) \rightarrow CO_3^{2-}\ (aq) + H_2O\ (l)$	s = solid = fest
(3) $CO_3^{2-}\ (aq) + Ca^{2+}\ (aq) \rightarrow CaCO_3\ (s) + aq$	g = gasförmig
(4) $Ca(OH)_2\ (s) + CO_2\ (g) \rightarrow CaCO_3\ (s) + H_2O\ (l)$	l = liquid = flüssig

2 Bildung von Calciumcarbonat-Schichten (Fraktalen) auf Kalkwasser

Was wir brauchen

Drei Kristallisierschalen passender Größe, Overheadprojektor, Messzylinder (100 ml), Spatel;
Calciumcarbonat (gekörnt), gesättigtes Kalkwasser (C = ätzend), Salzsäure c(HCl) = 4 mol/l, (C = ätzend).

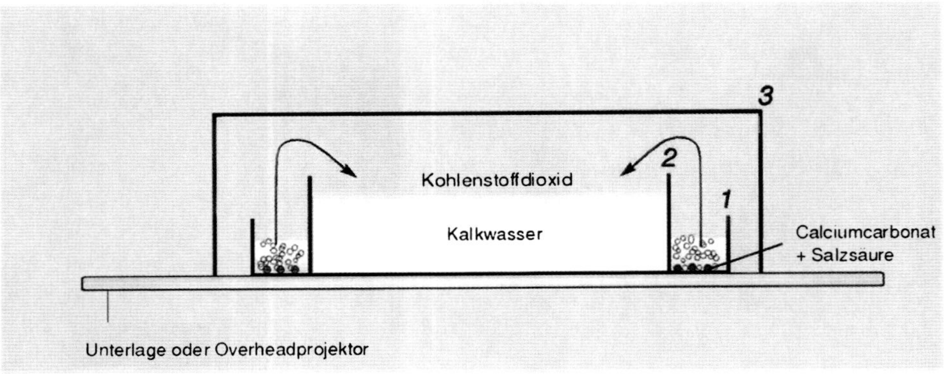

Abb. 2: Bildung von Calciumcarbonat-Oberflächenschichten auf Kalkwasser durch Reaktion mit Kohlenstoffdioxid im geschlossenen System. 1, 2, 3 Kristallisierschalen aus Glas; Kristallisierschale 3 ist über 1 und 2 gestülpt.

So wird's gemacht

Kristallisierschale 2 wird mit frisch hergestelltem, gesättigtem Kalkwasser aufgefüllt (Messzylinder). Diese Schale wird in die Mitte der Kristallisierschale 1 gestellt und mit Salzsäure versetzt (Messzylinder). Kristallisierschale 3 anschließend mit dem Boden nach oben über die Schalen 1 und 2 stülpen.
Nach und nach bilden sich weiße Schichten auf der Oberfläche des Kalkwassers. Diese wachsen, sobald erste Kristallisationskeime entwickelt sind, rasch an. Nach 1–2 Minuten ist die gesamte Oberfläche bedeckt.

Chemischer Hintergrund

Bei der Reaktion von Caciumcarbonat mit Salzsäure wird CO_2-Gas freigesetzt. Dieses steigt nach oben und bedeckt nach und nach die Oberfläche des Kalkwassers. CO_2 wird an der Kalkwasseroberfläche absorbiert. Es reagiert zu festem Calciumcarbonat wachsender Fläche und Schichtdicke (s. Abb. 3).

Abb. 3: Kristallisation von Calciumcarbonat auf Kalkwasser (Fraktalbildung, s. Abb. 2) [1].

Reaktionen:
Bildung von Kohlenstoffdioxid:
$CaCO_3$ (s) 2 HCl (aq) → $CaCl_2$ (aq) + CO_2 (g) + H_2O (l)

Reaktion mit Kalkwasser:
$Ca(OH)_2$ (aq) + CO_2 (g) → $CaCO_3$ (s) + H_2O (l)

Herrn StD Dr. Rudolf G. Weißenhorn sei an dieser Stelle für die Überlassung obiger zwei Versuche zur Veröffentlichung in diesem Buch herzlichst gedankt.

Literatur:

(1) R. G. Weißenhorn: Öffentlicher Abendvortrag im Archäologiezentrum der Universität Wien. Wien, 25. 3. 1997: Freskomalerei – das Zusammenspiel von Kunst und Chemie / Der Enderle-Zyklus von Zaisertshofen".
(2) R. G. Weißenhorn: ChiuZ 29,6, S. 316ff. (1995)
(3) R. G. Weißenhorn: Pd-Ch 40,5, S. 38ff. (1991)

Wie funktioniert Chemie?

Tauchen Sie ein in die spannende Welt chemischer Experimente

Sabine Nick/Ilka Parchmann/ Reinhard Demuth (Hrsg.):

Chemisches Feuerwerk

50 effektvolle Schauversuche

228 S., 153, z. T. farbige Abb.,
17 x 24 cm, geb.,
Best.-Nr. 3-02374-A03

Dieser Band ist eine Sammlung von „Lieblingsexperimenten“, der sich von üblichen Experimentierbüchern unterscheidet – zusammengestellt von Chemielehrerinnen und -lehrern. Im Vordergrund steht der Wunsch, Begeisterung für das chemische Experimentieren zu „wecken“ und „wachzuhalten“.

Die Mischung macht's.

In dieser Auswahl sind sowohl einfache und ungefährliche als auch technisch und von den Sicherheitsanforderungen aufwändigere Experimente vertreten. Einige lassen sich leicht erklären, andere zeigen chemisch anspruchsvollere Sachverhalte auf.
So erfahren Sie z. B., wie und weshalb „Lubalex“ ein echter Knaller ist, dass mit der Thermolyse von Natriumazid die Chemie des „Airbags“ experimentell zugänglich gemacht wird, wie man ein „Shuttle“ an die Leine legt und vieles mehr.
Die Autoren wenden sich vor allem an Chemielehrer, die in ihrem Unterricht Einblicke in die Vielfalt der Chemie vermitteln oder für einen „Schauvortrag“ geeignete Versuche auswählen möchten.

Spektakuläre Experimente, die funktionieren!

Selbstverständlich sind zu allen Experimenten die genauen Sicherheitshinweise angegeben, sodass die Experimente bei deren Beachtung ohne Gefahr durchgeführt werden können – Sachkunde der Experimentatoren und genaues Beachten der Versuchsvorschriften vorausgesetzt. Wenn Sie sowohl faszinierende Phänomene genießen wie auch überraschenden und spektakulären Erscheinungen auf den Grund gehen wollen, oder wenn Sie auch mal hinter die Fassade einer überraschenden Reaktion blicken möchten – das „Chemische Feuerwerk“ hält auch für Sie eine zündende Idee parat.

Jedes Experiment ist eingehend dokumentiert mit:

- ***Hintergrundinformationen,***
- ***Sicherheitshinweisen,***
- ***benötigten Geräten und Chemikalien,***
- ***Hinweisen zur Durchführung,***
- ***Beobachtung und Auswertung.***

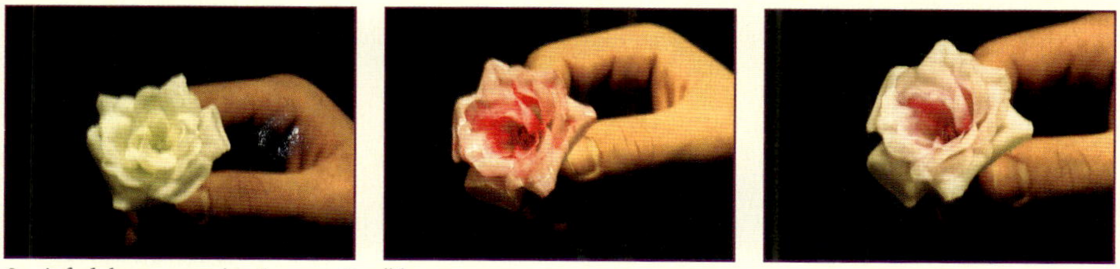

So einfach kann man eine Rose „erröten“ lassen.

Der AULIS VERLAG für Lehrer

AULIS VERLAG DEUBNER · Antwerpener Straße 6–12 · 50672 Köln
Tel. (02 21) 95 14 54-70 · Fax (02 21) 95 14 54-60 · E-Mail: vertrieb@aulis.de · http://www.aulis.de

AVD 2617